유체 역학

김동춘

AUTOTECH
오토테크

머리말

Preface

유체역학은 대학 기계공학 관련분야에서 중요한 기초과목의 하나이고 필수적으로 인식되어 있으며, 타학계에서도 필요로 하는 과목이다. 또한 유체를 이용하는 공학이기 때문에 다방면에 그 적용범위가 걸쳐 있다. 본서에서는 기계학의 범위에서 가장 기초적인 이론을 배경으로 개념을 파악한 후 이를 해석하고 응용하는 능력을 함양하도록 배려하였으며, 유체역학을 처음 배우는 대학생과 유체에 관한 초급 기술자에게 적합하도록 깊은 이론적인 내용은 피하고 가능한 쉽게 해설하였다.

그리고 유체역학에서의 기초적이고 필수적인 사항 및 유동에 관련된 제반사항들을 다루었다.

각 장마다 실제 공학적인 문제에 응용할 수 있는 예제 및 연습문제를 해답과 더불어 제시하였으며, 단위는 원칙적으로 SI단위를 사용하였다.

필자는 대학 및 관련분야에서 열 및 유체역학에 관해 강의를 담당하면서 오늘에 이르기까지 학생들에게 이해하기 쉽고 집약적인 책을 집필하고자 노력하여 이번에 이 책을 출간하게 되었다. 그러나 저자의 천학으로 인하여 내외의 저서 및 논문 등을 참고로 한 바 내용이 올바로 전달되지 못한 점도 있다고 생각되므로 독자제위께서는 아낌없는 조언을 주시길 부탁드리며 끝으로 이번의 이 책의 출판에 있어서 끝까지 애써주신 오토테크출판사 사장님과 동사 편집부 여러분께 심심한 사의를 표하는 바이다.

저자

차 례

Preface

Chapter 1

유체의 성질과 기본개념

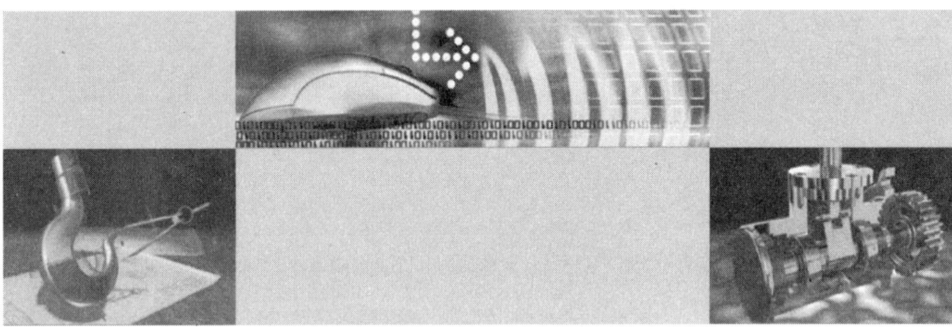

Chapter 1 유체의 성질과 기본개념

1.1 유체의 분류

일반적으로 유체는 액체(liquid)와 기체(gas)로 분류하고, 이 유체의 운동과 힘의 관계를 밝히는 학문을 유체역학이라고 한다. 실제 모든 유체는 점성을 가지고 있다. 점성이 있는 유체를 점성유체라고 하고, 점성이 없는 유체를 완전유체 또는 이상유체라고 한다. 또 유체는 압축성유체와 비압축성유체로 나누어 생각할 수 있다. 기체는 압축성유체이지만 유속이 적은 유동에서는 압력변화가 작기 때문에 압축성을 고려하지 않고 비압축성으로 취급할 수 있다.

(1) 비압축성유체와 압축성유체

일반적으로 액체는 비압축성유체이고 가스는 압축성유체라고 할 수 있지만, 유체역학에서는 이들 용어를 다음의 의미로 볼 수 있다. 액체의 운동을 고려하여 압축의 정도가 작고, 그에 따라 발생하는 밀도의 변화가 무시할 수 있는 경우, 그 유체를 비압축성유체라고 한다. 비압축성유체의 경우는 밀도가 일정하므로 유체의 운동을 파악할 수 있고, 유체내의 속도 및 압력의 분포를 알면 모든 것을 알게 된다. 수학적으로 취급이 매우 간단하게 된다. 이에 반해 압축의 정도가 크고, 그에 따라 밀도분포를 일정하게 볼 수 없는 경우, 그 유체를 압축성유체로서 취급한다. 압축성유체의 경우는 밀도변화에 의해 달라지기 때문에 그 분포를 알아야 할 필요가 생기고 취급도 복잡하게 된다. 예를 들어 보통의 속도로 날고 있는 비행기에 대해서 주위의 공기를 비압축성유체로 간주함으로서 운동을 간단히 설명할 수 있지만, 음속 또는 그 이상의 고속으로 날고 있는 항공기에 대해서는 주위의 공기를 더 이상 비압축성유체로 취급하여 설명할 수 없다.

(2) 비점성유체와 점성유체

유체의 유동에는 크든 작든 점성이 있어 점성에 의해 마찰손실이 발생한다. 그러나 운동의 조건에 따라 점성을 무시할 수 있는 경우, 즉 비점성유체로 취급할 수 있는 경우와 점성을 무시할 수 없는, 즉 점성유체로 취급하는 경우가 있다. 유체의 운동을 이론적으로 고려해 볼 때 유체를 비점성유체로 취급하면 매우 편리하게 다룰 수 있게 되고, 점성유체로 취급하면 까다롭고 어렵게 된다. 이러한 이유로 점성을 무시해도 실제현상을 충분히 설명할 수 있는 경우는 그 유체를 비점성유체로 취급하고, 그렇지 않은 경우는 점성유체로 해석하여야만 한다.

1.2 연속체

유체흐름의 문제는 수학적으로 또는 해석적인 방법으로 풀기위해서는 분자의 운동을 무시하고 거시적으로 유체의 운동을 다루기 위해 유체를 하나의 연속체로 취급하는 것이 필요하다.

유체가 연속체라는 뜻은 여러분자의 평균값을 이용하여 유체를 하나의 균질적인 물체로서 취급하는 것이다.

연속체의 가정이 직접적으로 필요하게 되는 경우를 예를 들면 유체의 밀도 ρ는 다음과 같이 정의된다.

$$\rho = \lim_{\Delta V \to v} \frac{\Delta m}{\Delta V} \tag{1-1}$$

여기서 분자를 미시적으로 취급한다면 위와 같이 정의된 밀도는 매우 불연속적인 분포를 보일 것이다. 이는 분자와 분자사이의 공간에 ΔV를 잡을 때에는 밀도는 존재하지 않을 것이고 ΔV내에 분자를 포함할 때는 유한한 밀도가 존재할 것이기 때문이다. 따라서 연속적인 밀도분포를 얻기 위해서는 유체를 연속체로 취급하여야 한다.

즉 극한체적 내에 일정한 수의 분자를 포함하고 있다면 거의 일정한 밀도를 정의할 수 있다. 이러한 연속체는 그 물질을 해석하는데 미분학을 사용할 수 있다는 것도 의미한다.

본서에서 취급될 모든 유체는 연속체의 가정이 성립되는 유체이다.

1.3 단위와 환산

(1) 절대단위와 공학단위

일반적으로 공업에서 사용되는 단위에는 질량을 기본으로 한 절대단위계(물리단위)와 중량 즉 힘을 기본으로 한 공학단위계(중량단위)의 두 계열이 있다. 단위계를 비교하면 표 1-1과 같다.

[표 1-1] 절대단위와 공학단위

	길이	시간	질량	힘
절대단위 공학단위	m m	s s	kg $kgf\ s^2/m$	$kg\ m/s^2 = N$ kgf

실제 기계공업에서는 아직도 공학단위가 널리 사용되고 있으므로 위 두 단위 계열의 취급에 익숙해질 필요가 있다. 또 공업규격의 국제화를 도모하고 있는 ISO(국제표준화기구)에서는 국제단위(SI단위)의 채용을 권장하고 있다. 현재 많은 나라에서는 전면적으로 이 단위로 쓰고 있으며 전세계에서 사용되는 모든 분야의 단위는 머지 않아 SI단위로 통일될 단계에 와 있다.

SI단위는 근본적으로 절대단위계와 동일하며, 질량(kg), 길이(m), 시간(s)를 기본단위로 하고 있다. 공학단위계에서는 중량을 기본단위로 하고 있으며 이것에 절대단위계의 질량과 같은 킬로그램을 사용하고 있기 때문에 매우 혼동하기 쉽다. 따라서 혼동을 피하기 위하여 힘 또는 중량킬로그램의 단위에서는 kgf의 기호를 사용하며, 질량에는 kg을 써서 구별하기로 한다.

1중량 kg(kgf)는 질량 1kg(절대단위계)의 물체의 중력가속도 $g = 9.80665$ m/s^2 (국제표준치)에서의 중량(지구의 인력)이며 절대단위계의 $g\,(kg\ m/s^2) = g\,(N)$ 에 상당한다.

절대단위계에서는 중량 즉 힘의 단위는 유도단위가 되며, $(kg\ m/s^2)$의 단위가 된다. 이것을 N(Newton)으로 표시한다. 한편 공학단위계에서는 질량의 단위가 유도단위가 되며 $(kgf\ s^2/m)$로 표시된다.

(2) 국제단위계

[표 1-2] SI 기본단위

량	명칭	기호	정 의
길이	미터	m	1/299792458초간에 빛이 전하는 길이
질량	킬로그램	kg	국제 킬로그램 원기(原器)의 질량
시간	초	s	^{133}Cs의 형광주기의 9,192,631,770배
전류	암페어	A	1m간격으로 도선에 2×10^{-7}N/m의 힘을 일으키는 전류
온도	켈빈	K	물의 삼중점의 열역학적 온도의 1/273.16 ℃
물질량	몰	mol	0.012kg의 ^{12}C원자수와 같은 요소수의 물질
광도	칸델라	cd	101,325N/m^{2}의 압력하에서 백금의 응고점 온도의 흑체에 대한 표면수직방향의 광도

국제단위계는 흔히 SI단위계라고 부르며 SI의 기본단위는 표 1-2에서와 같이 7개의 량을 기본으로 하는 단위계이다.

현재 세계 주요국이 국제단위계에 동조하게 되어 학술적 기술에서 SI 단위계로 사용하는 추세이며 차후 SI단위로 고정되리라고 전망한다.

이 단위계에서는 길이에 m, 질량에 kg, 시간에 s, 그리고 전류에 A를 채용함으로서 MKSA단위계라고도 한다.

표 1-3은 SI 보조단위로서 각도의 단위가 해당된다.

[표 1-3] SI 보조단위

량	명칭	기호	정 의
평면각	래디안 (radian)	rad	원주 상에서 반경과 같은 길이의 호를 두 반경으로 정할 때 이 반경 사이에 포함되는 평면각
입체각	스테래디안 (steradian)	sr	구의 중심에 정점을 두고 구의 표면상에서 반경과 같은 길이의 변을 갖는 정 4각형과 동일한 면적을 자르는 입체각

또한 곱수를 나타내는 SI 단위의 정수배수의 접두어 명칭 및 기호를 표 1-4에 나타내었다.

[표 1-4] SI 단위 접두어

배수	명칭	기호	배수	명칭	기호
10^{-3}	밀리	m	10^{3}	킬로	k
10^{-6}	마이크로	μ	10^{6}	메가	M
10^{-9}	나노	n	10^{9}	기가	G
10^{-12}	피코	p	10^{12}	테라	T

(3) SI 단위계의 조립단위

① 힘(force)

가속도 a 는 속도(u)변화의 시간에 대한 비율로서 단위는 m/s^2이다.

$$a = \frac{du}{dt} = \frac{d^2 l}{dt^2} \tag{1-2}$$

운동의 제2법칙에 의해 F는 가속도 a (m/s^2)과 질량 m(kg)의 곱으로, 그 단위는 1 $kg{\cdot}m/s^2$이 된다. 이는 조립단위로서 뉴톤(N)이라는 단위로서 사용된다.

$$F = ma, \quad 1\text{N(Newton)} = 1\text{kg} \cdot \text{m/s}^2 \tag{1-3}$$

② 일(work)

일 W는 힘 F가 작용한 거리 l의 곱으로 일의 단위는 1N·m가 된다. 이 조립단위는 주울(J)이라고 부른다.

$$W = Fl, \quad 1\text{J} = 1\text{N} \cdot \text{m} = 1\text{kg} \cdot \text{m}^2/\text{s}^2 \tag{1-4}$$

③ 동력(power)

동력 P 는 단위시간당 일을 나타내며 일률이라고도 부른다.
그 조합단위는 와트(W)로 사용된다.

$$P = \frac{dW}{dt}, \quad 1\text{W} = 1\text{J/s} = 1\text{N} \cdot \text{m/s} = 1\text{kg} \cdot \text{m}^2/\text{s}^2 \tag{1-5}$$

④ 압력(pressure)

압력은 힘 F를 면적 $A(\text{m}^2)$로 나눈 값 즉 단위 면적당 수직방향의 힘으로 정의된다. 그 조립단위는 파스칼(Pa)로 부른다.

$$p = F/A, \qquad 1\text{Pa} = 1\text{N/m}^2 = 1\text{kg/(m} \cdot \text{s}^2) \tag{1-6}$$

공학단위계에서는 kg_f/cm^2 을 사용하는데 at 의 기호로 표시하기도 한다. 절대단위계에서는 bar를 쓰며 다음과 같은 관계가 있다.

$$1\,\text{bar} = 1000\,\text{mbar}(\text{밀리바}) = 10^5\text{N/m}^2 = 10^5\text{Pa} = 1.0197\,\text{at}$$

$$1\text{Pa} = 1\,\text{N/m}^2 = 10^{-5}\text{bar} = 10^{-2}\text{mbar} = 1.0197 \times 10^{-5}\,\text{at}$$

중력가속도 $g = 9.80665\,\text{m/s}^2$ 위치에서 수은의 밀도 $13.5951\,\text{g/cm}^3$일 때 수은주 760 mmHg 의 압력을 표준기압이라고 하며 atm 으로 표시한다.

압력에 있어서는 대기압을 단위로 하여 이것의 몇 배인가를 나타내는 단위도 있다. 대기압은 변화하므로 표준 기압을 다음과 같이 정한다.

즉 중력가속도가 표준상태일 때 ($g = 9.80665 m/s^2$), 밀도 $\rho = 13.5951 g/cm^3$의 수은주가 760mm의 높이를 나타내는 압력을 1표준기압이라 하며 1atm로 표시한다. 그리고 이에 대해 at는 공업기압이라고 하며 다음과 같은 관계가 있다.

$$
\begin{aligned}
1\,\text{atm} &= 760\ \text{mmHg} \\
&= 1.01325 \times 10^5\ \text{Pa} = 1013.25\,\text{mbar} \\
&= 1.0332\ \text{kg}_f/\text{cm}^2 = 14.7\ \text{psi}
\end{aligned}
$$

$$
\begin{aligned}
1\,\text{at} &= 1\,\text{kg}_f/\text{cm}^2 = 735.6\,\text{mmHg} \\
&= 98.0665\text{kPa} = 980.665\,\text{mbar}
\end{aligned}
$$

다음은 수은주 대신에 수주를 사용하는 경우 상호관계는 다음과 같다.

$$
\begin{aligned}
1\,\text{mH}_2\text{O} &= 1\,\text{mAq} = 0.1\,\text{kg}_f/\text{cm}^2\,(\text{kgf/cm}^2) \\
&= 9806.65\,\text{N/m}^2 = 9.807\,\text{kPa}
\end{aligned}
$$

공업에서의 압력측정에서는 보통 대기압 이상을 측정하게 된다. 따라서 대기압 p_a와의 차를 게이지압력(gage pressure)이라고 하며 단위 표시에 첨자 g를 표기하거나 덧붙여 Pag, atg, kg_f/cm^2g와 같이 표기한다. 이에 대해서 진공상태를 0으로 하여 측정한 압력을 절대압력(absolute pressure)이라고 하며 마찬가지로 Paa, ata, kg_f/cm^2a로 표기한다. 특히 혼돈의 염려가 없을 때는 첨자 없이 절대압력을 표시할 때도 있다.

대기압을 기준으로 측정하는 게이지압 또는 0ata를 기준으로 측정하는 절대압의 관계는 그림 1-1과 같다.

$$(\text{절대압력})\,p_{abs} = (\text{대기압})\,p_a + (\text{게이지압})\,p_g \tag{1-7}$$

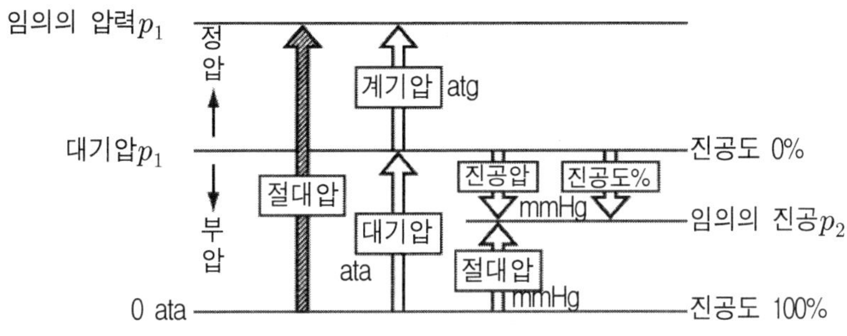

[그림 1-1] 절대압, 대기압, 게이지압의 관계

⑤ 중요정수

열역학에서 자주 사용되는 중요한 정수는 다음과 같다.

중력가속도	:9.80665 (m/s^2)
표준기압	:101.325 (kPa)
0℃의 절대온도	:273.15 (K)
1atm, 0℃의 기체(1kmol)의 체적	:22.414 $(m^3/kmol)$
일반가스정수	:8314.3 (J/kmol · K)
공기의 가스정수	:287.0 (J/kg · K)
1atm, 25℃에서의 공기의 정압비열	:1.0061 (kJ/kg · K)
0℃에서의 물의 증발잠열	:2501.6 (kJ/kg)

예제 1-1

용기안의 가스압력을 측정한 결과 6.48kgf/cm^2 (게이지 압력)이었다. 이 때 SI단위로 절대압력을 구하라. 단 대기압은 744.7mmHg이다.

풀이

대기압 $p_a = \dfrac{744.7\text{mmHg}}{760\text{mmHg}} \times 101.3\text{kPa} = 99.26\text{kPa}$

계기압 $p_g = \dfrac{6.48\text{kgf/cm}^2}{1.0332\text{kgf/cm}^2} \times 101.3\text{kPa} = 635.33\text{kPa}$

따라서 절대압력은 다음과 같다.

$$p_{abs} = p_a + p_g = 99.26 + 635.33 = 734\text{kPa}$$

1.4 밀도, 비중량, 비체적, 비중

(1) 밀도

밀도는 질량입자의 농도를 나타내는 척도의 일환이며 단위체적당 유체가 갖는 질량을 말한다.

$$\rho = \frac{m}{V} \tag{1-8}$$

여기서, m 유체의 질량, V는 유체의 체적을 나타내며 kg/m^3 또는 $\text{N} \cdot \text{s}^2/\text{m}^4$ 으로 표현되며, 예를 들어 물의 밀도는 근사적으로 다음과 같다.

$$\rho_w = 1000\,\text{kg/m}^3 = 1000\,\text{N} \cdot \text{s}^2/\text{m}^4$$

(2) 비중량

비중량은 지구의 중력이 단위체적당 가지는 질량에 미치는 힘을 뜻한다. 즉 밀도에 지구의 중력을 감안한 힘이라고 간주해도 무방하며 다음과 같은 단순한 관계가 있다.

$$\gamma = \rho g \tag{1-9}$$

γ의 단위는 단위 부피당 무게이며 N/m^3으로 표시된다. 예를 들어 20℃, 1atm하에 있는 공기와 물의 비중량은 근사적으로 다음과 같다.

$$\gamma_{공기} = (1.205\text{kg/m}^3)(9.807\text{m}^2/\text{s}) = 11.8\text{N/m}^3$$

$$\gamma_{물} = (998\text{kg/m}^3)(9.807\text{m}^2/\text{s}) = 9790\text{N/m}^3$$

(3) 비체적

비체적은 유체가 갖는 단위질량당 유체의 체적을 나타낸 것으로서, 밀도의 역수와 같다.

$$v = \frac{1}{\rho} \tag{1-10}$$

단위는 마찬가지로 밀도의 역수인 m^3/kg 이며, 공학단위(중력단위제)에서의 비체적은 중량당 유체의 체적이기 때문에 다음과 같이 표현된다.

$$v = \frac{1}{\gamma} \tag{1-11}$$

(4) 비중

비중은 어떤 물체가 가지는 밀도가 물의 밀도에 비해 상대적 비율이 어떠한가하는 것이다. 즉 물의 밀도에 대한 상대적 비율이기 때문에 단위가 없다.

비중은 SG로 표시되며, 다음과 같다.

$$SG_{기체} = \frac{\rho_{기체}}{\rho_{공기}} = \frac{\rho_{기체}}{1.205\text{kg/m}^3} \tag{1-12}$$

$$SG_{액체} = \frac{\rho_{액체}}{\rho_{물}} = \frac{\rho_{액체}}{998\text{kg/m}^3} \qquad (1\text{-}13)$$

예제 1-2

직경 240mm인 실린더 내의 피스톤이 180mm움직여서 50g의 공기를 흡입할 때 1회에 흡입되는 공기의 비체적, 밀도, 비중량을 구하라.

풀이

질량 $m = 0.05\text{kg}$

체적 $V = \frac{\pi}{4}(0.24)^2 \times 0.18 = 0.00814\,\text{m}^3$

따라서

비체적 $v = \frac{V}{m} = 0.163\,(\text{m}^3/\text{kg})$

밀도 $\rho = \frac{m}{V} = 6.143\,(\text{kg/m}^3)$

비중량 $\gamma = \rho g = 60.20\,(\text{N/m}^3)$

1.5 이상기체

기체의 상태변화를 논할 때 기체를 구성하는 분자가 상호 작용하는 분자간 힘과 분자 자신이 차지하는 체적을 무시할 수 있는 이상적인 상태를 고려하면 취급이 용이해진다. 이와 같이 이상화된 기체를 이상기체(ideal gas)또는 완전가스(perfect gas)라고 한다. 이상기체에 있어서 분자들이 운동에 의해 접근해도 상호 분자간 힘이 작용하는 일은 없고 충돌한 순간에만 힘을 취급한다. 상기와 같은 미시적인 성질을 가지는 이상기체는 거시적으로는 보일·샤알(Boyle·Charles)의 법칙을 따르는 기체로서 설명된다.

이상기체의 상태방정식은 다음과 같이 표시된다.

$$pv = RT \quad \text{또는} \quad p = \rho RT \tag{1-14}$$

윗 식에서 R(J/kg·K)는 가스정수(gas constant)라고 하며 기체의 종류(분자량)에 의해 결정되는 정수이다.

일반가스정수 R_0는 기체의 분자량 M과 가스정수 R과의 곱으로서 표시되며 다음과 같은 값을 갖는다.

$$R_0 = MR = 8.3143 \text{ kJ/kmol} \cdot \text{K} \tag{1-15}$$

따라서, 기체의 분자량을 알면 가스정수 R을 구할 수 있다. 흔히 사용되고 있는 공기의 가스정수는 다음과 같다.

$$R = 0.287 \text{ kJ/kg} \cdot \text{K}$$

1.6 유체의 점성

실제 존재하는 모든 유체에는 점성이 있다. 예를 들면 유체입자가 관내(管內)를 평행하게 흐르는 층류(laminar flow)의 경우, 유체와 접촉하는 관벽과 마찰에 의해 관벽에 가까워짐에 따라 속도는 늦어지고, 관벽면 상에서는 속도가 0이 된다. 이와 같이 유동을 방해하는 성질을 점성이라고 한다.

따라서 그림 1-2과 같이 속도는 흐름(유동방향)에 직각으로 변화한다. 즉 미소거리 dy에 상당하는 속도차 du가 발생한다.

이것은 유체와 고체표면과의 사이 및 유체내부에 있어서 전단력 또는 마찰응력 τ가 작용하고 있기 때문이다. 이 전단응력 τ는 유동이 층류인 경우 다음과 같이 표현할 수 있다.

$$\tau = \mu \frac{du}{dy} \tag{1-16}$$

여기서, u는 벽면으로부터의 거리 y에 있어서 유동방향의 속도, du/dy는 그 점에 있어서 속도구배이고, μ는 점성계수(coefficient of viscosity)이다. 이 값은 유체의 종류에 따라 달라진다. 또한 같은 유체에서도 온도에 의해서도 달라진다.

식 (1-16)를 뉴톤의 점성법칙(Newton's law of viscosity) 또는 뉴톤의 마찰법칙(Newton's law of friction)이라고 한다.

또 이 식을 따르는 유체를 뉴톤유체라고 하고, 그렇지 않은 유체를 비뉴톤유체라고 한다.

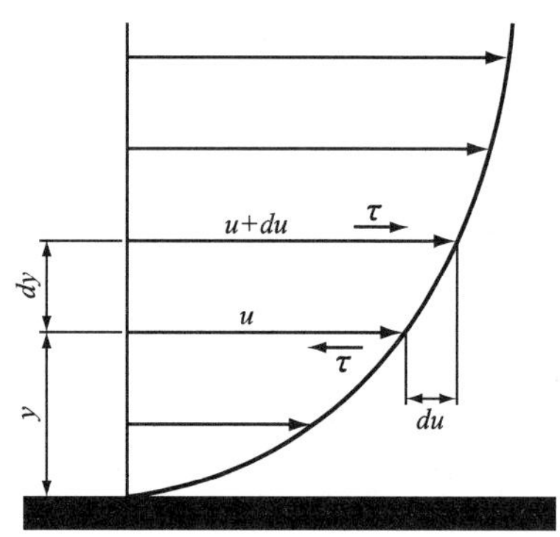

[그림 1-2] 속도구배와 전단응력과의 관계

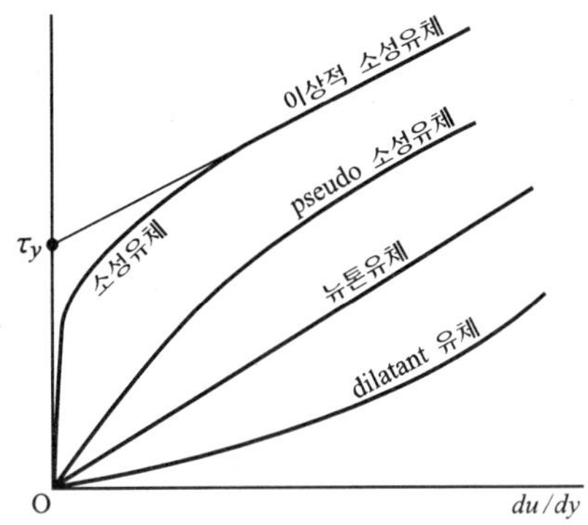

[그림 1-3] 유동곡선

뉴톤유체와 비뉴톤유체의 속도구배와 전단응력과의 관계를 나타낸 유동곡선을 그림 1-3에 나타낸다.

실제 존재하는 많은 유체, 예를 들어, 물, 오일, 공기 등은 뉴톤유체이고, μ를 비례정수로 하는 원점을 지나는 직선이다.

한편 식 (1-16)에 따르지 않는 유체, 예를 들면, 페인트, 마요네즈, 고분자용액 등은 비뉴톤유체로서 처음에 어느 정도의 힘이 가하여져도 변형을 일으키지 않으며 계속적인 변형을 일으키게 하기위해서는 일정한 크기의 응력이 필요하게 된다. 따라서 이러한 물질은 뉴톤의 점성법칙을 만족시키지 않게 된다.

μ의 단위를 알아보면 식(1-16)에 의해

$$\mu = \frac{\tau}{\frac{du}{dy}} \tag{1-17}$$

여기서 τ, du/dy의 단위는 각기 $\mathrm{N/m^2}$, $\mathrm{s^{-1}}$이므로

$$\mu\text{의 단위} = \frac{\mathrm{N}}{\mathrm{m^2}} \cdot \mathrm{s} = \mathrm{Pa} \cdot \mathrm{s} \tag{1-18}$$

또 운동하는 유체를 취급하는 경우에, 점성계수와 밀도와의 비는 동점성계수(kinematic viscosity)라고 하며, 다음과 같다.

$$\nu = \frac{\mu}{\rho} \tag{1-19}$$

따라서 동점성계수 ν의 단위는

$$\nu\text{의 단위} = \frac{\mathrm{Pa \cdot s}}{\mathrm{kg/m^3}} = \frac{(\mathrm{kg \cdot m/s^2}) \cdot \mathrm{s}}{\mathrm{m^2 \cdot kg/m^3}} = \frac{\mathrm{m^2}}{\mathrm{s}} \tag{1-20}$$

특히 점성계수와 동점성계수는 다음과 같은 고유의 단위를 갖고 있다.

$$1 \text{ poise} = 10^{-1}\mathrm{Pa \cdot s} = 1 \text{ dyne} \cdot \mathrm{sec/cm}$$

$$1 \text{ stoke} = 10^{-4} \mathrm{\ m^2/s} = 1 \mathrm{\ cm^2/s}$$

또 뉴톤유체의 경우 점성계수는 유체가 갖는 물성치로 취급되고, 일반적으로 압력과 온도에 따라 변화하지만 압력의 효과는 매우 미미하여 온도의 영향만을 고려하게 된다. 그림 1-4는 여러 유체들의 점성계수를 나타낸 것으로서 액체와 기체에 있어 그 경향이 다소 다른 게 나타나는데, 이는 근본적으로 분자간의 서로 다른 상호작용 때문이다.

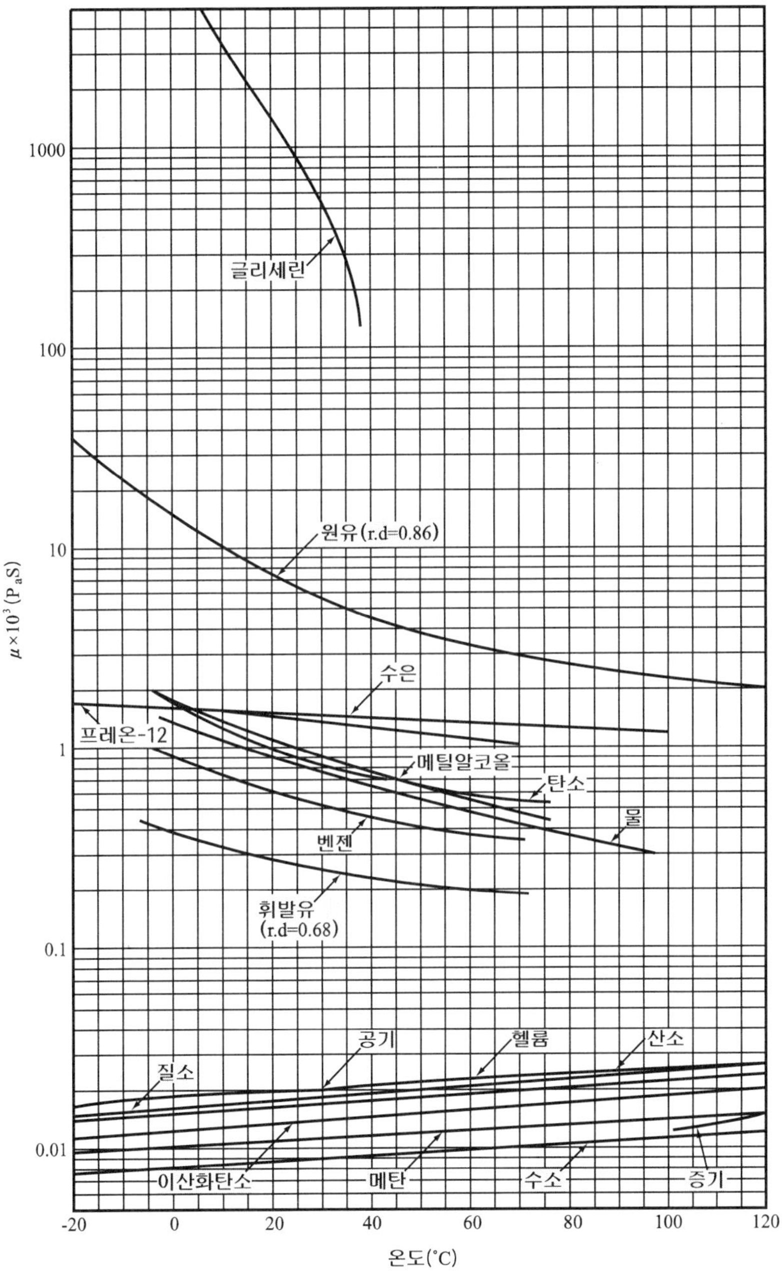

[그림 1-4] 여러 가지 유체들의 점성계수(SI)

1.7 유체의 압축성

액체는 압력의 변화에 대해, 체적은 거의 변화하지 않기 때문에, 일반적으로는 비압축성유체로서 취급할 수 있다. 이에 대하여, 기체는 액체에 비해 분자간의 거리가 크기 때문에 약간의 압력변화에 대해서도 체적이 변화한다. 이와 같은 유체를 압축성유체라고 한다.

압력 p_1, 체적 V의 유체에 Δp의 압력변화에 대한 체적변화율은 $-\Delta V/V$이고, 이 경우

$$\beta = \lim_{\Delta p \to 0}\left(-\frac{1}{V}\frac{\Delta V}{\Delta p}\right) \tag{1-21}$$

로 표현된다. β를 압축율(compressibility)라고 한다. 또 β의 역수를 K로 한 경우

$$K = \frac{1}{\beta} = -V\frac{dp}{dV} \tag{1-22}$$

가 되고, 이것을 체적탄성계수(bulk modulus of elasticity)라고 한다. 기체의 경우 비체적 v를 사용하면 식(1-22)에서 K는 다음식이 된다.

$$K = -v\frac{dp}{dv} = \rho\frac{dp}{d\rho} \tag{1-23}$$

여기서 K의 값은 유체의 종류에 따라 다르며, 동일한 유체라도 압력, 온도에 따라서도 변화한다.

표 1-5에 물의 체적탄성계수, 표 1-6에 주요한 액체의 체적탄성계수를 나타내었다.

또 기체의 상태변화가 폴리트로프 변화인 경우는 $pv^n = p\rho^{-n} = c$(일정)로부터 $p = c\rho^n$, 더욱이 $dp/d\rho = cn\rho^{n-1}$을 얻는다.

이식과 식(1-23)로 부터

$$K = np \tag{1-24}$$

가 되고, 또 단열변화의 경우는 $n = k$이므로 다음식이 된다.

$$K = kp \tag{1-25}$$

[표 1-5] 물의 체적탄성계수

온도[℃] / 압력범위[MPa]	0	10	20
0.1013~2.533	1.93×103	2.03×103	2.06×103
2.533~5.066	1.97×103	2.06×103	2.13×103
5.066~7.599	1.99×103	2.14×103	2.22×103
7.599~10.133	2.02×103	2.16×103	2.24×103

[표 1-6] 주요한 액체의 체적탄성계수

물질	온도[℃]	압력범위[MPa] 게이지압	체적탄성계수 [MPa]
해수	10	0.1 ~ 15	2.23×103
수은	20	0.1 ~ 10	25.0×103
글리세린	14.8	0.1 ~ 1	4.4×103
에틸알코올	14	0.9 ~ 3.7	0.97×103
메틸알코올	14.7	0.8 ~ 3.6	0.94×103
벤졸	16	0.8 ~ 3.6	1.1×103

1.8 표면장력

액체는 자유표면(free surface)에서는 가능한 한 액면을 작게 하려는 성질이 있다. 그 이유는 액체 내부의 분자들은 같은 종류의 분자들로 둘러싸여 모든 방향에서 균일한 인력을 받는 반면에, 액체 표면에 위치한 분자들은 내부로부터는 같은 종류의 분자들 사이에 작용하는 응집력을 받고 외부로부터는 다른 종류의 분자들 사이에 작용하는 인력을 받기 때문이다.

비누방울이나 액체 속의 기포 · 물방울 등이 구상(球狀)이 되는 것은 이 힘이 액면에 작용하기 때문이며, 용기의 가장자리에 액체가 넘쳐 올라간 모양이 되어 쏟아지지 않는 것도 액체 표면에 장력이 작용하기 때문이다. 수면에 떨어뜨린 기름방울이 금방 퍼지는 것은 물의 표면장력이 기름의 표면장력보다 크고, 기름층이 물의 표면장력에 의해 잡아 늘여지기 때문이다.

표면장력은 σ의 기호로 표시되며, 힘/길이의 차원을 갖고 N/m의 단위로 나타내어진다. 이 표면장력 σ는, 액면상의 곡면일부를 ds로 하고 액표면을 따르고 ds의 부분에 수직으로 작용하는 힘을 dF라 하면

$$\sigma = \frac{dF}{ds} \tag{1-26}$$

로 표현된다. 표면장력은 서로 접하는 두 종류의 유체와 온도에 따라 달라진다. 그림 1-5에 나타난 바와 같이, 표면장력이 작용하는 3차원곡면의 곡률반경 R_1, R_2을 갖는 미소곡면 dx, dy에 대해 살펴보자.

곡면의 내측 및 외측으로부터 작용하는 압력을 각각 p_1, p_2라 하면, 힘의 평형을 생각하면,

$$\Sigma F = (p_2 - p_1)dxdy + 2\sigma dy\sin\theta_1 + 2\sigma dx\sin\theta_2 = 0 \tag{1-27}$$

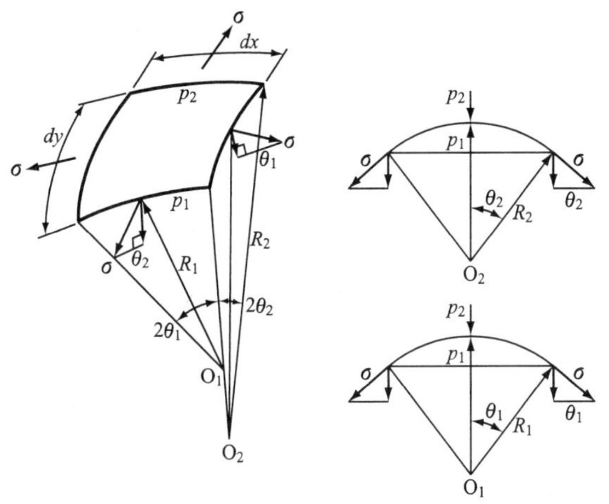

[그림 1-5] 곡면에 작용하는 표면장력

따라서 외부의 압력차 Δp는

$$p_1 - p_2 = \Delta p = \sigma\left(\frac{2\sin\theta_1}{dx} + \frac{2\sin\theta_2}{dy}\right) \tag{1-28}$$

여기서, $dx \fallingdotseq 2R_1\, sin\theta_1$, $dy \fallingdotseq 2R_2 \sin\theta_2$ 이므로 이것을 식(1-28)에 대입하면 다음과 같다.

$$\Delta p = \sigma\left(\frac{1}{R_1} + \frac{1}{R_2}\right) \tag{1-29}$$

액면이 구형표면인 경우는 $R_1 = R_2 = R_3$ 이므로

$$\Delta p = \frac{2\sigma}{R} \tag{1-30}$$

이고, 원통표면인 경우는 $R_1 = R$, $R_2 = \infty$ 이므로 다음과 같다.

$$\Delta p = \frac{\sigma}{R} = \frac{2\sigma}{D} \tag{1-31}$$

내경이 작은 관(모세관)을 액체의 표면에 수직하게 넣었을 때, 액체자유표면의 응집력과 고체면에 대한 부착력의 차이에 의해 관내 액체표면

과 자유표면사이에 높이 차이를 나타내는데 이 현상을 모세관현상이라고 한다.

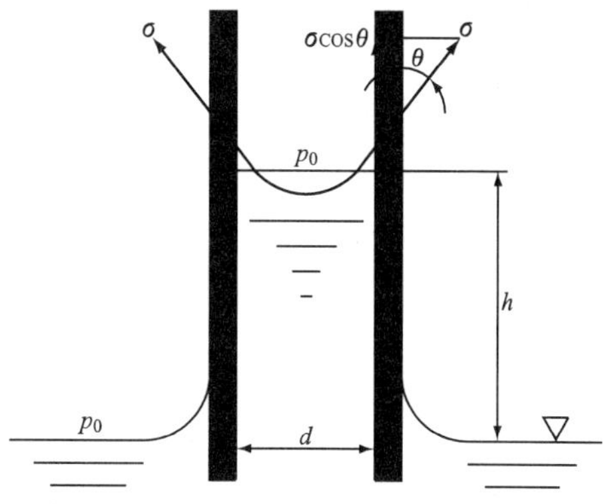

[그림 1-6] 모세관 현상

그림 1-6에 나타난 바와 같이, 모세관의 직경을 d, 액체의 밀도를 ρ, 관내의 액면과 관벽 내면에 작용하는 표면장력을 σ, σ의 동작방향과 관벽과의 접촉각을 θ, 액체가 모세관현상에 의해 자유표면보다 관속을 상승하는 높이의 평균치를 h로 하고, 액체의 위쪽 유체를 공기라 하면, 그 밀도는 무시할 수 있다.

따라서 표면장력에 의한 힘의 수직방향의 분력 $\pi d\sigma\cos\theta$과 자유표면위로 올라간 액체의 중량$(\pi d^2/4)\rho gh$과 같으므로 다음 식으로 표현할 수 있다.

$$h = \frac{4\sigma\cos\theta}{\rho g d} \tag{1-32}$$

표 1-7에 20℃에서의 각종액체의 표면장력을 나타내었다.

[표 1-7] 각종액체의 표면장력(20℃)

액체	접촉유체	표면장력 [mN/m]
물	공기	72.75
수은	공기	513.0
수은	물	392.0
에틸알코올	공기	22.3
스핀들오일	공기	30.5

예제 1-3

체적이 $0.1\ \mathrm{m}^3$이고 중량이 $882\ \mathrm{N}$인 오일의 질량, 밀도, 비중을 구하시오.

풀이

중량 $W = 882\ \mathrm{N} = 882\ \mathrm{kg\ m/s^2}$, $\mathrm{g} = 9.8\ \mathrm{m/s^2}$이므로

질량 $m = \dfrac{W}{g} = \dfrac{882}{9.8} = 90\ \mathrm{kg}$

$V = 0.1\ \mathrm{m}^3$이므로, 밀도 $\rho = \dfrac{m}{V} = \dfrac{90}{0.1} = 900\ \mathrm{kg/m^3}$

$\rho_w = 998\ \mathrm{kg/m^3}$이므로

비중 $SG = \dfrac{\rho}{\rho_w} = \dfrac{900}{998} \simeq 0.9$

예제 1-4

어떤 유체에 600kPa의 압력을 가한 경우, 체적의 변화율이 -2×10^{-4}이었다. 이 유체의 압축률을 구하라.

풀이

식(1-22)에 의해 유체의 압축률은 다음 식으로 표현할 수 있다.

$$\beta = -\frac{1}{V}\frac{dV}{dp}$$

여기서 dp를 Δp, dV를 ΔV로 두면,
가해진 압력 $\Delta p = 600\,\text{kPa} = 600\times 10^3\,\text{Pa}$이고,
체적의 변화율은 $\Delta / V = -2\times 10^{-4}$이므로
압축율 β는

$$\beta = -\frac{1}{V}\frac{\Delta V}{\Delta p} = \frac{2\times 10^{-4}}{600\times 10^3} = 3.33\times 10^6\,\text{Pa}^{-1}$$

예제 1-5

그림 1-7에서 보는 바와 같이 수평면에 대해서 30° 의 각도를 갖는 경사판 상에 있는 중량 400N의 평판(면적 = 1m × 1m)이 0.5m/s의 일정속도로 미끄러지고 있다. 이 때 경사판블록과 평판과의 간극은 0.254mm이다. 이 액체의 점도 μ를 구하라. 단 간극의 속도구배는 직선적이다.

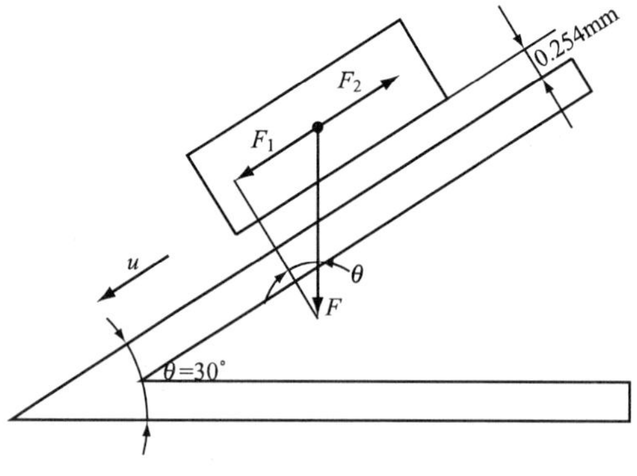

[그림 1-7]

풀이

평판의 중량에 대한 경사면방향의 분력 F_1은

$$F_1 = F\sin\theta = 400 \times \sin 30 = 200\text{N}$$

마찰에 의한 힘을 F_2, 평판의 표면적을 A로 하면 전단응력 $\tau = \dfrac{F_2}{A}$이고 이 식과 식(1-16)의 $\tau = \mu\, du/dy$로부터 다음 식을 얻는다.

$$F_2 = A\mu \frac{du}{dy}$$

여기서 $F_1 = F_2$로 두면, $F_1 = F\sin\theta = A\mu du/dy = F_2$에 의해

$$\mu = \frac{F\sin\theta}{A\dfrac{du}{dy}}$$

또 속도구배는 직선적이므로 $du/dy = u/y$로 둔다.

따라서 $F\sin\theta = 200\text{N}$, $A = 1\,m^2, u = 0.5\text{m/s}$ 를 상기식에 대입하면

$$\text{점도 } \mu = \frac{F\sin\theta}{A\dfrac{u}{y}} = \frac{200}{1 \times \dfrac{0.5}{0.254 \times 10^{-3}}} = 0.10\,\text{Pa} \cdot \text{s}$$

예제 1-6

속도분포가 그림 1-8에서와 같이 2차 곡선 $v = 4 - 4(1-y)^2$으로 표현될 때, $y = 0\text{m}, 0.5\,\text{m}, 1\,\text{m}$에 있어서 전단응력을 구하라. 단 점도 $\mu = 1.5\,\text{Pa} \cdot \text{s}$이다.

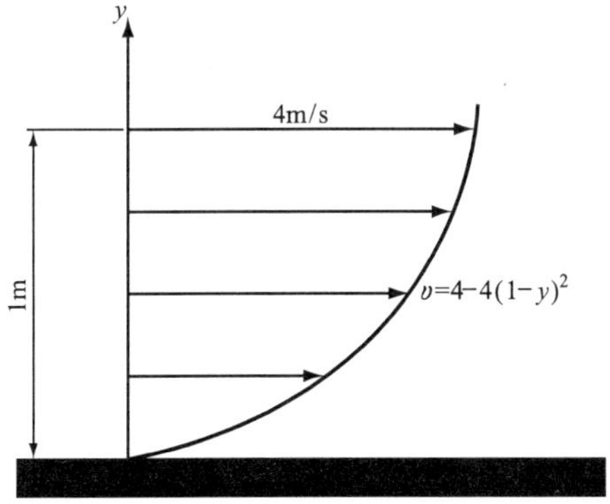

[그림 1-8]

풀이

v를 y로 미분하면, 속도구배식은 다음과 같다.

$$\frac{dv}{dy} = 8(1-y)[\mathrm{s}^{-1}]$$

따라서 전단응력 $\tau = \mu dv/dy = 8\mu(1-y)$로 표현된다.

$y = 0\,\mathrm{m}$에서의 전단응력 τ 는

$$\tau = \mu\frac{dv}{dy} = 1.5\times8\times(1-0) = 12\mathrm{Pa}$$

$y = 0.5\,\mathrm{m}$에서의 전단응력 τ는

$$\tau = \mu\frac{dv}{dy} = 1.5\times8\times(1-0.6) = 6\mathrm{Pa}$$

$y = 1\,\mathrm{m}$에서의 전단응력 τ는

$$\tau = \mu\frac{dv}{dy} = 1.5\times8\times(1-1) = 0\mathrm{Pa}$$

예제 1-7

지름이 $0.001\mathrm{m}$이고 20℃인 물방울이 있다. 외부의 압력이 표준대기압일 때 물방울 내부의 압력은 얼마인가?

풀이

20℃에서의 물의 표면장력 $\sigma = 0.0728\,\mathrm{N/m}$이고, 물방울의 내부압력을 p라고 하면

$p_a - p = -\frac{2\sigma}{R} = -\frac{4\sigma}{D}$로부터

$$p = p_a + \frac{4\sigma}{D} = 101.3\times10^3 + \frac{4\times0.0728}{0.001}$$

$$= 101591\,\mathrm{N/m^2} = 101.6\mathrm{kPa}$$

연습문제

1. 수은의 비중을 13.6이라 할 때, 수은의 밀도 및 비체적을 구하라.

2. 어떤 액체의 비중 SG가 0.860이고, 그 동점도 ν 가 34.0cSt 이다. 이 액체의 점도 μ 를 SI단위로 구하라.

3. 어떤 오일의 점도가 7.8P(poise)이다. 이것을 SI단위 및 공학단위로 환산하라.

4. 온도 20℃, 체적 $8.2\ \mathrm{m}^3$인 물이 있다. 이 물에 8 MPa의 압력을 가한 경우 체적은 얼마가 되는가?

5. 체적탄성계수 $K = 2.065\ \mathrm{MPa}$인 액체의 체적을 3% 감소시키는 데는 압력을 어느 정도 증가시켜야만 하는가?

6. 어떤 기체가 2.0MPa의 압력을 받았을 때 체적이 0.06%감소되었다. 압축율 및 체적탄성계수를 구하라.

7. 어떤 기체가 $0.01\mathrm{m}^3$의 체적을 갖는 용기 내에서 압력이 900kPa에서 1800kPa로 증가되었을 때 기체의 체적이 $0.009\,\mathrm{m}^3$이 되었다. 이 때 체적탄성계수를 구하라.

8. 그림 1-8에 나타난 바와 같이 6m/s의 속도로 피스톤이 운동하고 있다. 피스톤 실린더의 사이에는 유막이 형성되어있고 그 속도구배는 직선적이라고 하고, 점도 $\mu = 0.958\mathrm{Pa \cdot s}$이다. 피스톤의 접촉면에 작용하는 점성에 의한 힘을 구하라.

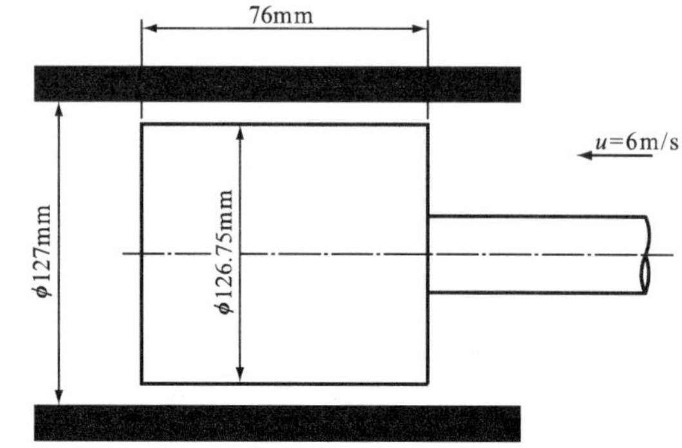

[그림 1-8]

9. 그림 1-9에 나타난 바와 같이 내경 $1\,\mathrm{mm}$의 유리관이 온도℃의 물속에 수직으로 세워져 있다. 표면장력에 의해 내경의 물은 상승한다. 이때 대기압 p_0와 관내의 $a-a'$면상의 압력 p와의 압력차는 얼마인가?
단 물과 유리관의 접촉각은 0 ° 로 하고 표면장력 $\sigma = 0.0728\mathrm{N/m}$로 한다.

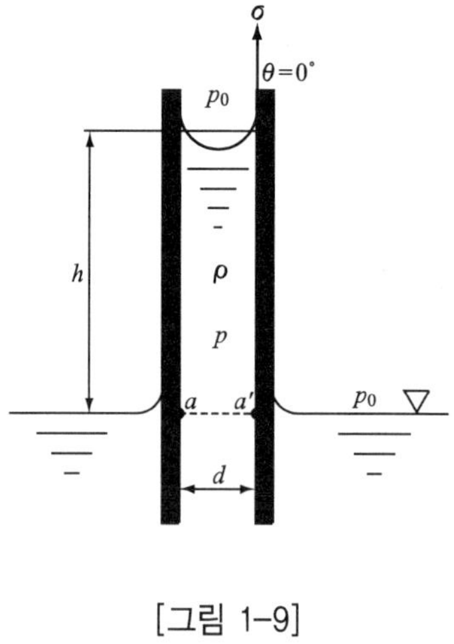

[그림 1-9]

Chapter 2

유체정역학

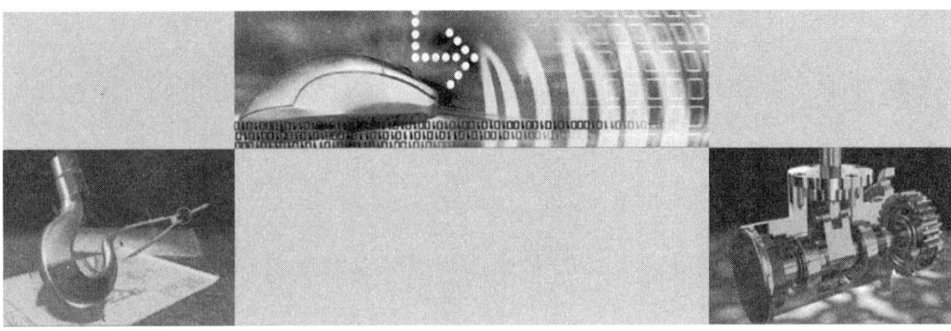

2-1 유체역학의 기본방정식

2-2 압력의 측정

2-3 유체 중에 잠긴 면에 작용하는 힘

2-4 부력

2-5 부양체의 안정

2-6 상대적 평형

Chapter 2

유체정역학

2.1 유체역학의 기본방정식

(1) 비압축성 유체 속에서의 압력변화

정지상태에서의 유체의 평형상태는 다음 조건과 같다.

$$\Sigma F = 0$$

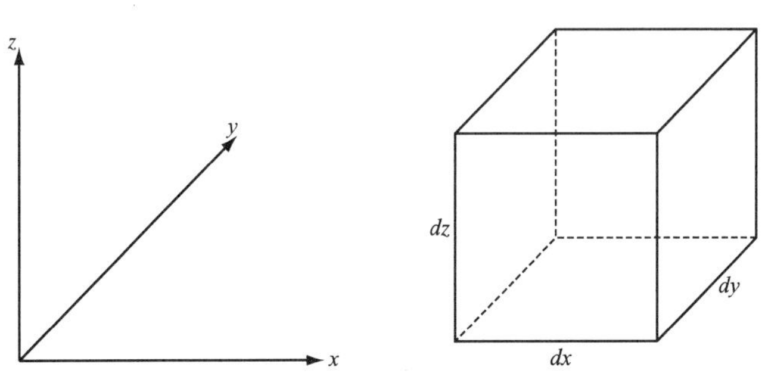

[그림 2-1] 유체요소의 좌표축

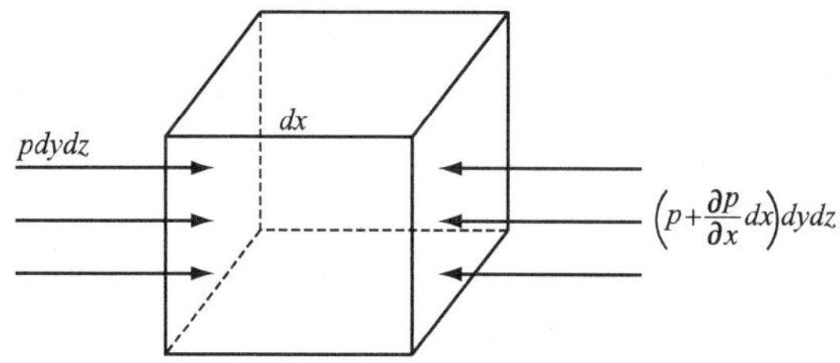

[그림 2-2] 미소면적 $(dydz)$에 작용하는 x방향의 힘

그림 2-2는 x방향으로 작용하는 힘을 나타내고 있다. 미소한 요소에 작용하는 힘의 평형을 생각해 보면 유체입자사이에 상대적인 운동이 없기 때문에 전단력은 없으나 압력에 의한 수직응력과 중력이 존재한다.

x방향에 대해서 힘을 합치면

$$pdydz-\left(p+\frac{\partial p}{\partial x}dx\right)dydz=0$$

$$\frac{\partial p}{\partial x}=0 \tag{2-1}$$

y방향에 대해서도 중력은 작용하지 않으므로

$$\frac{\partial p}{\partial y}=0 \tag{2-2}$$

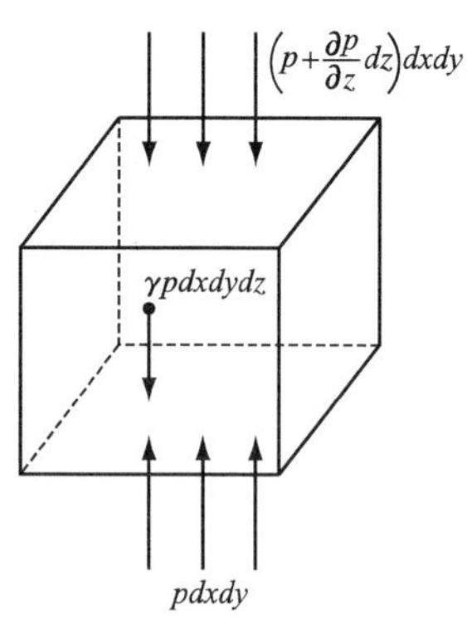

[그림 2-3] 미소면적 $(dxdy)$와
미소체적 $(dxdydz)$에 작용하는 z방향의 힘

z방향에 대해서는 중력을 고려하여 정리하면

$$pdxdy - \left(\frac{p+\partial p}{\partial z}dz\right)dxdy - \rho g dxdydz = 0$$

$$\frac{dp}{dz} =- \rho g \text{ 또는 } \frac{dp}{dz} =- \gamma \qquad (2\text{-}3)$$

식(2-3)을 유체정역학의 기본방정식이라고 한다. 유체의 비중량 γ가 일정한 경우 식(2-3)을 자유표면 1점에서 임의의 깊이 점 2까지 적분하면

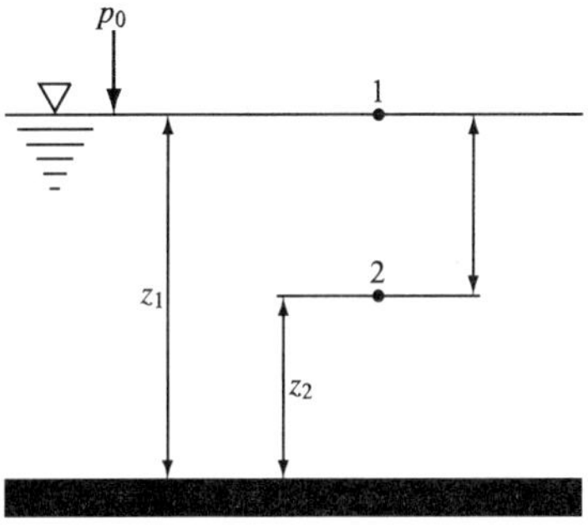

[그림 2-4]

$$\int_1^2 dp =- \gamma \int_1^2 dz$$

$$p_2 - p_1 = \gamma(z_1 - z_2) \qquad (2\text{-}4)$$

$z_1 - z_2 = h$라고 하면 식(2-4)는

$$p_2 - p_1 = \gamma h \qquad (2\text{-}5)$$

여기서 실제 h는 수직거리이고 p_1은 유체의 표면에 작용하는 대기압이므로

$$p_2 = p_0 + \gamma h \qquad (2\text{-}6)$$

이다. 압력과 높이의 관계를 나타내는 이 식은 압력계와 관계된 문제를 해결하는데 사용된다.

(2) 압축성 유체 속에서의 압력변화

유체가 비압축성일 때는 밀도와 비중량은 일정하므로 매우 간단하게 수식을 해석할 수 있지만, 압축성유체에서는 밀도와 비중량이 압력의 함수가 되어 상수로 취급하면 안된다.

① 등온변화

등온변화의 경우 $p/\gamma = c$, 즉 $\frac{p}{\gamma} = \frac{p_0}{\gamma_0}$ 이므로, 기준면에서의 압력과 비중량을 p_0, γ_0 라 하고, 높이 z 의 경우를 p, γ 라고 하면

$$dz = -\frac{dp}{\gamma} = -\frac{p_0}{\gamma_0}\frac{dp}{p} \tag{2-7}$$

$$\int_0^z dz = \frac{p_0}{\gamma_0}\int_{p_0}^{p}\frac{dp}{p} \tag{2-8}$$

$$z = -\frac{p_0}{\gamma_0} ln \frac{p}{p_0} \tag{2-9}$$

p 에 대해서 정리하면

$$p = p_0 e^{-\frac{\gamma_0}{p_0}z} \tag{2-10}$$

예제 2-1

대기에서 고도가 150m 일 때, 대기의 압력과 비중을 계산하라. 단 해면상의 대기압은 $10^5 \mathrm{N/m^2}$ 이고 온도는 −3.3℃이다.

풀이

해면상에서의 공기의 비중량 γ_0 는

$$\gamma = \rho \cdot g = \frac{p_0}{RT_0} \times g = \frac{10 \times 9.8}{287 \times (273 - 3.3)} = 12.66\text{N/m}^2$$

따라서 $z = z_0 = 0$일 때

$$\frac{p_0}{\gamma_0} = \frac{10^2}{12.66} = 7900\text{m}$$

대기를 등온기체로 가정하면

$$p = p_0 e^{-\frac{\gamma_0}{p_0}z} = 10^5 e^{-\frac{z}{7900}}$$

여기서 z대신에 고도의 값 150m 를 대입하여 계산하면

$$e^{-\frac{150}{7900}} = 0.9812$$

따라서

$$p = p_0 e^{-\frac{\gamma_0}{p_0}} z = 10^5 \times 0.9812 = 98120\text{N/m}^2$$

$$\gamma = \frac{\gamma_0}{p_0} p = 12.66 \times 0.9812 = 12.42\text{N/m}^2$$

② 단열변화

단열변화의 경우 $p/\gamma^k = c$, 즉 $\frac{p}{\gamma^k} = \frac{p_0}{\gamma_0^k}$이므로, 이것을 압력에 대해 정리하면

$$p = \frac{p_0}{\gamma_0^k} \gamma^k \qquad (2\text{-}11)$$

식(2-11)을 식(2-3)에 대입하여, dz에 대해 정리하면

$$dz = -\frac{dp}{\gamma} = -\frac{p_0}{\gamma_0} k \gamma^{k-2}\, d\gamma \tag{2-12}$$

위 식을 정리하면

$$\int_0^z dz = -\frac{kp_0}{\gamma_0}\int_{\gamma_0}^{\gamma} \gamma^{k-2}\, d\gamma \tag{2-13}$$

$$= -\frac{k}{k-1}\frac{p_0}{\gamma_0}\left[\left(\frac{\gamma}{\gamma_0}\right)^{k-1} - 1\right]$$

$$= -\frac{k}{k-1}\frac{p_0}{\gamma_0}\left[\left(\frac{p}{p_0}\right)^{\frac{k-1}{k}} - 1\right]$$

따라서

$$z = -\frac{k}{k-1} RT_0 \left[1 - \left(\frac{p}{p_0}\right)^{\frac{k-1}{k}}\right] \tag{2-14}$$

또 단열과정의 경우 온도와 압력과의 관계는

$$\frac{T}{T_0} = \left(\frac{p}{p_0}\right)^{\frac{k-1}{k}} \tag{2-15}$$

이므로 이식을 식(2-13)에 대입하여 정리하면 다음과 같다.

$$z = \frac{k}{k-1} R(T_0 - T) \tag{2-16}$$

2.2 압력의 측정

(1) 액주계

일반적으로 투명 유리관을 이용하여 유리관 내부액체를 충진시키고 임의의 압력을 가할 때 관 내부액의 수위가 변화하고 이 변화된 액의 위치를 측정함으로서 압력을 구하는 압력계이다. 임의 관경 Glass관 내부 단면적 상에 임의 높이의 액주가 있다면, 액주 저면에 작용하는 힘은 단면적당 받는 힘(F)에 의해

$$p = F/A = mg/A = \rho g V/A = \rho g A h/A = \rho g h \,[\mathrm{Pa}] \qquad (2\text{-}17)$$

위 식에서 ρ, g가 측정 중에 일정하다면 압력 p와 액주 높이 h와는 비례관계를 가지므로 압력은 액주의 높이를 정확히 측정하므로 가능하다.

일반적으로 실용되어 있는 것으로 U자관형, 단관형, 경사관형이 있다. 구조는 다른 압력계에 비해 간단하고 구조적인 오차발생이 적고, 고장이 적으며, 정확성이 높은 장점이 있다. 그러나 온도 영향을 민감하게 받고 액체와 유리관 벽의 오염에 따른 오차의 발생, 측정범위의 제약이 있다.

액주형 압력계에 사용할 액체를 선정하고자 할 때, 고려사항은 다음과 같다.

i) 측정범위와 측정 정밀도에 적합한 밀도를 가지는 액체
ii) 점도가 낮고, 유리관에 달라붙지 않는 액체
iii) 증발하기 어려운 액체
iv) 온도 변화에 따른 밀도의 변화가 작은 액체
v) 냄새나 독성이 없고 관을 부식시키지 않는 액체
vi) 액면측정이 용이한 액체

① 피에조미터(piezometer)

그림 2-5에서 보는 바와 같이 관 A내의 액체압력을 측정하기위해 유리관 B, C를 수직으로 세워 관 A에 연결했을 때, 관내의 압력이 대기압보다 높은 경우는 B, C의 관내에 h의 높이까지 액체가 상승한다. 이와 같은 마노미터를 피에조미터라고 한다. B, C의 유리관내의 액면에는 대기압 p_0가 작용하고 액체의 밀도를 ρ라고 하면 점 A의 관내압력 p는

$$p = p_0 + \rho g h \tag{2-18}$$

따라서 대기압과의 차이는

$$p - p_0 = \rho g h \tag{2-19}$$

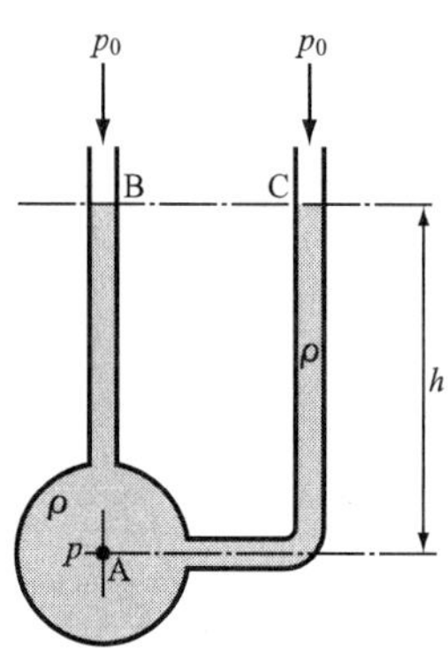

[그림 2-5] 피에조미터

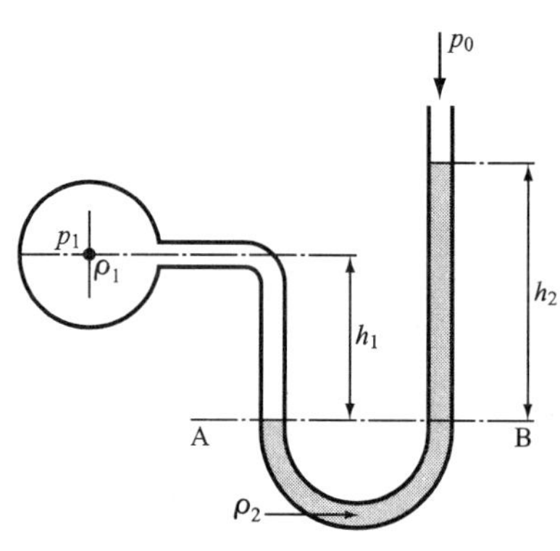

[그림 2-6] U자관 마노미터

② U자관 마노미터

그림 2-6에 나타낸 압력계를 U자관 마노미터(U-tube manometer)라고 한다. 여기서 U자관 내 액체의 밀도 ρ_2는 측정하려고 하는 액체의 밀도 ρ_1보다 크고, 서로 혼합하지 않는 액체를 사용한다. 관내의 압력을 p_1이라고 하면

$p_1 + \rho_1 g h_1 = p_0 + \rho_2 g h_2$에 의해

$$p_1 - p_0 = \rho_2 g h_2 - \rho_1 g h_1 \qquad (2\text{-}20)$$

③ 시차마노미터

그림 2-7, 그림 2-8에 나타난 바와 같이 2점간의 압력차를 구하기 위해 사용하는 마노미터를 시차마노미터(differential manometer)라고 한다.

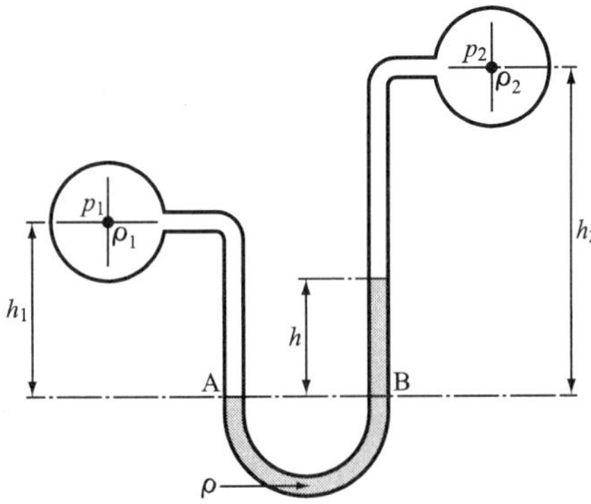

[그림 2-7] 시차마노미터(U자관형)

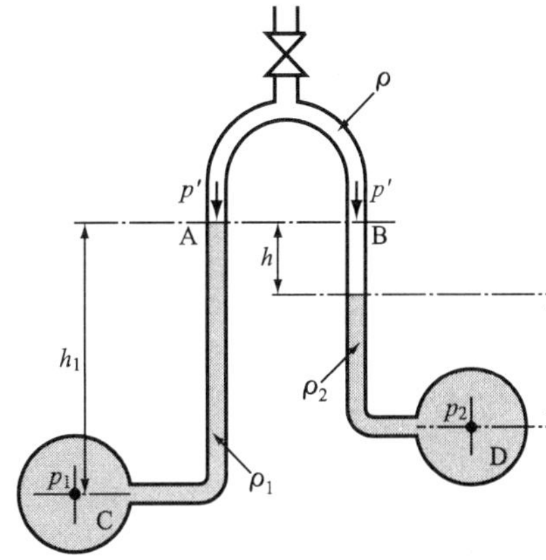

[그림 2-8] 시차마노미터(역U자관형)

그림 2-7의 경우 압력차 $p_1 - p_2$는 $p_1 + \rho_1 g h_1 = p_2 g(h_2 - h_1) + \rho g h$에 의해

$$p_1 - p_2 = \rho_2 g(h_2 - h) + \rho g h - \rho_1 g h_1 \qquad (2\text{-}21)$$

여기서 $\rho_1 = \rho_2$인 경우 $\rho_1 = \rho_2 = \rho_0$라고 하면

$$\begin{aligned} p_1 - p_2 &= \rho_0 g(h_2 - h) - \rho_0 g h_1 + \rho g h \\ &= \rho_0 g(h_2 - h_1) + (\rho - \rho_0) g h \end{aligned} \qquad (2\text{-}22)$$

또한 $h_1 = h_2$라고 하면

$$p_1 - p_2 = (\rho - \rho_0) g h \qquad (2\text{-}23)$$

④ 역U자관 마노미터

그림 2-8에서 나타낸 시차마노미터의 경우는 역U자관 마노미터라고 한다. 수평면 A-B상의 관내 압력을 p'로 하고 관 C, D의 압력을 각각 p_1, p_2 라고 하면

$$p_1 = p' + \rho_1 g h_1$$
$$p_2 = p' + \rho g h + \rho_2 g h_2$$

따라서 관내의 압력차이 $p_1 - p_2$는

$$p_1 - p_2 = \rho_1 g h_1 - \rho g h - \rho_2 g h_2 \tag{2-24}$$

여기서 $\rho_1 = \rho_2 = \rho_0$, $h_1 = h + h_2$인 경우는

$$p_1 - p_2 = (\rho_0 - \rho) g h \tag{2-25}$$

⑤ 이액(二液)마노미터

그림 2-9에서 나타난 바와 같이 U자관의 상부면적 A를 크게 하고 그 안에 비중이 차이가 작은 두 종의 액체를 넣어, 기체의 압력 차이를 정밀하게 측정하는 압력계이다. 그림에서 p_1과 p_2가 같은 경우, 밀도 ρ_1과 ρ_2의 액체 경계선이 B-C선상에 있다고 하면, $\rho_1 g H_1 = \rho_2 g H_2$인 관계식이 성립한다. 또 p_1과 p_2에 압력차가 발생한 경우, 경계선이 B-C선보다 아래쪽 방향으로 H의 거리만큼 D-E선상으로 이동한다고 하면, $aH = A\Delta h$의 관계와 $p_1 + \rho_1 g(H_1 + H - \Delta h) = p_2 + \rho_2 g(H_2 + h + \Delta h)$의 관계식이 성립한다. 이에 따라 압력차 Δp는 다음식으로 나타낼 수 있다.

$$\begin{aligned}\Delta p = p_1 - p_2 &= g\Delta h\,(\rho_1 + \rho_2) + gH(\rho_2 - \rho_1) \\ &= \left\{(\rho_1 + \rho_2)\frac{a}{A} + (\rho_2 - \rho_1)\right\}gH\end{aligned} \tag{2-26}$$

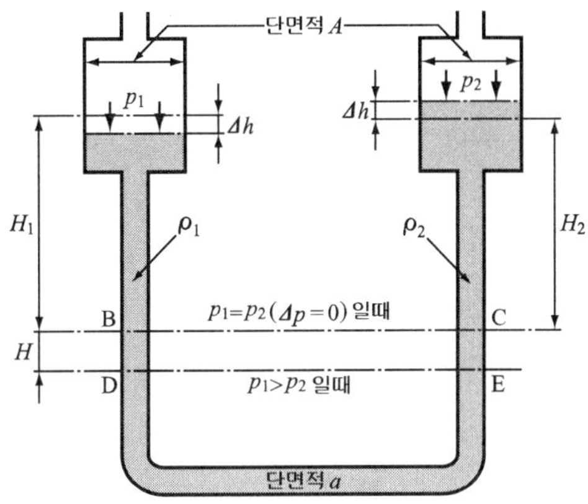

[그림 2-9] 이액마노미터

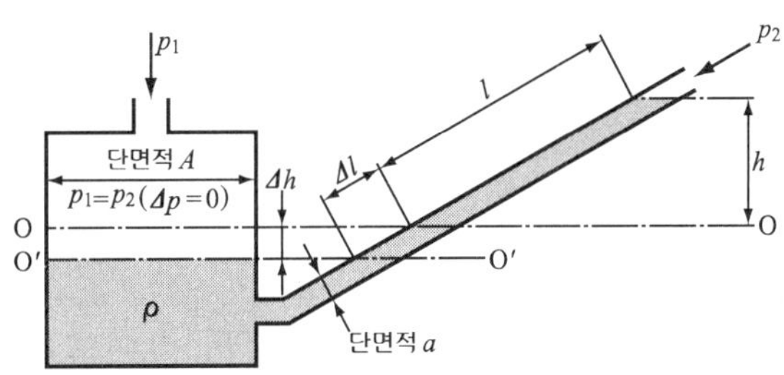

[그림 2-10] 경사마노미터

⑥ 경사마노미터

경사마노미터는 그림 2-10에서 보는바와 같이 유리관을 경사시켜 기체의 미세압력을 측정하기위해 사용된다. 그림에서

$$p_1 = p_2 + \rho g(h + \Delta h) \tag{2-27}$$

$$A\Delta h = al$$

의 관계를 얻을 수 있다. 여기서 p_1과 p_2의 압력차 Δp는 다음 식으로 구할 수 있다.

$$\Delta p = p_1 - p_2 = \left(\sin\theta + \frac{a}{A}\right)\rho gl \tag{2-28}$$

여기서 일반적으로 $a \ll A$인 경우는 $a/A \fallingdotseq 0$으로 간주해도 무방하다.

(2) 부르돈관 압력계

탄성식 압력계는 수압부에 탄성체를 사용해서 측정하고자 하는 압력을 가했을때 가해진 압력에 비례하는 단위 압력당의 변형량을 아는 상태에서, 이에 대응된 변형량 만을 측정함으로써 압력을 구하는 방법이다.

탄성변형을 압력계에 이용되는 것으로 부르돈관, 다이어프램, 벨로우즈 등이 있으며, 이와 같은 수압소자를 이용, 압력계 제작 시는 압력변화에 따른 극히 미세한 탄성변형을 일반적으로 링크기구, 레바, 피니언 등의 기계적 구조로서 확대하여 지시, 기록, 전송, 전기적 변환 등을 행하며, 이러한 의미에서 탄성식 압력계는 기계적인 압력계로 2차 압력계이다.

부르돈관은 1852년 프랑스 부르돈에 의해 발명된 것으로 타원형 및 평원형을 갖는 튜브를 한쪽에 고정시킨 다음 개방시켜 압력을 가하고, 다른 쪽은 밀폐자유단으로 하여 압력에 따라 변위를 발생시키도록 한 것이다.

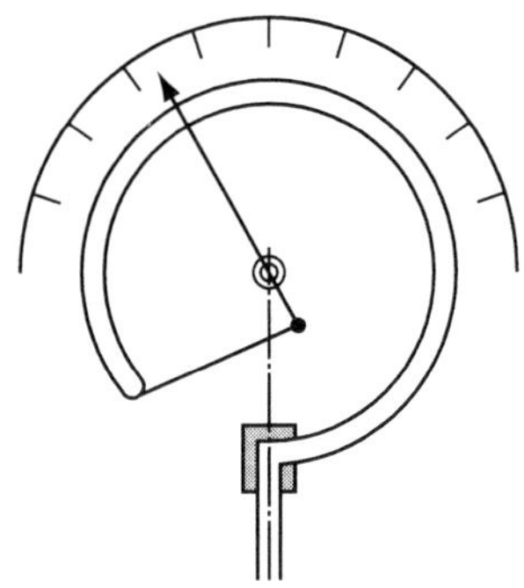

[그림 2-11] 부르돈관

예제 2-2

그림 2-12에서 나타난 바와 같이 용기에 기름($s = 0.8$), 수은($s = 13.6$)이 들어 있다. 이들 높이는 각각 $h_1 = 2\,\mathrm{m}$, $h_2 = 1.5\,\mathrm{m}$, $h_3 = 0.5\,\mathrm{m}$이다. 점 A, B, C의 게이지압력을 구하라. 단 기름위에는 대기압이 작용하고 있다.

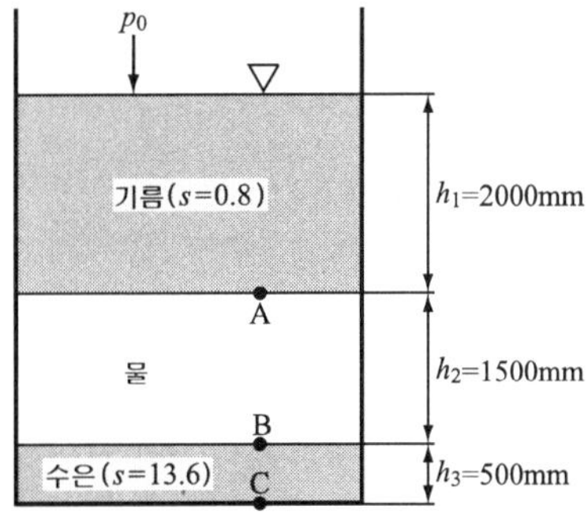

[그림 2-12]

풀이

대기압을 p_0, 점 A, B, C의 절대압력을 p_A, p_B, p_C라고 하고, 기름, 물,

수은의 밀도를 각각 ρ_0, ρ_w, ρ_g로 하면 $p_A = \rho_0 g h_1 + p_0$에 의해 점 A의 게이지 압은

$$p_A - p_0 = \rho_0 g h_1 = 0.8 \times 10^3 \times 9.8 \times 2 = 15680\,\mathrm{Pa}$$

$$= 15.68\,\mathrm{kPa(gauge)}$$

$p_B = p_A + \rho_w g h_2 + p_0$에 의해 점 B의 게이지 압력은

$$p_B - p_0 = 15680 + 1 \times 10^3 \times 9.8 \times 1.5 = 30380\,\mathrm{Pa}$$

$$= 30.38\mathrm{kPa(gauge)}$$

$p_C = p_B + \rho_g g h_3 + p_0$에 의해 점 C의 게이지압력은

$$p_c - p_0 = p_B + \rho_g g h_3 = 30380 + 13.6 \times 10^3 \times 9.8 \times 0.5$$

$$= 97020\mathrm{Pa} = 97.02\,\mathrm{kPa(gauge)}$$

예제 2-3

그림 2-13에 나타난 탱크 내에 하면보다 높이 $h_1 = 4\,\mathrm{m}$인 물이 들어 있다. 물위는 공기이고, 여기서의 압력을 수은 마노메타에서 측정하면 대기압 p_0와의 차가 $250\,\mathrm{mmHg}$이다. 탱크하면(밑면) A에서의 게이지압력은 얼마인가?

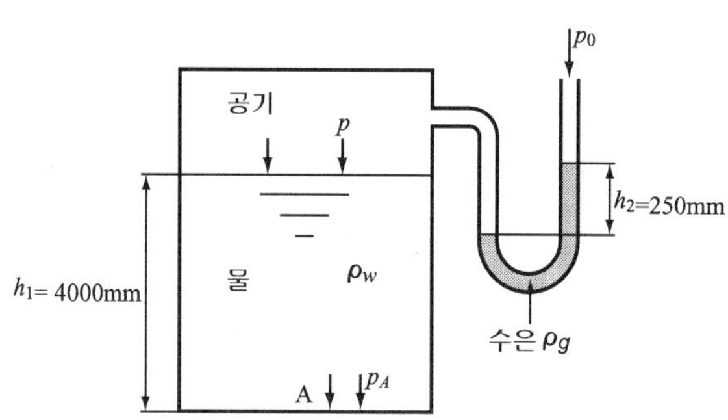

[그림 2-13]

풀이

탱크내의 압력을 p, 탱크아래면 A에서의 절대압력을 p_A라 하면

$$p_A = p + \rho_w g h_1$$

또한

$$p = \rho_g g h_2 + p_0$$

이 두식으로부터

$$p_A = \rho_g g h_2 + \rho_w g h_1 + p_0$$

더욱이 점 A에서의 게이지압력은 다음과 같다.

$$p_A - p_0 = g(\rho_g h_2 + \rho_w h_1)$$

여기서 $g = 9.8\text{m/s}$, $\rho_g = 13600\,\text{kg/m}^3$, $\rho_w = 1000\,\text{kg/m}^3$,

$h_1 = 4\,\text{m}$, $h_2 = 0.250\text{m}$을 대입하면

$$\begin{aligned} p_A - p_0 &= 9.8 \times (13600 \times 0.250 + 1000 \times 4) = 72520\,\text{Pa} \\ &= 72.52\,\text{kPa} \end{aligned}$$

예제 2-4

그림 2-14에 나타난 바와 같이 두개의 탱크가 있다. 한쪽에는 물, 또 다른 쪽에는 기름이 들어 있다. 두개의 U자관 마노메타의 눈금값 h_2, h_3는 그림에서와 같다. 이 두개의 액면간 높이 H는 얼마인가? 단, 기름의 밀도 $\rho_o = 800\,\text{kg/m}^3$, 사염화탄소의 밀도 $\rho_c = 1590\,\text{kg/m}^3$, 수은의 밀도는 $\rho_g = 13600\,\text{kg/m}^3$으로 하고, p_0는 대기압으로 한다.

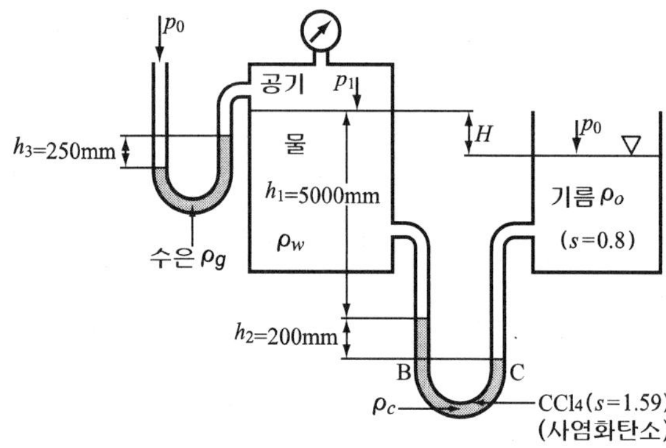

[그림 2-14]

풀이

물이 들어간 탱크의 액면에 작용하는 압력 p_1은 $p_0 = p_1 + \rho_g g h_3$에 의해

$$p_1 = p_0 + \rho_g g h_3$$

또 사염화탄소가 들어간 마노메타의 점 B와 점 C의 압력은 같으므로

$$p_1 + \rho_w g h_1 + \rho_c g h_2 = p_0 + \rho_0 g \{(h_1 + h_2) - H\}$$

이 두개의 식을 정리하면

$$p_0 - \rho_g g h_3 + \rho_w g h_1 + \rho_c g h_2 = p_0 + \rho_0 g (h_1 + h_2) - \rho_0 g H$$

$$\rho_0 g (h_1 + h_2) - \rho_0 g H = \rho_c g h_2 + \rho_w g h_1 + \rho_g g h_3$$

따라서

$$H = h_1 + h_2 + \frac{1}{\rho_0}(\rho_g h_3 - \rho_w h_1 - \rho_c h_2)$$

여기서 $h_1 = 5\ \mathrm{m}$, $h_2 = 0.2\ \mathrm{m}$, $h_3 = 0.25\ \mathrm{m}$,

$\rho_o = 800\ \mathrm{kg/m^3}$, $\rho_g = 13600\ \mathrm{kg/m^3}$, $\rho_w = 1000\ \mathrm{kg/m^3}$,

$\rho_c = 1590\ \mathrm{kg/m^3}$를 대입하면

$$H = 5 + 0.2 + \frac{1}{800} \times (13600 \times 0.25 - 1000 \times 5 - 1590 \times 0.2)$$

$$= 2.802\ \mathrm{m}$$

예제 2-5

그림 2-15에서 나타난 상태에 있어서 관내압력 p'을 구하라. 단 수은의 밀도 $\rho_g = 13600\ \mathrm{kg/m^3}$로 한다.

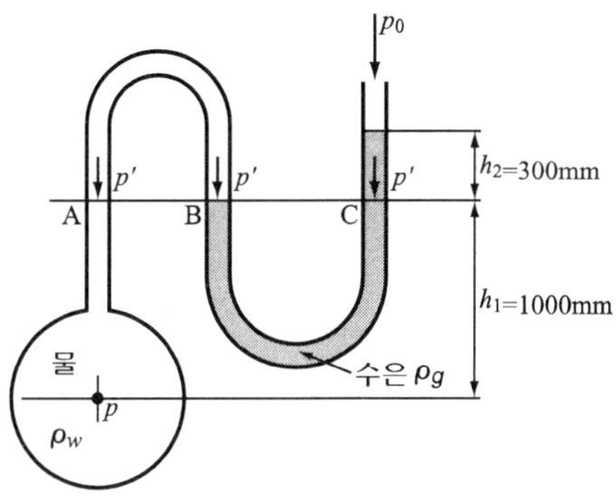

[그림 2-15]

풀이

점 A, B, C의 압력은 같고, 그 압력을 p'라고 하면 $p' = p - \rho_w g h_1$ 및 $p' = p_0 + \rho_g g h_2$가 성립한다. 이 두식으로부터

$$p - p_0 = \rho_g g h_2 + \rho_w g h_1 = g(\rho_g h_2 + \rho_w h_1)$$

여기서

$g = 9.8\ \mathrm{m}$, $\rho_g = 13600\ \mathrm{kg/m^3}$, $\rho_w = 1000\ \mathrm{kg/m^3}$,

$h_1 = 1.0\ \mathrm{m}$, $h_2 = 0.3\ \mathrm{m}$를 대입하면, 관내의 게이지압력은

$$p - p_0 = 9.8(13600 \times 0.3 + 1000 \times 1.0) = 49.78 \times 10^3\ \mathrm{Pa}$$

$$= 49.78\ \mathrm{kPa\,(gauge)}$$

예제 2-6

그림 2-16과 같은 상태에 있어서 압력차 $p_1 - p_2$를 구하라.

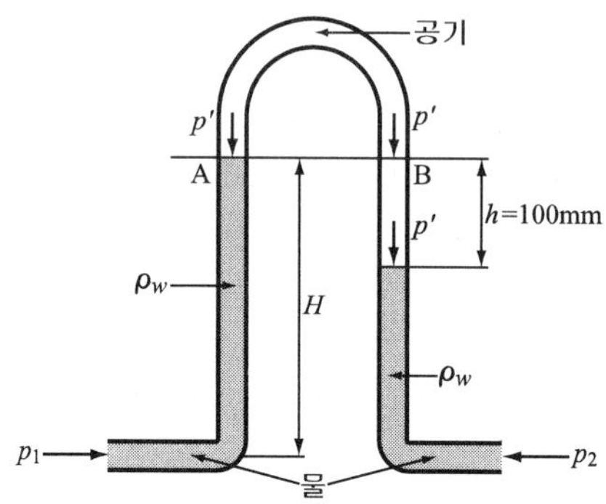

[그림 2-16]

풀 이

점 A, B의 압력은 같고, 그 압력차를 p' 라고 하면

$$p_1 = p' + \rho_w g H$$

공기의 밀도는 무시할 수 있으므로, 점 B의 압력도 p' 이다. 따라서

$$p_2 = p' + \rho_w g (H - h)$$

이 두식으로부터

$$p_1 - p_2 = \rho_w g H - \rho_w g (H - h) = \rho_w g h$$

여기서 $g = 9.8\,\mathrm{m}$, $\rho_w = 1000\,\mathrm{kg/m^3}$,$h = 0.1\,\mathrm{m}$을 대입하면

$$p_1 - p_2 = 1000 \times 9.8 \times 0.1 = 980\mathrm{Pa}$$

예제 2-7

그림 2-17과 같은 장치에서 실린더와 파이프가 기름($s_0 = 0.92$)으로 채워져 있고, 피스톤의 상부에서 $5000\,\mathrm{N}$ 의 힘이 가해질 때, 소(小)탱크(그림의 우측 상단) 내의 압력 p_1 은 얼마인가? 단 피스톤의 질량은 $10\,\mathrm{kg}$ 으로 한다.

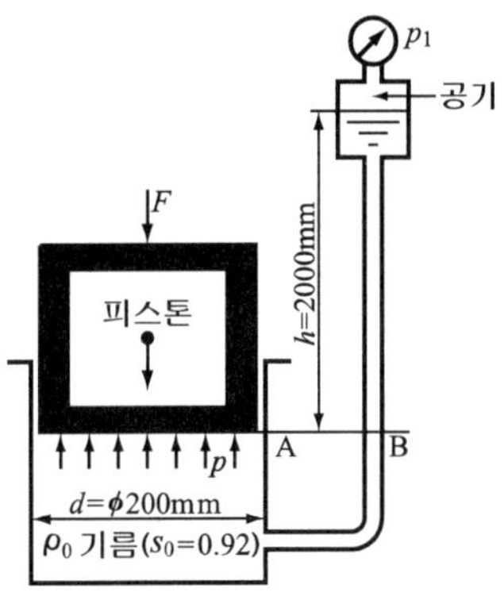

[그림 2-17]

풀이

피스톤 하면에서 작용하는 압력을 p, 소탱크 내의 압력을 p_1, 힘을 F라 하면 점 A, B에서의 압력은 동일하므로 다음식이 성립한다.

$$p = \frac{F + mg}{\frac{\pi}{4}d^2} = p_1 + \rho_0 g h$$

p_1 에 대해 정리하면

$$p_1 = \frac{4(F + mg)}{\pi d^2} - \rho_0 g h$$

여기서 $F = 5000\,\text{N}$, $m = 10\,\text{kg}$, $g = 9.8\,\text{m/s}^2$,

$d = 0.2\,\text{m}$, $\rho_0 = 920\,\text{kg/m}^3$, $h = 2\,\text{m}$을 대입하면

$$p_1 = \frac{4 \times (5000 + 10 \times 9.8}{3.14 \times 0.2^2} - 920 \times 9.8 \times 2 = 144.3\,\text{kPa}$$

2.3 유체 중에 잠긴 면에 작용하는 힘

유체 속에 잠겨져 있는 물체의 면에 작용하는 유체의 힘을 계산하는 일은 댐, 수문, 물탱크, 조선 등의 설계에 있어서 매우 중요하다. 여기서 면에 작용하는 힘을 정확히 알려면 힘의 크기, 방향, 작용점을 파악해야 한다. 유체 속에 잠겨져 있는 물체의 면 중에서 유체에 의한 힘을 계산하는데 있어서 가장 단순한 모양은 수평면이며 그 밖에 수직면, 경사면 그리고 곡면 등을 들 수 있다.

(1) 수평면에 작용하는 힘

단위면적당 압력이 p이고 잠겨진 평판의 수평 면적이 A라고 하면, $p = \rho g h = \gamma h$이므로 작용하는 힘은 다음과 같다.

$$F = p \times A = \rho g h A = \gamma h A \tag{2-29}$$

이때 F가 통과하는 점은 전압력의 작용점이며, 평면상에서 볼 때에는 하나의 도심(centroid)과 같은 점이다. 이점을 압력중심(center of pressure)이라고 한다.

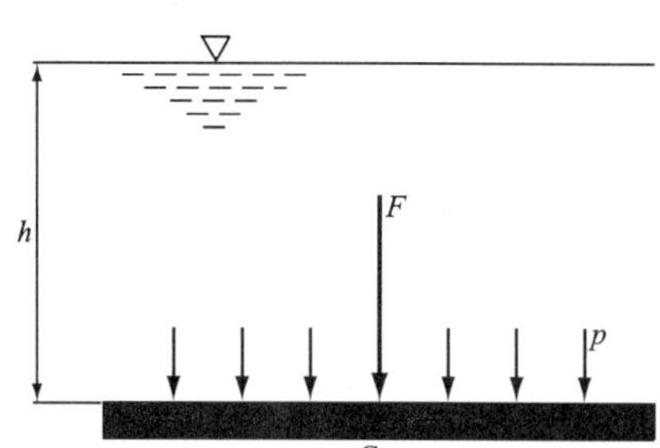

[그림 2-18] 수평면에 작용하는 힘

(2) 수직면에 작용하는 힘

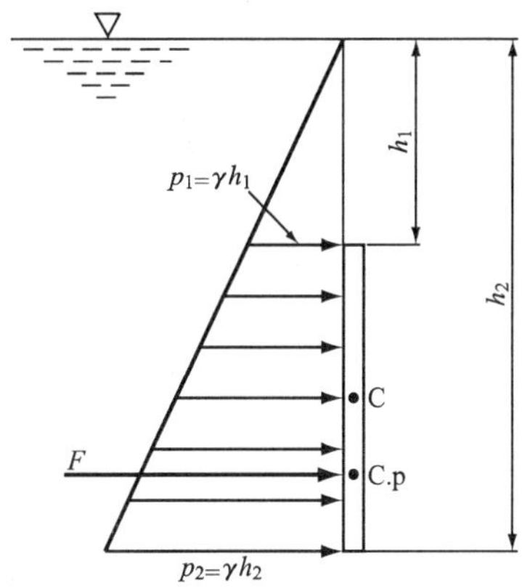

[그림 2-19]

그림 2-19에서 보는 바와 같이 정지유체중의 수직하게 잠겨있는 사각평판의 경우, 평행상단에서 $p_1=\gamma h_1$, 하단에서는 $p_2=\gamma h_2$이므로 평판의 폭이 b이면 평면에 작용하는 전압력은 다음과 같이 계산할 수 있다.

$$F=\frac{(\gamma h_1+\gamma h_2)}{2}b(h_2-h_1)=\frac{1}{2}\gamma b(h_2^2-h_1^2) \qquad (2\text{-}30)$$

유체 내의 압력은 표면으로부터 h에 비례하여 증가하므로 그림 2-19에 나타난 바와 같이 선형적인 압력분포라는 것을 알 수 있다.

(3) 경사면에 작용하는 힘

그림 2-20에서 보는 바와 같이 우체가 담겨진 용기의 밑면 A가 수평면과 θ만큼 경사져 있다. 유체의 자유표면으로부터 면 A의 중심 C까지의 깊이를 h_c , 그리고 점 0까지의 길이를 y_c라고 하면, 미소면적 dA에 작용하는 힘 dF는 다음과 같다.

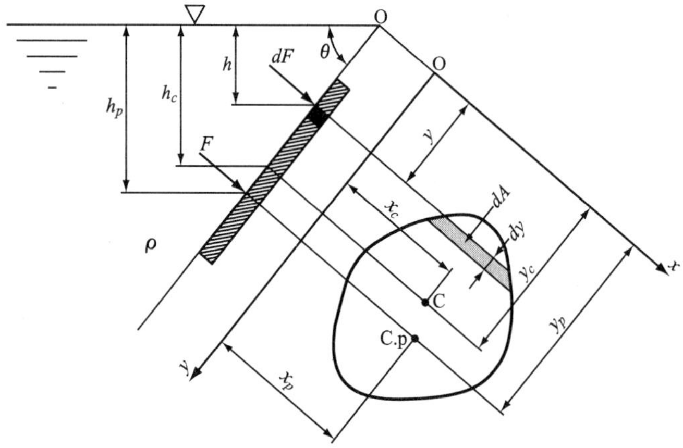

[그림 2-20] 경사면에 작용하는 힘

$$dF = \gamma h dA = \gamma y \sin\theta dA \tag{2-31}$$

따라서 면 A에 작용하는 힘은

$$F = \gamma \sin\theta \int_A y dA \tag{2-32}$$

여기서 $\int_A y dA$는 $0-x$축에 대한 면 A의 모멘트이므로 y_c를 써서 다음과 같이 표시할 수 있다. 즉

$$\int_A y dA = y_c A \tag{2-33}$$

이 관계를 식(2-17)에 대입시키면

$$F = \gamma A y_c \sin\theta \tag{2-34}$$

그리고 $h_c = y_c sin\theta$인 관계를 이용하여 유체에 의해서 면 A에 작용하는 힘은 다음과 같다.

$$F = \gamma h_c A \tag{2-35}$$

따라서 임의의 경사진 면에 작용하는 유체의 전 힘은 면적 A에 면의 중심점에서의 압력을 곱한 값과 같다. 그리고 정지하고 있는 유체에 있어서는 전단응력은 존재할 수 없으므로 힘의 작용방향은 면에 수직한 방향이 된다. 마지막으로 경사진 면에 작용되는 힘의 작용점 y_p를 계산하기 위해 $0-x$축에 관한 모멘트를 취한다.

$0-x$축에 관한 dF의 모멘트 dM은 식(2-31)을 사용하여

$$dM = ydF = \gamma y^2 \sin\theta dA \tag{2-36}$$

위 식을 적분하면

$$M = \gamma \sin\theta \int_A y^2 dA \tag{2-37}$$

여기서 $\int_A y^2 dA$는 면 A의 $0-x$축에 관한 관성모멘트(inertia of moment)이고 이 값을 I_x로 표시하면

$$M = \gamma I_x \sin\theta \tag{2-38}$$

그리고 전모멘트 M을 Fy_p와 같게 놓으면

$$y_p = \frac{\gamma I_x \sin\theta}{\gamma y_c \sin\theta A} = \frac{I_x}{y_c A} \tag{2-39}$$

관성모멘트의 평행축에 관한 원리를 적용시키면

$$I_x = I_c + y_c^2 A \tag{2-40}$$

여기서 I_c는 면의 중심을 지나고 축 $0-x$에 평행한 축에 관한 관성모멘트의 값이다. 여러 가지 형태의 기하학적인 모양을 갖는 면에 대한 관성모멘트의 값은 표에 주어져 있다. I_x의 값을 식(2-19)에 대입하고 정리하면

$$y_p - y_c = \frac{I_c}{y_c A} \tag{2-41}$$

식(2-41)은 면의 중심에서 압력의 중심까지의 거리, 즉 힘의 작용점까지의 거리를 계산하는데 사용된다. 그리고 힘의 작용점은 수평면의 경우를 제외하면 언제나 면의 중심보다 아래쪽에 있게 됨을 알 수 있다.

[표 2-1]

명 칭	형 태	면적 또는 체적	핵심의 위치	관성능률 I 또는 I_C
구 형 (rectangle)	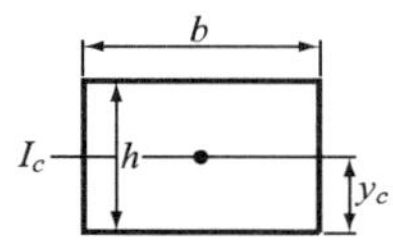	bh	$y_c=\frac{h}{2}$	$I_c=\frac{bh^3}{12}$
삼 각 형 (triangle)	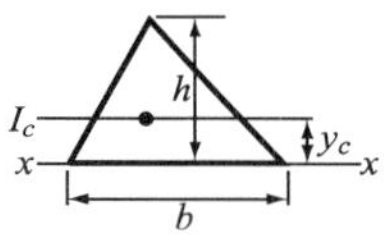	$\frac{bh}{2}$	$y_c=\frac{h}{3}$	$I_c=\frac{bh^3}{36}$
원 (circle)	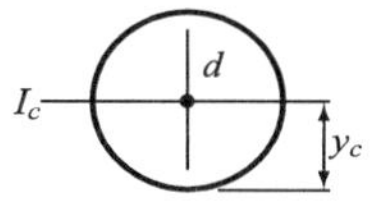	$\frac{\pi d^2}{4}$	$y_c=\frac{d}{2}$	$I_c=\frac{\pi d^4}{64}$
반 원 (semicircle)	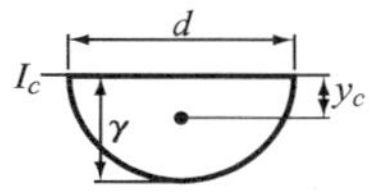	$\frac{\pi d^2}{8}$	$y_c=\frac{4r}{3\pi}$	$I_c=\frac{\pi d^4}{128}$
타 원 (ellipse)	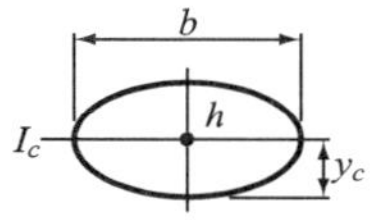	$\frac{\pi bh}{4}$	$y_c=\frac{h}{2}$	$I_c=\frac{\pi bh^3}{64}$
포 물 선 (parabola)	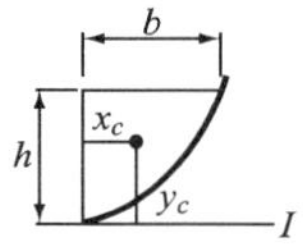	$\frac{2}{3}bh$	$y_c=\frac{3h}{5}$ $x_c=\frac{3b}{8}$	$I=\frac{2bh^3}{7}$
원 추 (cone)	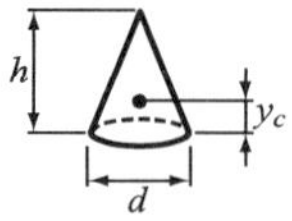	$\frac{1}{3}\left(\frac{\pi d^2h}{4}\right)$	$y_c=\frac{h}{4}$	

구 (sphere)	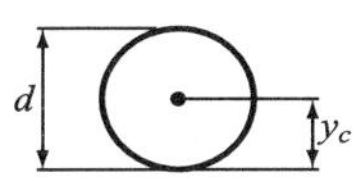	$\frac{\pi d^3}{6}$	$y_c = \frac{d}{2}$	
반 구 (semisphere)	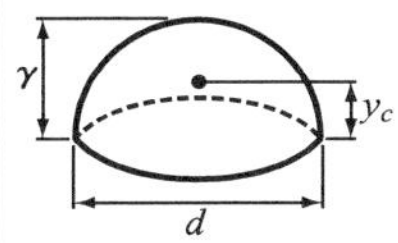	$\frac{\pi d^3}{12}$	$y_c = \frac{3r}{8}$	
반 통 (cylinder)	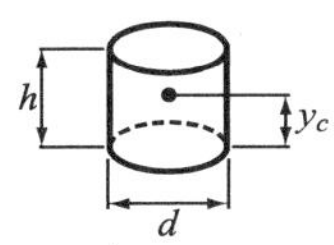	$\frac{\pi d^2 h}{4}$	$y_c = \frac{h}{2}$	

예제 2-8

그림 2-21에서와 같은 정방형($2 \times 2\text{m}$)의 게이트가 수면과 60° 의 각도로 2m 떨어진 곳에 부착되어 있다. 게이트에 걸리는 전압 F와 압력중심까지의 거리 h_p 까지의 거리를 구하라. 단 물의 밀도는 $1000\ \text{kg/m}^3$ 으로 한다.

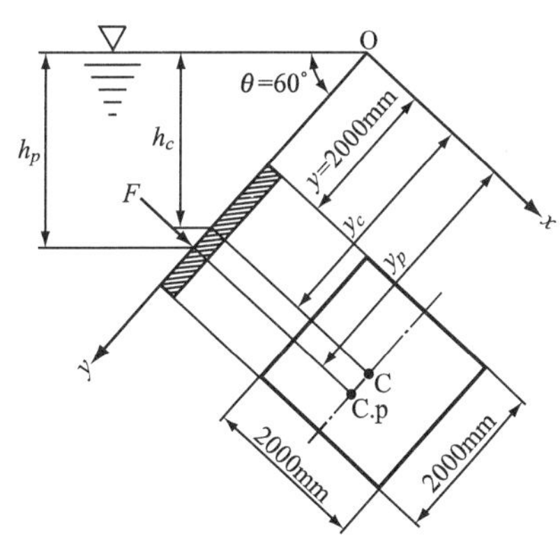

[그림 2-21]

풀이

식(2-14)에서 $h_c = y_c \sin\theta$ 이므로 전압력 F는

$$F = \rho g h_c A = \rho g A y_c \sin\theta$$

여기서 $\rho = 1000\,\mathrm{kg/m^3}$, $g = 9.8\,\mathrm{m/s^2}$, $A = 2\times 2\,\mathrm{m^2}$, $y_c = (2+1)\,\mathrm{m}$, $\theta = 60°$을 대입하면

$$F = 1000\times 9.8\times 4\times 3\times 3\times \sin 60° = 101.8\times 10^3\,\mathrm{N} = 101.8\,\mathrm{kN}$$

다음에 정방형판을 따라 중심까지의 거리 y_p는 식(2-15)을 사용하여 $y_c = 3\,\mathrm{m}$, $A = 4\,\mathrm{m^2}$, $I_c = 2\times 2^3/12$을 대입하면

$$y_p = y_c + \frac{I_c}{y_c A} = 3 + \frac{\frac{2^4}{12}}{3\times 4} = 3.111\,\mathrm{m}$$

또, 수면아래 수직방향으로의 압력중심까지의 거리 h_p는

$h_p = y_p \sin\theta = 3.11\times 0.8660 = 2.694\,\mathrm{m}$가 된다.

(4) 곡면에 작용하는 힘

그림 2-22에서 나타난 곡면 MN의 단위폭 1에 작용하는 전압력 F의 수평분력 F_x는

$$F_x = \rho g h_c' A_H \tag{2-42}$$

여기서 A_H는 곡면 MN을 F_x에 수직으로 투영된 면적, h_c'는 AB면으로부터 A_H의 중심 c'까지의 거리이다.

수직방향으로의 분력 F_y는 곡면 MN상에 있는 액체의 무게와 같으므로

$$F_y = \rho g(\text{도형 BMNAB의 면적})\times 1 = \rho g V \tag{2-43}$$

여기서, V는 곡면 MN상에 있는 액체의 체적이다.

즉 유체 속에 잠겨진 곡면에 작용하는 수평력은 곡면을 수직평판에 투영한 면적에 작용하는 힘과 같으며, 수직력은 곡면의 상부에 있는 유체의 무게와 같다.

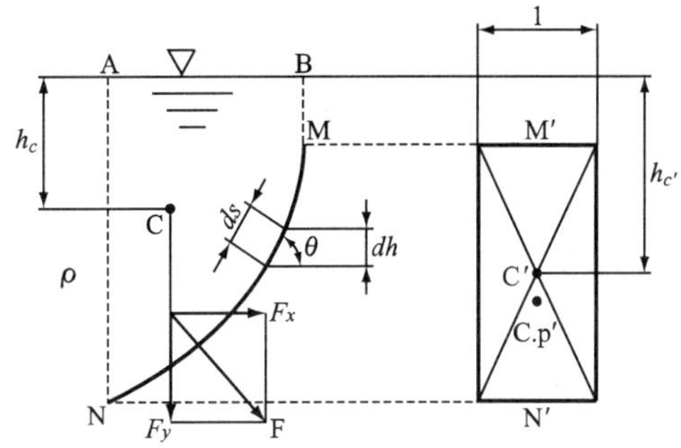

[그림 2-22] 곡면에 작용하는 힘

2차원적인 곡면의 경우는 F_x와 F_y가 동일 평면상에 있으므로 합력 F는 다음과 같다.

$$F = \sqrt{F_x^2 + F_y^2} \tag{2-44}$$

예제 2-9

그림 2-23에서와 같이 반경 5m, 폭 1m 인 곡면 게이트에 작용하는 수압에 의한 전압력 F 및 수평면과 이루는 각 α를 구하시오.

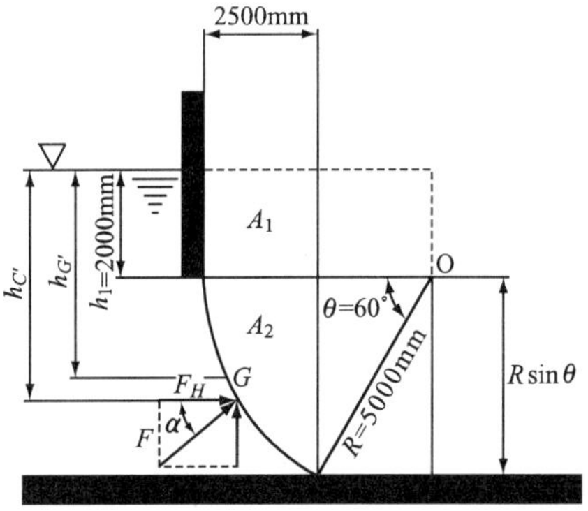

[그림 2-23]

풀이

폭 1m 에 대해 원호상 게이트에 작공하는 수평분력 F_H는 다음 식으로 구할 수 있다.

$$F_H = \rho_w g h_{c'} A_H$$

여기서 $\rho_w = 1000\text{kg/m}^3$, $g = 9.8\text{m/s}^2$

$$h_{c'} = 2 + \frac{R\sin\theta}{2} = 2 + \frac{5 \times \sin 60}{2} = \left(2 + \frac{4.33}{2}\right)\text{m}$$

$A_H = R\sin\theta \times 1 = 5\sin 60 \times 1 = 4.33 \times 1\text{m}^2$을 대입하면

$$F_H = 1000 \times 9.8 \times \left(2 + \frac{4.33}{2}\right) \times 4.33 \times 1 = 176.7\text{kN}$$

가 된다. 그리고 F_H의 작용점 $h_{c.p'}$ 는 다음식으로 구한다.

$$h_{c.p'} = h_{c'} + \frac{I_c}{h_c' A_H}$$

여기서 $h_{c.p'} = 4.165\text{m}$, $I_c = 1 \times 4.33^3/12\text{m}^4$, $A_H = 4.33\text{m}^2$ 을 대입하면

$$h_{c.p'} = 4.165 + \frac{4.33^2/12}{4.165 \times 4.33} = 4.165 + 0.375 = 4.54\text{m}$$

그리고 수직방향분력 F_V는 체적 $(A_1 + A_2) \times 1 = V$인 물의 중량과 같으므로 $F_V = \rho_w g V$로 구할 수 있다. 여기서

$$A_1 = 2 \times 2.5 = 5\text{m}^2,$$

$$A_2 = \pi R^2/6 - (2.5R\sin 60)/2$$

$$= \pi \times 5^2/6 - 2.5 \times 5 \times 0.8660/2 = 7.68\text{m}^2$$

$\therefore V = (5 + 7.67) \times 1 = 12.68\text{m}^3$를 대입하면

$$F_V = 1000 \times 9.8 \times 12.68 = 124.3\text{kN}$$

따라서 게이트에 작용하는 전압력 F와 수평면과 이루는 각 α는

$$F = \sqrt{F_H^2 + F_V^2} = \sqrt{176.7^2 + 124.3^2} = 216.0\text{kN}$$

$\tan\alpha = \dfrac{F_V}{F_H} = 0.7034$ 로부터 $\alpha = 35.1°$

2.4 부력

정지된 유체에 잠겨있거나 떠있는 물체는 유체에 의하여 수직방향으로 힘을 받는다. 이것이 물체에 작용하는 부력이다. 이러한 부력은 유체의 무게에 의한 압력, 즉 유체의 정압 때문에 생기는 현상이다. 물체가 유체 속에 잠겨 있거나 떠 있을 때 유체로부터 받는 전압력을 부력이라 한다.

유체(流體) 속의 물체가 받게 되는 부력에 대한 법칙으로 유체(기체나 액체) 속에 정지해 있는 물체는 중력과 반대방향의 부력(주위의 유체가 물체에 미치는 압력의 합력)을 받는데, 그 크기는 물체가 밀어낸 부분의 유체의 무게, 즉, 물체를 그 유체로 바꾸어 놓았을 때 작용하는 중력의 크기와 같다.

즉 이러한 중력의 작용 하에 유체(流體) 속에 있는 정지 물체가 유체로부터 받는 중력과 반대방향의 힘을 나타내는 것으로 크기는 유체 속에 있는 물체의 부피와 같은 부피의 유체의 무게와 같으며, 이것은 아르키메데스가 발견했기 때문에 아르키메데스의 원리라 한다. 부력의 작용점은 물체가 밀어낸 부분에 유체가 있다고 가정했을 때의 무게중심과 일치한다. 이 작용점을 부력중심(또는 부심)이라 하며, 부체(떠 있는 물체)가 기울어져 있을 경우의 복원력을 결정하는 중요한 요소가 된다

그림 2-24와 같이 유체 속에 정지상태로 있는 물체에서 미소체적 dV에 작용한 전압력은

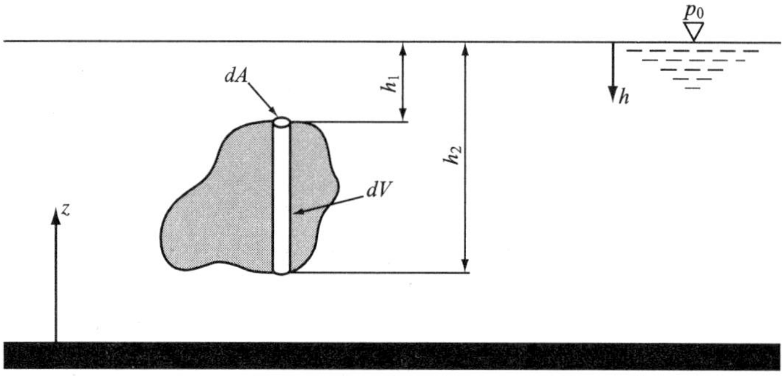

[그림 2-24]

$$dF_B = (p_0 + \gamma h_2)dA - (p_0 + \gamma h_1)dA = \gamma(h_2 - h_1)dA \quad (2\text{-}45)$$

$(h_2 - h_1)dA = dV$이므로

$$F_B = \int dF_z = \int_V \gamma dV = \gamma V \quad (2\text{-}46)$$

여기서 γ는 유체의 비중량이며, V는 잠겨있는 물체가 잠긴 부분의 체적이다.

예제 2-10

공기 중에서 900N 인 돌이 물에 잠겨 있다. 물에서의 무게가 400N 이면 이 돌의 체적과 비중은 얼마인가?

풀이

F_B : 부력

$W_{물}$: 물에서의 돌무게 = 400N

$W_{공기}$: 공기주에서의 돌무게 = 900N

힘의 평형으로부터 $W_{공기} = W_{돌} + F_B$

$$\therefore F_B = 900 - 400 = 500\text{N}$$

돌의 부력은 돌이 배제한 물의 무게와 같으므로 돌의 체적 V는 $F_B = \gamma_{돌} V_{돌}$ 이므로 $500 = 9800 \times V_{돌}$ 로부터

$$V_{돌} = 0.051\text{m}^3$$

그리고 돌의 비중 s는 같은 체적의 물의 비중에 대한 돌의 비중의 비로서,

돌의 비중 $\gamma_{돌} = \dfrac{W_{공기}}{V_{돌}} = \dfrac{900}{0.051} = 17640$ 이므로

$$s = \frac{\gamma_{돌}}{\gamma_{물}} = \frac{17640}{9800} = 1.8$$

2.5 부양체의 안정

부력에 의해 액체 중에 떠있는 물체를 부양체(floating body)라고 하고, 무게 W와 부력 F는 같다. 또 물체가 배제한 액체의 체적을 V'라고 하면

$$W = F = \rho g V' \tag{2-47}$$

여기서 V'를 배수량(displacement volume)이라고 한다. 중심 G와 부력의 중심 C를 연결한 직선을 부양축, 액면에 의한 부양체의 절단면을 부양면이라고 한다. 또 부양면으로부터 물체의 최하부까지의 깊이를 드래프트(喫水, draft)라고 한다. 부양체가 안정된 상태에서 그림 2-25와 같이 각도 θ 만큼 경사지게 되면 부력의 작용점은 C에서 C'로 이동하게 되므로 부력과 중량에 의해 모멘트가 생기게 된다. 이때 새로운 부력의 작용선이 부양축과 교차하는 점 M을 경심(metacenter), G와 M의 거리 $\overline{\text{GM}}$ 을 경심의 높이(metacentric height)라고 한다. 여기서 작용하는 모멘트는 다음과 같다.

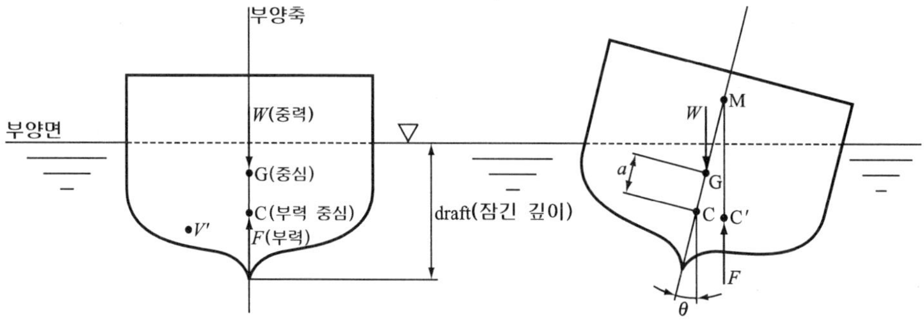

[그림 2-25] 부양체의 안정성

$$M = W \cdot \overline{\mathrm{GM}}\ \sin\theta \fallingdotseq mg\overline{\mathrm{GM}}\ \theta \tag{2-48}$$

여기서 경심의 높이가 +, 즉 $\overline{\mathrm{GM}} > 0$의 경우는 안정하게 되고, 원래의 안정상태로 돌아오려는 복원력(restoring couple)이 발생한다.

또 $\overline{\mathrm{GM}} < 0$인 경우는 경사가 더욱 커져 불안정하게 된다. 또한 $\overline{\mathrm{GM}} = 0$인 경우는 중립상태이다. 따라서 부양체의 안정성을 정리하면 다음과 같다.

$\overline{\mathrm{GM}} > 0$이면 : 안정(경심 M이 중심 G보다 위에 생기는 경우) (2-49)

$\overline{\mathrm{GM}} < 0$이면 : 불안정(경심 M이 중심 G보다 아래에 생기는 경우)(2-50)

$\overline{\mathrm{GM}} = 0$이면 : 중립(경심 M이 중심 G와 일치하는 경우) (2-51)

2.6 상대적 평형

(1) 등가속도 운동

수조(水槽)가 수평으로 운동하고 있는 경우 생각해보자. 수평으로 등속운동을 하고 있는 경우는 중력만이 작용하여 수면은 수평이지만, 만일 가속도운동을 하면 수면은 동요한다. 가속도 α가 일정한 경우는 그림 2-26과 같이 수면은 수평과 임의의 각도 θ의 경사를 갖는다.

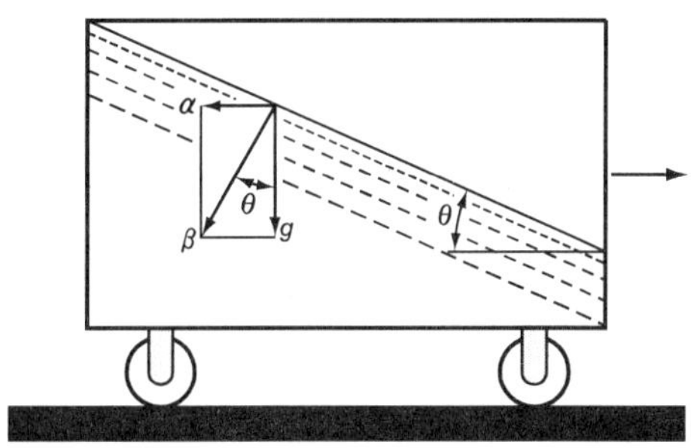

[그림 2-26]

여기서, 액면상의 질량에 대한 가속도를 고려하면, 수직방향으로의 중력가속도 g, 수평진행방향과 반대방향의 가속도 α를 받기 때문에, 그 합성가속도 β는

$$\beta = \sqrt{g^2 + \alpha^2} \tag{2-52}$$

이 되고, 수면은 이 β에 수직이므로

$$\tan\theta = \frac{\alpha}{g} \tag{2-53}$$

예제 2-11

길이 a, 높이 b 인 수조에 물이 h 의 높이로 차있다. 이 수조가 수평의 길이방향으로 가속도 α 로 운동하고 있고 그림 2-27과 같이 수면이 넘치려고 한다. 이 경우 가속도를 구하라.

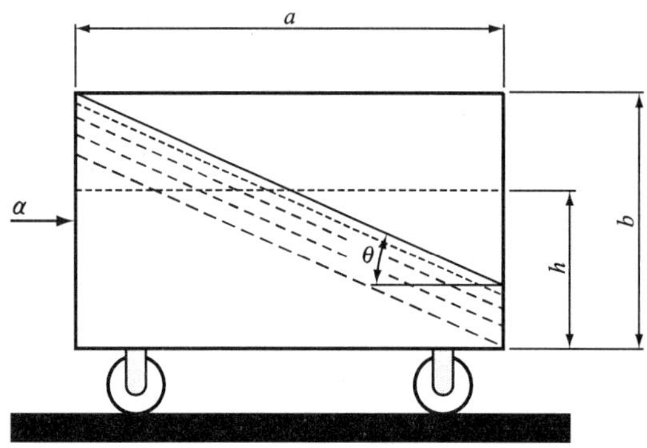

[그림 2-27]

풀이

수면의 경사를 θ 라고 하면

$$\tan\theta = \frac{\alpha}{g}$$

또한, 수조가 넘치려고 하는 경우

$$\tan\theta = \frac{2(b-h)}{g}$$

상기 두 식에 의해

$$\alpha = \frac{2g(b-h)}{a}$$

(2) 등회전 운동

액체가 들어 있는 용기를 수직축을 중심으로 일정각속도 ω 로 회전시키면, 액체는 점성 때문에 동일각속도로 회전하고 액면은 그림 2-28과 같은 형태로 안정을 유지한다. 여기서 액면의 형상을 살펴보면 회전축을 y축으로 하고 이로부터 r의 거리에 있는 액면상의 질량에 대해 수직방향으로 중력가속도 g, 반경방향으로는 원심력 $r\omega^2$이 작용한다. 이로부터 합성가속도 β는

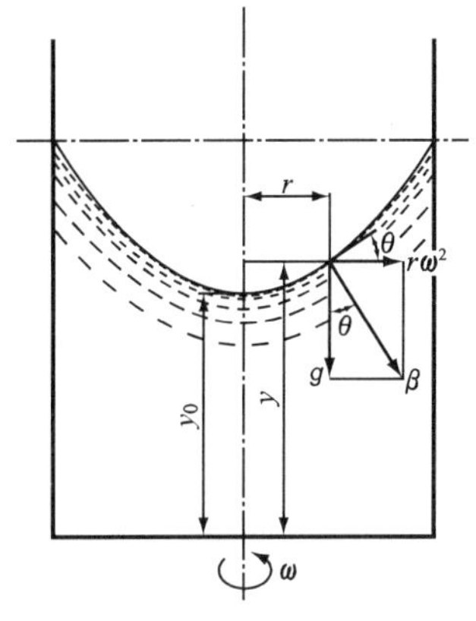

[그림 2-28]

$$\beta = \sqrt{g^2 + (r\omega^2)^2} \tag{2-54}$$

이 된다. 액체는 합성가속도 β에 수직이기 때문에 액체의 경사각 θ는

$$\tan\theta = \frac{r\omega^2}{g} \tag{2-55}$$

한편, 액면의 경사가 수직방향으로 y, 수평방향으로 r이라고 하면 다음식으로 나타낼 수 있다.

$$\tan\theta = \frac{dy}{dr} \tag{2-56}$$

따라서 (2-55)와 (2-56)에 의해

$$\frac{dy}{dr} = \frac{rw^2}{g} \qquad (2\text{-}57)$$

$$\therefore dy = \frac{rw^2}{g}dr \qquad (2\text{-}58)$$

(2−57)과 (2−58)을 적분하여, $r = 0,\ y = y_0$의 조건을 입력하면

$$y - y_0 = \frac{r^2w^2}{2g} \qquad (2\text{-}59)$$

예제 2-12

반경 0.5m, 높이 1.5m인 수조에 물을 채우고 수직축을 중심으로 각속도 10 rad/sec로 회전시킨다. 수면의 중심에서 액면의 높이 및 수조밑면의 중심에서의 압력은 몇 kg/m^2(게이지압)가 되는가?

풀이

그림 2-28에서, y를 수조의 높이 Y로, r을 수조의 반경 R로 두면

$$Y - y_0 = \frac{R^2w^2}{2g}$$

여기서, 수면중심에서의 높이 y_0는

$$y_0 = Y - \frac{R^2w^2}{2g} = 1.5 - \frac{0.5^2 \times 10^2}{2 \times 9.81} = 0.224\ \text{m}$$

따라서 수조밑면의 중심압력(게이지압)은

$$p = \gamma y_0 = 1000 \times 0.224 = 224\ \text{kg/m}^2\ \text{(게이지압)}$$

연습문제

1. 그림 2-29에서와 같이 폭이 1m인 수문 AB에 작용하는 힘 F를 구하시오.

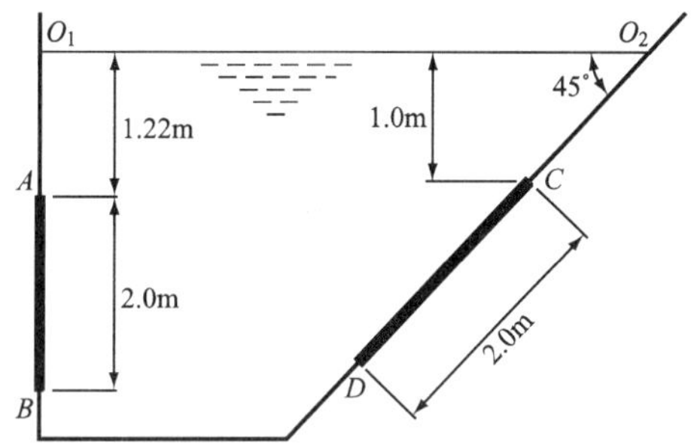

[그림 2-29]

2. 상기 그림 2-29에서 수문 CD에 작용하는 힘 F를 구하시오.

3. 그림 2-30과 같이 지름이 12m인 원판수문이 도심의 축에 수평으로 설치되어 개폐될 수 있도록 장치된 것이다. 문이 열리지 않도록 하기위해 멈추개에 얼마의 힘이 유지되어야 하는가?

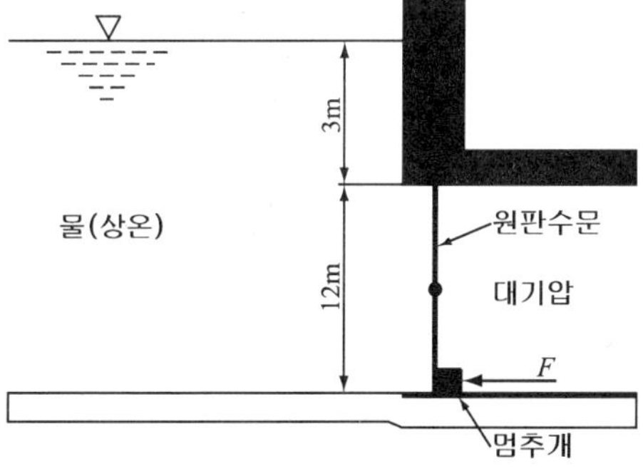

[그림 2-30]

4. 그림 2-31과 같이 물속에 원의 1/4되는 폭이 1m인 곡면이 잠겨져 있다. 여기에 작용하는 수평 및 수직력을 구하라.

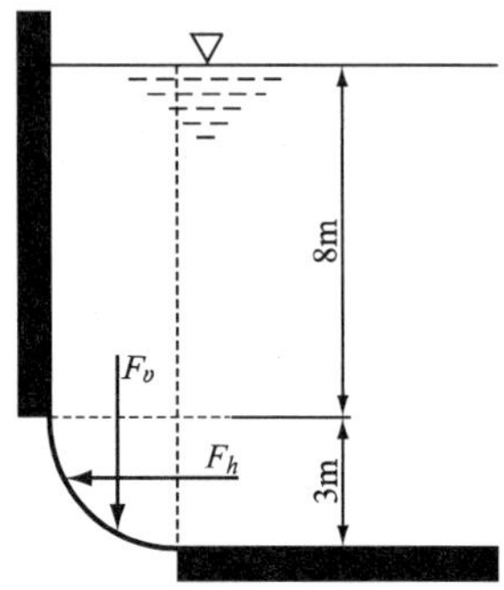

[그림 2-31]

5. 지름이 20cm인 구형체가 물속에서 3.5kg의 부력을 받고 있다. 이 물체는 떠 있는지 가라앉는지를 밝히시오.

6. 수조가 수직방향으로 $6\mathrm{m/s}^2$의 가속도로 작용하고 있다면, 깊이 $2\mathrm{m}$에서 받는 압력은 얼마인가?

7. 그림 2-32과 같이 3×2m의 수문 AB에 걸리는 힘 F를 구하시오.

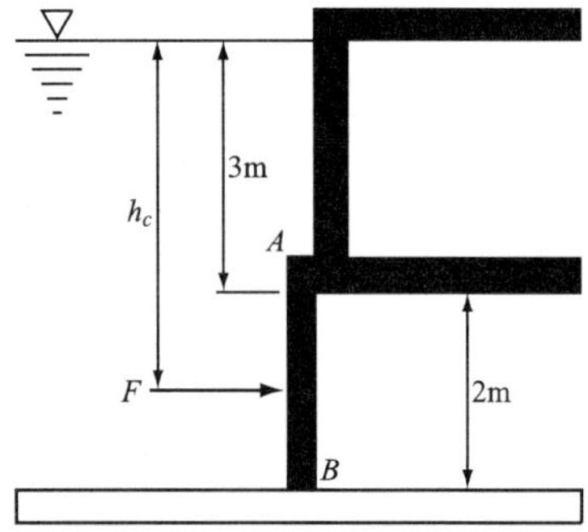

[그림 2-32]

8. 그림 2-33과 같이 60° 경사진 대형물탱크 측면에 원형수문이 설치되어 있다. 이 수문에 걸리는 힘과 힘의 작용점을 구하라.

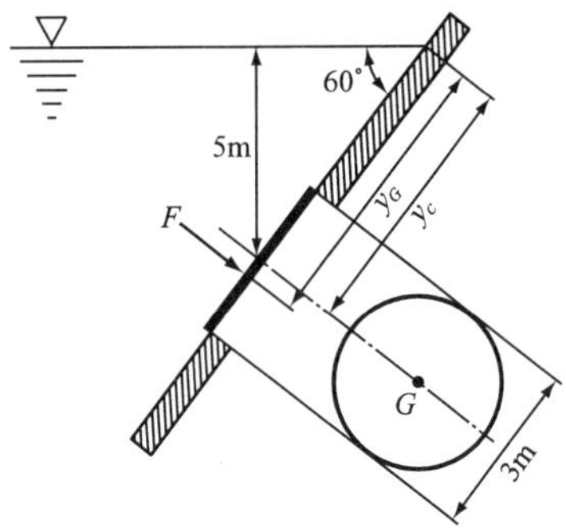

[그림 2-33]

9. 0℃의 바닷물 표면 밖으로 빙산의 10%가 노출되어 있을 때 빙산의 비중량은 얼마인가? 단, 0℃의 바닷물 밀도 $\rho = 1028\mathrm{kg/m}^3$ 이다.

Chapter 3

유체운동학

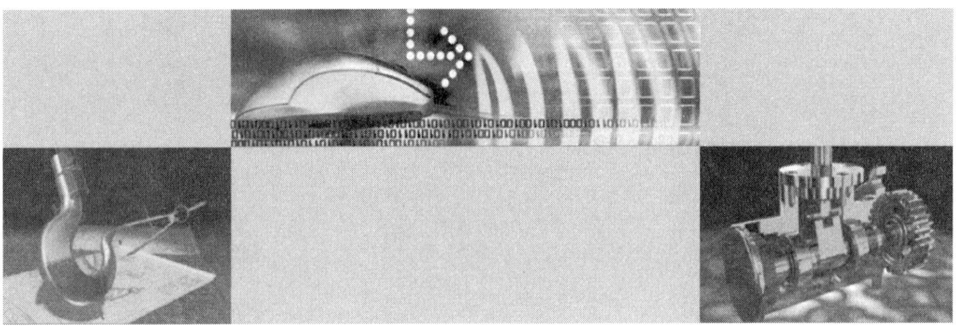

Chapter 3

유체운동학

3.1 유동상태

(1) 정상류와 비정상류

유체가 흐르고 있을 때 유동중의 임의의 점에서 흐름과 관계되는 압력, 속도, 밀도 등 유동의 상태가 시간에 따라 변화하지 않을 때 이를 정상류(steady flow)라 하고, 시간에 따라 변화하면 이를 비정상류(unsteady flow)라고 한다. 정상유동은 시간에 대한 제한을 규정한 것으로서 공간변화에 대해 유동조건이 모두 같다는 의미는 아니다.

일반적으로 속도는 위치에 따라 변하므로 $v = f(x, y, z)$의 형태로 표시된다. 압력, 밀도, 온도도 속도와 같이 x, y, z의 함수이다. 임의의 점이란 x, y, z가 어떤 일정한 값을 가진다는 의미로, 속도, 압력, 밀도, 온도의 변화를 시간 t에 대해서만 생각하므로 수식에서는 편미분을 적용하게 되는 것이다. 정상유동을 수식의 개념으로 표현하면 다음과 같다.

$$\frac{\partial p}{\partial t} = 0, \quad \frac{\partial v}{\partial t} = 0, \quad \frac{\partial \rho}{\partial t} = 0, \quad \frac{\partial T}{\partial t} = 0$$

그리고 비정상유동은 단면적이 일정한 직관에서 가속도가 발생하는 경우

혹은 관내의 유동위치에는 관계없이 동시에 가속 및 감속이 발생되는 경우이다. 한 점에 있어서의 속도 및 다른 유동변수들이 시간에 따라 변화하는 비정상유동에서 유체상태의 식은 다음과 같다.

$$\frac{\partial p}{\partial t} \neq 0, \quad \frac{\partial v}{\partial t} \neq 0, \quad \frac{\partial \rho}{\partial t} \neq 0, \quad \frac{\partial T}{\partial t} \neq 0$$

(2) 등속도 유동(등속류)와 비등속도 유동(부등속류)

임의의 시각에 있어서 유동장 내의 모든 점의 속도벡터가 완전히 동일한 흐름을 등속도 유동(uniform flow)라하고, 유체의 속도벡터가 시간에 따라 변화하는 경우에는 이를 비등속도 유동(non-uniform flow)라고 한다. 등속도 유동의 식은 다음과 같다.

$$\frac{\partial v}{\partial s} = 0, \quad \frac{\partial v}{\partial t} \neq 0\text{: 등속도 유동}$$

여기서 s눈 임의방향의 좌표이고, 특히 $\frac{\partial v}{\partial s} = 0$, $\frac{\partial v}{\partial t} = 0$인 유동을 정상등속도 유동이라고 한다. 이에 대하여 비등속도 유동을 식으로 표현하면 다음과 같으며 유동장의 위치에 따라 속도가 달라짐을 의미한다.

$$\frac{\partial v}{\partial s} \neq 0, \quad \frac{\partial v}{\partial t} \neq 0\text{: 비등속도 유동}$$

(3) 1차원, 2차원, 3차원 유동

유동은 1차원, 2차원 그리고 3차원 유동으로 분류될 수 있는데, 이는 속도변화를 나타내는데 필요한 좌표의 수에 기준한 것이다. 유동의 해석은 유동의 차원이 증가될수록 복잡해진다. 따라서 가장 해석이 쉬운 유동은 1차원 유동이다. 그리고 많은 공학문제에서 1차원적인 해석이 필요하며, 이는 공학에서 허용하는 오차한계이내의 근사적인 해를 제공한다. 연속체인 모든 유체는 고체면에서 상대적인 속도를 갖지 않으므로 대부분의 유동은 2차원 또는 3차원이다. 그러나 해석을 위해서는 주어진 단면에서 속도가 균일하다는 가정을 도입하는 것이 편리하다.

3.2 층류와 난류

실재하는 유체, 즉 점성유체의 유동을 대별하면 층류(laminar flow)와 난류(turbulent flow)가 있다. 유리 원관 내에 물을 흐르게 하고, 미세관으로부터 착색액을 선상으로 흐르게 하면, 유속이 느릴 때 착색액이 일직선으로 흐르는 경우, 즉 그림 3-1(a)에서 보이는바와 같이 원관 속의 유체입자가 관축의 방향을 향하여 흐를 때와 같이 규칙적으로 정연하게 층을 형성하여 흐를 때 이를 층류라 한다.

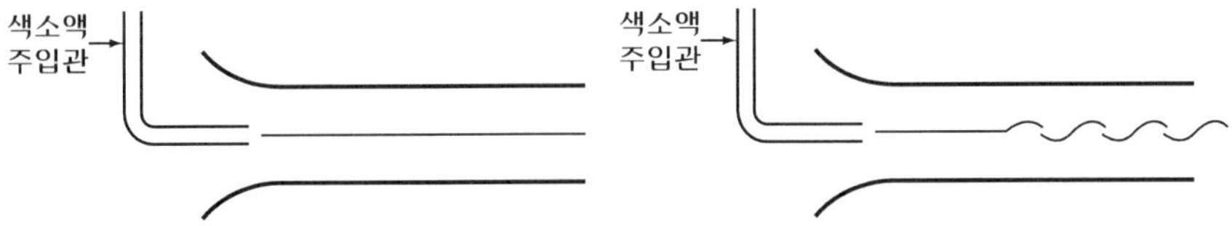

[그림 3-1] 층류와 난류

한편 유속이 빠른 경우에는 그림3-1(b)와 같이 와(渦)가 발생하고, 불규칙한 유동이 된다. 이와 같은 유동을 난류라고 한다.

층류와 난류와의 중간의 유동을 천이상태라고 한다. 층류에서 난류로 될 때의 속도를 임계속도(critical velocity)라고 한다.

Reynolds는 이를 종합하여 층류와 난류사이의 천이조건으로서 유속, 관의지름, 유체의 동점성계수 사이의 관계를 묶는 Reynolds의 수를 다음과 같이 정의하였다.

$$Re = \frac{vd}{\nu} \tag{3-1}$$

여기서 v는 관내평균속도 (m/s)
d는 관직경 (m)
ν는 작동유체의 동점성 계수 (m^2/s)

난류에서 층류로 바뀌는 임계 레이놀즈수의 하한값은 확정되어 있고, 실험에 의하면 이 값은 2320이다. 결국 유속이 빠를수록, 관의 직경이 클수록, 점성이 작을수록 레이놀즈수는 커지고 흐름은 난류로 된다는 것을 알 수 있다.

3.3 유선, 유적선, 유관

유체의 유동특성을 해석하는 데 다음과 같은 유선, 유적선, 유맥선의 개념을 명확하게 이해하는 것은 제 현상을 규명하는 데 중요하다.

그림 3-2에서 나타난 유동장에 있어서, 유동을 따른 하나의 곡선을 생각해보자. 그 접선방향이 속도벡터방향과 일치하는 곡선을 유선(stream line)이라고 한다. 따라서 유선상의 속도벡터는 유선에 직각방향의 성분은 없다. 즉 유선을 횡으로 지나는 유동은 없다.

이러한 유선은 흐름의 역학적 문제를 정성적 또는 정량적으로 해석하는

데 대단히 편리한 도구이다. 인접한 여러 유선을 관찰하여 유속이 빠르고 느린 부분, 또는 압력이 높고 낮은 부분 등을 판별할 수 있다. 즉 유선을 표시하는 미분방정식은 다음식으로 표현된다.

$$\frac{dx}{u} = \frac{dy}{v} = \frac{dz}{w} = \frac{ds}{V} \tag{3-2}$$

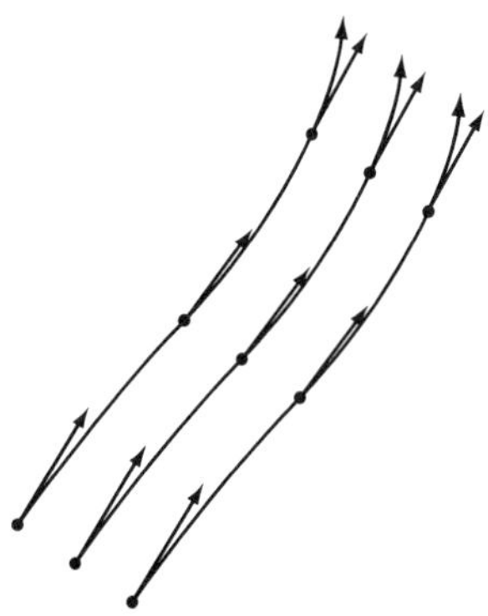

[그림 3-2] 유선

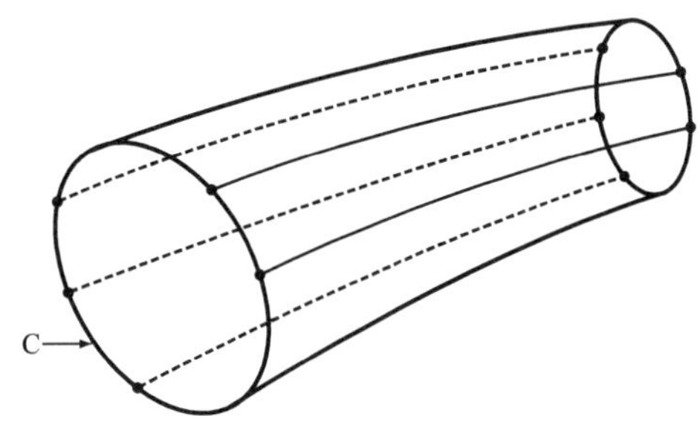

[그림 3-3] 유관

정상류에 있어서는, 유체입자의 궤적은 유선과 일치하지만, 비정상류에 있어서는 유동의 형상이 시간의 변화에 따라 달라지므로 유체입자의 궤적은 유선과 일치하지 않는다. 이 유체입자의 궤적을 유적선(path line)이라고 한다. 즉 운동하고 있는 유체 중에서 개개 입자가 흐르는 경로를 유적선(pathline)이라 한다. 그리고 연통에서 분출되는 연기나 흐르는 유체에서 물감을 흘렸을 때 물감이 그리는 궤적을 유맥선(streakline)이라고 칭한다.

그림 3-3에 나타난 바와 같이, 유체 중에 임의의 폐곡선 C를 고려하여, 그 곡선상의 각점을 통과하는 유선으로 가상되는 유체의 관을 유관(stream tube)라고 한다.

3.4 연속방정식

그림 3-4에 나타낸 바와 같은 유관을 생각해보자.

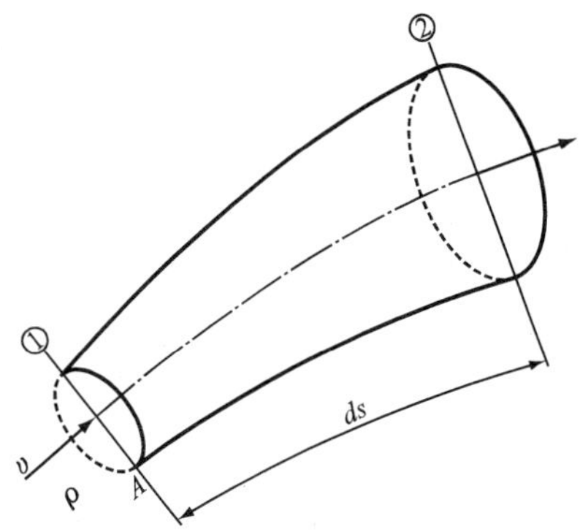

[그림 3-4]

유동은 비정상유동으로 하고, 임의의 단면적을 A, 유속을 v, 밀도를 ρ, 중심선을 따라 이은 호의 길이를 ds라고 하면, 다음의 관계가 성립한다.

$$\frac{\partial}{\partial t}(\rho A)+\frac{\partial}{\partial s}(\rho v A)=0 \tag{3-3}$$

상기식을 연속방정식(equation of continuity)라고 한다. 정상류의 경우에는 시간에 관계없이 일정하므로, 식(3-3)의 제 1항은 생략할 수 있다.

$$\frac{\partial}{\partial s}(\rho v A)=0$$

s에 대해 적분하면

$$\rho v A=\text{const.} \tag{3-4}$$

또 비압축성유체에서는 $\rho = \text{const.}$ 이므로

$$Q = Av = \text{const.} \tag{3-5}$$

Q는 단위시간당 흐르는 유체의 체적으로서, 유량(flow rate)이라고 한다. 단위는 일반적으로 m^3/s, m^3/min 가 사용된다.

3.5 오일러 방정식

그림 3-5에서와 같이 비정상유동에서 s축을 따라, 길이 ds, 단면적 dA의 미소한 원주상의 유체를 생각해보자. 이 유체에 뉴톤운동의 제2법칙을 적용하면

$$\frac{1}{\rho}\frac{\partial p}{\partial s} + \frac{\partial v}{\partial t} + \frac{1}{2}\frac{\partial (v^2)}{\partial s} + g\frac{\partial z}{\partial s} = 0 \tag{3-6}$$

여기서, ρ는 유체의 밀도, v는 평균속도, dz는 ds의 z방향성분, t는 시간이다. 식(3-6)을 오일러의 운동방정식(Euler's equation of motion)이라고 한다.

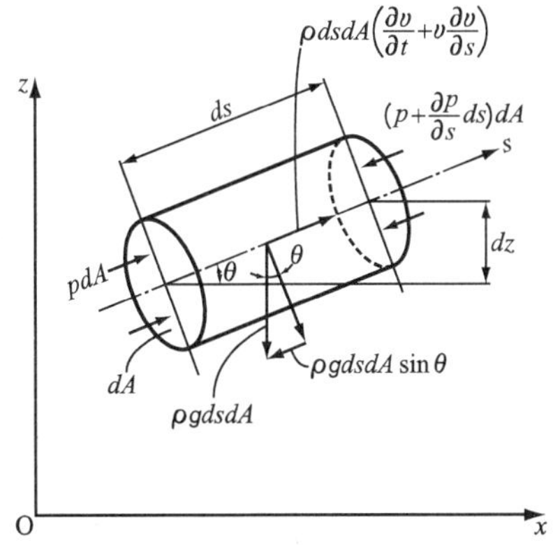

[그림 3-5] 미소유체에 작용하는 힘

정상류에서는 $\partial v/\partial t = 0$이고, 또, v, p, z은 시간 t에는 관계없이 s만의 함수가 되기 때문에 다음식과 같이 쓸 수 있다.

$$\frac{1}{\rho}\frac{dp}{ds}+\frac{1}{2}\frac{d(v^2)}{ds}+g\frac{dz}{ds}=\frac{1}{\rho}\frac{dp}{ds}+v\frac{dv}{ds}+g\frac{dz}{ds}=0 \qquad (3\text{-}7)$$

3.6 베르누이 방정식

식(3−6)에서 나타난 비정상류의 오일러방정식을 유동방향 s에 따라 적분하면, 비압축성유체에는

$$\frac{p}{\rho}+\frac{v^2}{2}+gz+\int_0^s\frac{\partial v}{\partial t}ds=\text{const.} \qquad (3\text{-}8)$$

또, 비압축성유체의 정상류에서는 식(3−7)을 s에 따라 적분하면

$$\frac{p}{\rho}+\frac{v^2}{2}+gz=\text{const.} \qquad (3\text{-}9)$$

또한 식(3−9)를 정리하면 다음식을 얻는다.

$$\frac{p}{\rho g}+\frac{v^2}{2g}+z=H=\text{const.} \qquad (3\text{-}10)$$

식(3−9)의 좌변 제1항은 단위질량의 유체가 갖는 압력에너지(pressure energy), 제2항은 단위질량을 갖는 유체의 운동에너지(kinematic energy), 제3항은 단위질량을 갖는 위치에너지(potential energy)이다. 이들 유선에 따른 합은 일정하다. 또 식(3−10)은 길이 단위를 갖고 있으며, $p/(\rho g)$을 압력수두(pressure head), $v^2/(2g)$를 속도수두(velocity head), z를 위치수두(potential head)라고 하며, 전부의 합을 전수두(total head)라고 한다.

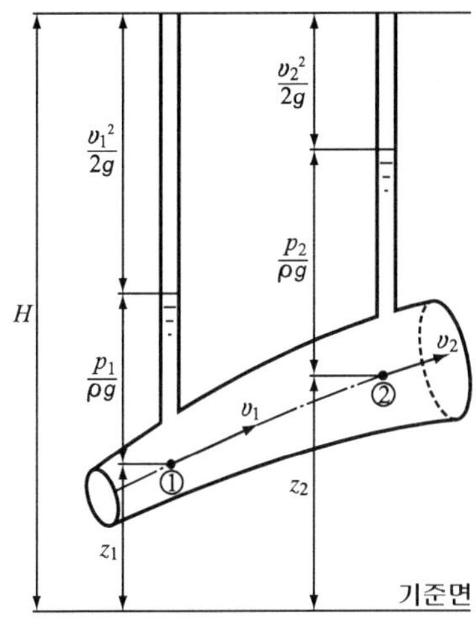

[그림 3-6] 베르누이 방정식과 전수두

또한 그림 3-6에서와 같이 유선상에 점①과 점②에 대한 각각의 전수두 구하면 같은 값을 나타낸다는 것을 알 수 있다. 식으로 표현하면

$$\frac{p_1}{\rho g} + \frac{v_1^2}{2g} + z_1 = \frac{p_2}{\rho g} + \frac{v_2^2}{2g} + z_2 = H = \text{const.} \tag{3-11}$$

식(3-9), (3-10), (3-11)을 손실을 고려하지 않은 경우의 베르누이 방정식(Bernoulli's equation)이라고 하며, 비압축성유체의 정상류에 대한 경우에 성립한다. 그리고 식(3-9), (3-10)에 있어서 z가 무시할 수 있을 정도일때 이것을 압력의 단위로 표현하면 다음과 같다.

$$p + \frac{\rho v^2}{2} = p_t = \text{const.} \tag{3-12}$$

여기서 p를 정압(static pressure), $\rho v^2/2$을 동압(dynamic pressure), p_t를 전압(total pressure)이라고 한다.

3.7 베르누이 방정식의 응용

(1) 피토관

그림 3-7에서와 같이 밀도ρ인 유체 중에 직각으로 구부러진 미세관을 유동방향에 평행하게 두면, 유체는 관내를 임의의 높이 H까지 상승한다. 그 이후는 점 B의 유속은 0이 된다. 이 높이 H를 구함으로서 점 B보다 충분히 떨어진 상류측 점 A의 유속을 구할 수 있게 된다.

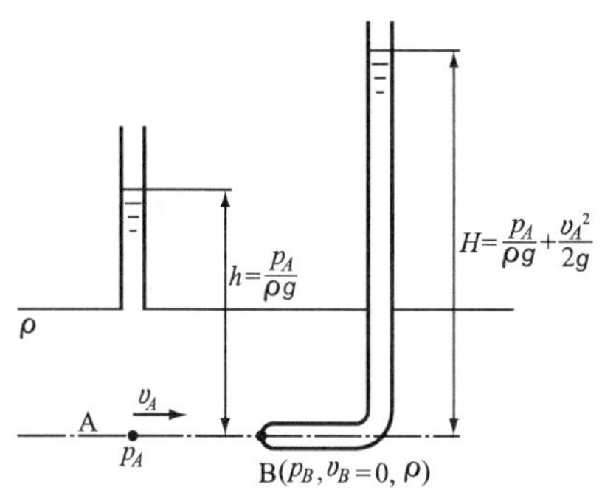

[그림 3-7] 피토관

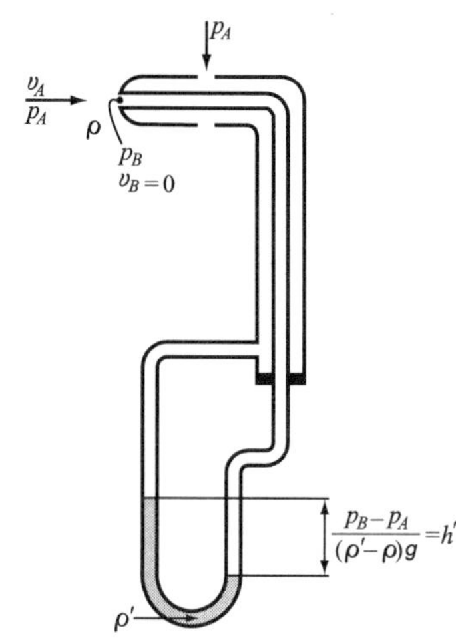

[그림 3-8] 피토관(일체형)

즉 유속 v_A는 다음식으로 표현할 수 있다.

$$v_A = \sqrt{\frac{2(p_B - p_A)}{\rho}} = \sqrt{2g(H-h)} \tag{3-13}$$

여기서 p_A는 점 A에서의 정압(靜壓), p_B는 전압(全壓), h는 점 A에서의 압력헤드(압력수두), H는 전압헤드이다.

일반적으로 유속을 측정하는 경우에는, 그림 3-8에서와 같은 정압관과 전압관이 일체로 되어있는 피토관이 사용되고, 전압과 정압의 차이를 시차 마노메타로 계측한다. 이 경우의 유속 v_A 는 다음 식으로 나타난다.

$$v_A = k\sqrt{\frac{2(p_B - p_A)}{\rho}} = k\sqrt{2\rho\left(\frac{\rho'}{\rho} - 1\right)h'} \tag{3-14}$$

여기서, ρ' 는 마노메타 액의 밀도, h' 는 마노메타액면의 차(差)이다. 또 k 를 피토관 계수(coefficient of Pito tube)라고 하고, 그 값은 가능한 한 1이 되도록 제작한다.

(2) 토리체리의 정리

그림 3-9와 같은 탱크의 벽면에 설치된 구멍을 오리피스(orifice)라고 한다. 이 오리피스로부터 대기 중에 분출하는 액체의 이론유속을 구하기 위해 탱크윗면과 오리피스출구에서 베르누이의 식과 연속방정식을 적용하면 다음과 같다.

$$v = \sqrt{2gh} \tag{3-15}$$

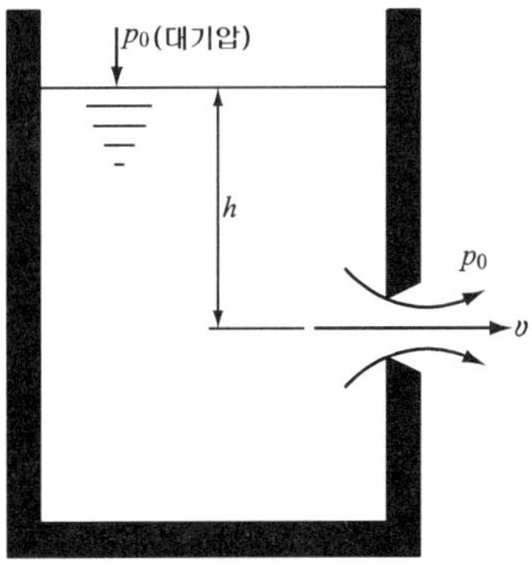

[그림 3-9] 오리피스

h는 오리피스중심에서 액면까지의 높이이다. 이 식을 토리체리의 정리(Torricelli's formula)라고 한다.

(3) 벤튜리관

그림 3-10에서와 같이 관의 단면을 축소하고 점차적으로 확대된 관에서 정압을 측정함으로서 유량을 구할 수 있도록 설계된 관을 벤튜리관(Venturi tube)이라고 한다. 수축각이 21°내외인 수축부(convergent), 목부분(throat), 5°~9°로 확대되는 확산부(divergent)로 구성되어 있다.

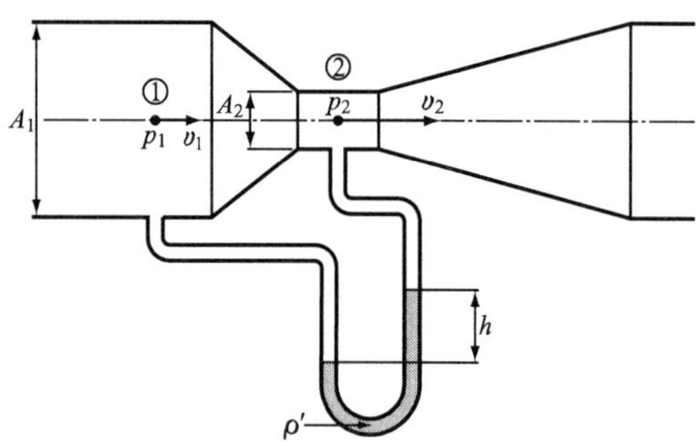

[그림 3-10] 벤튜리관

그림 3-10의 단면 ①, ②에서 베르누이방정식을 적용하면

$$\frac{p_1}{\gamma} + \frac{v_1^2}{2g} = \frac{p_2}{\gamma} + \frac{v_2^2}{2g} \tag{3-16}$$

①, ②의 단면에 단면적을 A_1, A_2라고 하면 유량 Q는

$$Q_1 = A_1 v_1 = A_2 v_2 \tag{3-17}$$

위 식으로부터

$$v_1 = v_2 \frac{A_2}{A_1} \tag{3-18}$$

식(3-18)을 식(3-16)에 대입하면

$$\frac{p_1 - p_2}{\gamma} = \frac{v_2^2}{2g}\left[1 - \left(\frac{A_2}{A_1}\right)^2\right] \tag{3-19}$$

v_2에 대해 정리하면

$$v_2 = \frac{1}{\sqrt{1 - \left(\frac{A_2}{A_1}\right)}} \sqrt{\frac{2g}{\gamma}(p_1 - p_2)} \tag{3-20}$$

$$Q = A_2 v_2 = \frac{A_2}{\sqrt{1 - \left(\frac{A_2}{A_1}\right)^2}} \sqrt{\frac{2g}{\gamma}(p_1 - p_2)} \tag{3-21}$$

상기식으로부터 주어진 관의 직경과 압력차($p_1 - p_2$)를 측정함으로서 유량을 알 수 있다. 여기서 압력차를 U자관 액주계로 직접 측정할 경우, U자관 좌우의 압력평형상태에서

$$\frac{p_1 - p_2}{\gamma} = \frac{\gamma' h}{\gamma} - h = h\left(\frac{\gamma'}{\gamma} - 1\right) \tag{3-22}$$

식(3-22)를 식(3-21)에 대입하여 정리하면 다음과 같다.

$$\begin{aligned} Q &= \frac{A_2}{\sqrt{1 - (A_2/A_1)^2}} \sqrt{2gh\left(\frac{\gamma'}{\gamma} - 1\right)} \\ &= \frac{A_2}{\sqrt{1 - (d_2/d_1)^4}} \sqrt{2gh\left(\frac{\gamma'}{\gamma} - 1\right)} \end{aligned} \tag{3-23}$$

단 실제유량측정에서는 마찰손실, 표면장력, 수축현상으로 인한 영향을

고려한다.

예제 3-1

토출구의 직경이 20 mm 인 관내를 유동하는 유체의 유량이 2.5 $\mathrm{m}^3/\mathrm{min}$ 일 때 관내를 유동하는 평균유속을 구하라. 단 유동은 정상류이고 비압축성유체이다.

풀이

연속방정식 $Q = Av$에서 유속은 $v = Q/A$로 구할 수 있다. 여기서 $Q = 2.5/60\mathrm{m}^3/\mathrm{s}$, $A = \pi(0.2)^2/4\ \mathrm{m}^2$을 대입하면

$$v = \frac{Q}{A} = \frac{4\times 2.5}{60\times\pi\times 0.2^2} = 1.327\ \mathrm{m/s}$$

예제 3-2

그림 3-11에서 보는 바와 같이 내경 300mm 인 주관(主管)이 Y자형으로 분기되어 있다. 한 쪽은 내경 $d_1 = 200\mathrm{mm}$, 다른 쪽은 $d_2 = 150\mathrm{mm}$ 이다.

주관의 유량이 $Q = 8.5\mathrm{m}^3/\mathrm{min}$, 분기관 200mm 의 경우 유량이 $Q_1 = 6.3\mathrm{m}^3/\mathrm{min}$ 일 때, 분기관 150 mm 에서의 유량과 유속을 구하라.

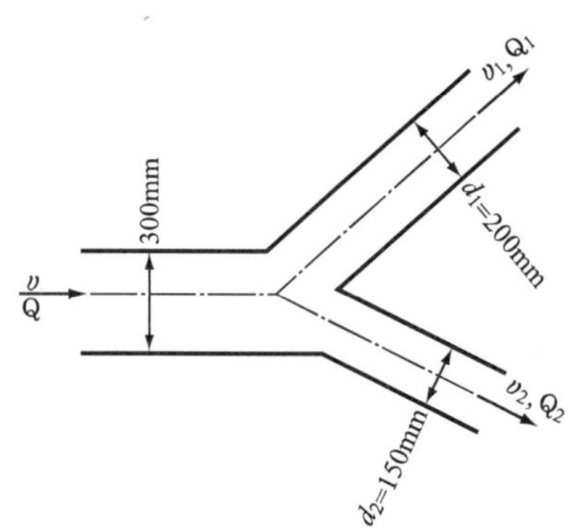

[그림 3-11]

풀이

주관의 유량을 Q, 내경 200mm 에서의 유량을 Q_1, 내경 150mm 에서의 유량을 Q_2라고 하면, $Q = Q_1 + Q_2$의 관계에 의해

$$Q_2 = Q - Q_1 = 8.5 - 6.3 = 2.2\text{m}^3/\text{min}$$

다음에, 내경 150mm 에서의 유속 v_2는 연속방정식 $A_2 v_2 = Q_2$을 사용하여, $v_2 = Q_2 / A_2$로 구할 수 있다.

여기서 단면적 $A_2 = (\pi/4) d_2^2 = (\pi/4) \times 0.152\text{m}^2$,

유량 $Q_2 = 2.2/60\text{m}^3/\text{s}$ 이므로

$$v_2 = \frac{Q_2}{Q_1} = \frac{4Q_2}{\pi d_2^2} = \frac{4 \times 2.2}{\pi \times 0.15^2 \times 60} = 2.07\text{m/s}$$

예제 3-3

직경 50mm 인 수평관내를 30℃의 물이 유량 $Q = 0.01\text{m}^3/\text{min}$ 로 흐르고 있다. 물 대신에 30℃의 공기를 유동시켜, 유동상태를 역학적으로 상사(相似)로 하기위해서는 공기의 유속을 얼마로 하면 되는가?

단 30℃에서의 물의 동점도 계수 $\nu = 0.8008 \times 10^{-6}\text{m}^2/\text{s}$ 이고, 공기의 동점도 계수 $\nu_a = 16.08 \times 10^{-6}\text{m}^2/\text{s}$ 이다.

풀이

연속방정식 $Q = Av$로부터

물의 경우 유속 v는 $Q = 0.01\text{m}^3/\text{min} = \frac{0.01}{60}\text{m}^3/\text{s}$,

$A = \frac{\pi}{4} d^2 = \frac{\pi}{4}(0.05)^2\text{m}^2$ 의 값을 사용하여

$$v = \frac{4Q}{\pi d^2} = \frac{4 \times 0.01}{60 \times \pi \times 0.05^2} = 0.849\text{m/s}$$

또한

$$Re = \frac{vd}{\nu} = \frac{0.849 \times 0.05 \times 10^6}{0.8008} = 5.301 \times 10^3$$

Re수를 같게 함으로서 유동은 역학적으로 상사가 되므로, 공기의 유속은 v_a, 공기의 동점도계수를 ν_a라고 하면

$$v_a = \frac{Re\nu_a}{d} = \frac{5.301 \times 10^3 \times 16.08 \times 10^{-6}}{0.05} = 1.075\,\mathrm{m/s}$$

예제 3-4

그림 3-12에서와 같이 원관 내의 유동이 층류인 경우, 관내를 유동하는 유량 및 평균속도를 구하라.

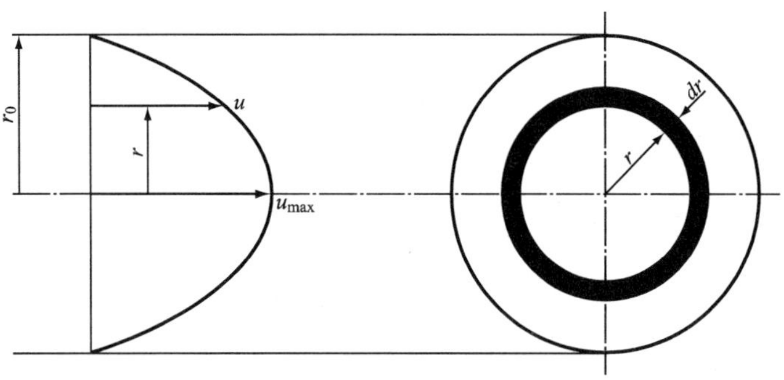

[그림 3-12]

풀이

층류이므로, 관내의 속도분포는 다음과 같이 표현할 수 있다.

$$u = u_{max}\left\{1 - \left(\frac{r}{r_0}\right)^2\right\}$$

여기서 r_0는 관반경, u_{max}는 관 중심에서의 유속이다. 또 반경 r에 대해 미소 원환의 단면적 $dA = 2\pi r dr$을 통과하는 유량을 dQ라고 하면

$$dQ = udA = u_{max}\left\{1 - \left(\frac{r}{r_0}\right)^2\right\} \times 2\pi r dr$$

가 되므로 원관을 유동하는 유량 Q는 $r=0$에서 r_0까지 적분하여 구할 수 있다. 즉

$$Q=\int_0^{r_0} udA = 2\pi u_{\max}\int_0^{r_0}\left\{1-\left(\frac{r}{r_0}\right)^2\right\}rdr$$

$$=2\pi u_{\max}\left[\frac{r^2}{2}-\frac{r^4}{4r_0^2}\right]_0^{r_0}$$

$$=2\pi u_{\max}\left(\frac{r_0^2}{2}-\frac{r_0^2}{4}\right)=u_{\max}\left(\frac{\pi r_0^2}{2}\right)$$

따라서 평균속도 u_{mean}은

$$u_{mean}=\frac{Q}{A}=\frac{u_{\max}(\pi r_0^2/2)}{\pi r_0^2}=\frac{u_{\max}}{2}$$

가 되고 관중심의 최대유속의 1/2이 된다.

예제 3-5

관내를 공기가 유동하고 있다. 이 때 그림 3-13과 같이 피토관에서의 전압과 정압의 차압(差壓)을 측정하였더니 $h=100\text{mmAq}$이다. 관내를 유동하는 유속을 구하라. 단 공기의 밀도 $\rho_{air}=1.22\text{kg/m}^3$이다.

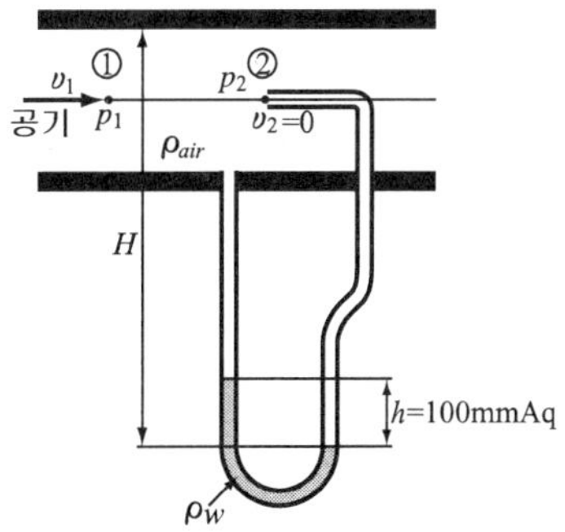

[그림 3-13]

풀이

①과 ②에서 베르누이식을 적용하면, 압력차 $p_2 - p_1$은 식(1)을 얻을 수 있다.

$$\frac{p_1}{\rho_{air} g} + \frac{v_1^2}{2g} = \frac{p_2}{\rho_{air} g} + \frac{v_2^2}{2g}$$

여기서 $v_2 = 0$ 이므로

$$\frac{p_2 - p_1}{\rho_{air} g} = \frac{v_1^2}{2}$$

$$p_2 - p_1 = \frac{\rho_{air} v_1^2}{2} \tag{1}$$

또한 마노메타의 압력평형으로부터

$$p_1 + \rho_{air} g (H - h) + \rho_w gh = p_2 + \rho_{air} gH$$

$$p_2 - p_1 = \rho_w gh - \rho_{air} gh = (\rho_w - \rho_{air}) gh$$

공기의 밀도는 물의 밀도에 비해 대단히 적기 때문에 무시하면

$$p_2 - p_1 = \rho_w gh \tag{2}$$

식(1)과 (2)로부터

$$\frac{\rho_{air} v_1^2}{2} = \rho_w gh$$

$$v_1 = \sqrt{\frac{2\rho_w gh}{\rho_{air}}}$$

여기서, $\rho_w = 1000\text{kg/m}^3$, $\rho_{air} = 1.22\text{kg/m}^3$, $g = 9.8\text{m/s}^2$, $h = 0.1\text{m}$ 를 대입하면, 구하고자 하는 속도는 다음과 같다.

$$v_1 = \sqrt{\frac{2 \times 1000 \times 9.8 \times 0.1}{1.22}} = 40.08\text{m/s}$$

예제 3-6

그림 3-14와 같은 단면이 축소된 수평 원관에 물이 유동하고 있다. 단면 ①과 ② 사이에 유량을 구하라. 단 물의 밀도는 1000kg/m^3이다.

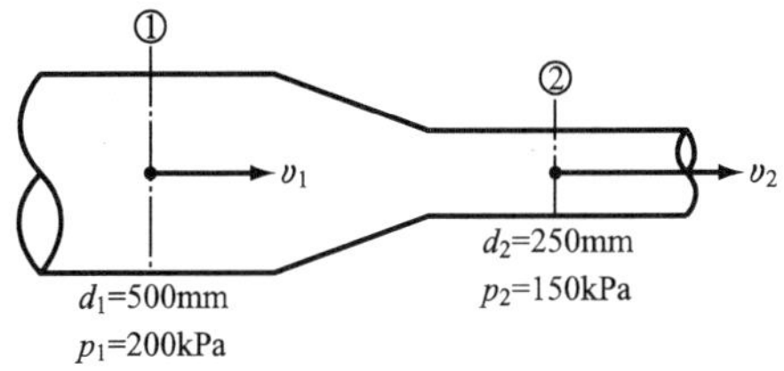

[그림 3-14]

풀이

단면 ①과 ②사이에서 베르누이방정식을 적용하면

$$\frac{p_1}{\rho g} + \frac{v_1^2}{2g} + z_1 = \frac{p_2}{\rho g} + \frac{v_2^2}{2g} + z_2 \quad (\text{여기서 } z_1 = z_2 \text{이다})$$

또 연속방정식 $A_1 v_1 = A_2 v_2$으로부터

$$\frac{\pi 0.5^2}{4} \times v_1 = \frac{\pi 0.25^2}{4} \times v_2$$

$\therefore\ v_2 = 4v_1$ 이것을 베르누이방정식에 대입하면

$$\frac{p_1}{\rho} + \frac{v_1^2}{2} = \frac{p_2}{\rho} + \frac{16v_1^2}{2}$$

$$v_1 = \frac{\sqrt{2(p_1 - p_2)}}{15\rho} = \sqrt{\frac{2(200-150)\times 10^3}{15\times 1000}} = 2.582\text{m/s}$$

따라서

$$Q = A_1 v_1 = \pi \times 0.5^2/4 \times 2.582 = 0.507\text{m}^3/\text{s}$$

예제 3-7

그림 3-15에서와 같이 물이 수조에 부착된 관을 통해 분출되고 있다. ②에서의 속도와 유량을 구하라. 단 압력손실은 무시한다.

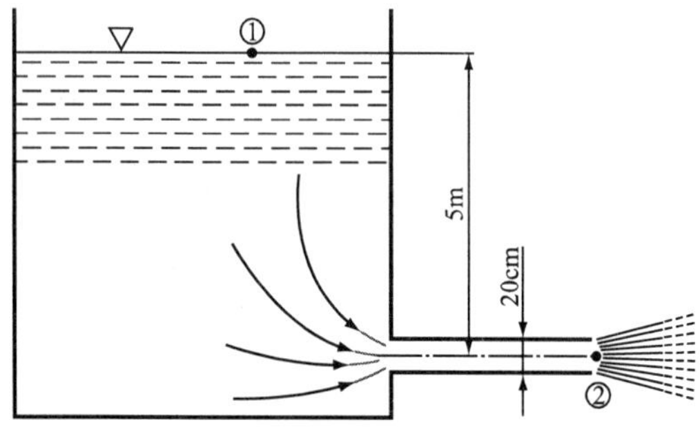

[그림 3-15]

풀이

①과 ②에서 베르누이방정식을 적용하면

$$\frac{p_1}{\rho g}+\frac{v_1^2}{2g}+z_1=\frac{p_2}{\rho g}+\frac{v_2^2}{2g}+z_2$$

여기서 $p_1 = p_2 = p_{\text{atm}}$, $v_1 \cong 0$

$z_1 = \dfrac{v_2^2}{2g} + z_2$ 여기서 $z_1 = 5\text{m}$, $z_2 = 0$ 이므로

$$\therefore v_2 = \sqrt{2g(z_1 - z_2)} = 9.75\text{m/s}$$

$$\therefore Q = A_2 v_2 = \frac{\pi}{4}(0.2)^2 \times 9.75\text{m}^3/\text{s}$$

연습문제

1. 내경 10cm 인 직관 내를 유속 1m/s 로 흐르고 있을 때, 관내유동은 층류인가? 난류인가? 단 물의 동점도계수 ν 는 $1.00 \times 10^{-6}\text{m}^2/\text{s}$ 이다.

2. 그림 3-16에서 ①의 단면적을 300cm^2, 유속을 12m/s , ②의 단면적을 500cm^2 라고 할 때, ②의 단면을 통과하는 물의 유속과 유량을 구하라.

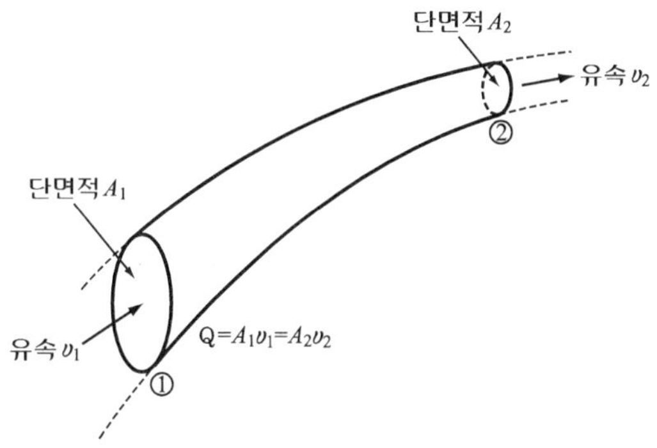

[그림 3-16]

3. 그림 3-16의 관로 내의 단면 ①과 ②에 있어서, 유속을 각각 2m/s , 1m/s 로 한다. 유량을 $0.5\text{m}^3/\text{s}$ 로 할 때, 단면 ①과 단면 ②의 직경은 얼마로 해야 하는가?

4. 그림 3-17과 같이 각기 직경이 다른 수직관 내를 위에서 아래로 흐르고 있다. 유량은 $8.4\text{m}^3/\text{min}$ 이고, 단면 ①에서의 압력은 70kPa 이다. 단면 ①에서 1.5m 아래 단면 ②에서의 압력을 구하라. 단 물의 밀도 $\rho = 1000\text{kg/m}^3$ 로 한다.

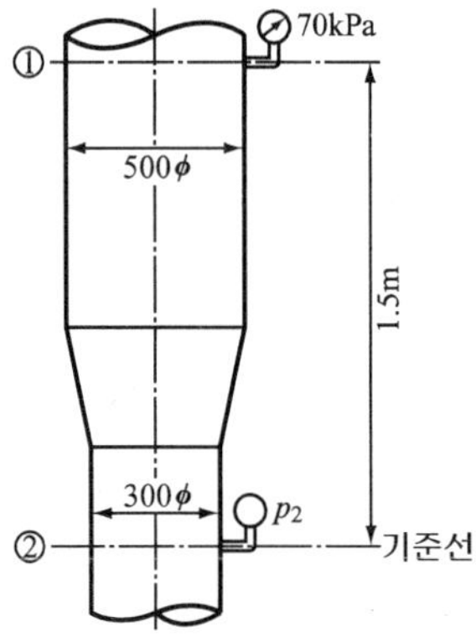

[그림 3-17]

5. 그림 3-18과 같이 직경 20cm 인 관이 10cm 로 축소되어 관로 내를 일정한 유량으로 유동하고 있을 때, 단면 ①의 유속이 1m/s 일 때 단면 ②에서의 유속과 유량은 얼마인가?

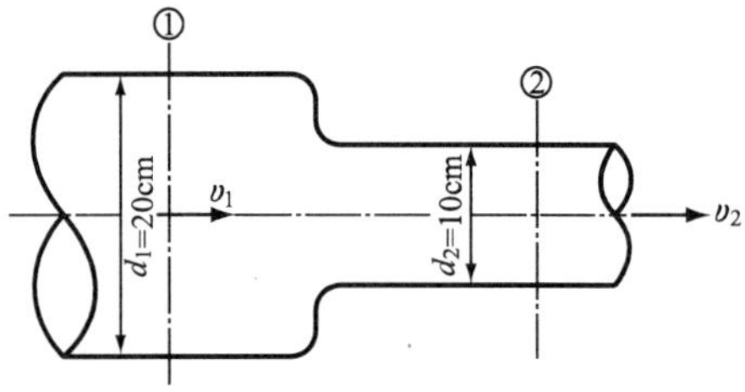

[그림 3-18]

6. 그림 3-19와 같은 교축관을 수평으로 하고, 여기에 매초 0.028m^3의 물이 유동하면, 단면 ①, ②에서 어느 정도 압력차가 발생하는가? 단 이 압력차 h는 수은 마노메타로 측정하는 것으로 한다.

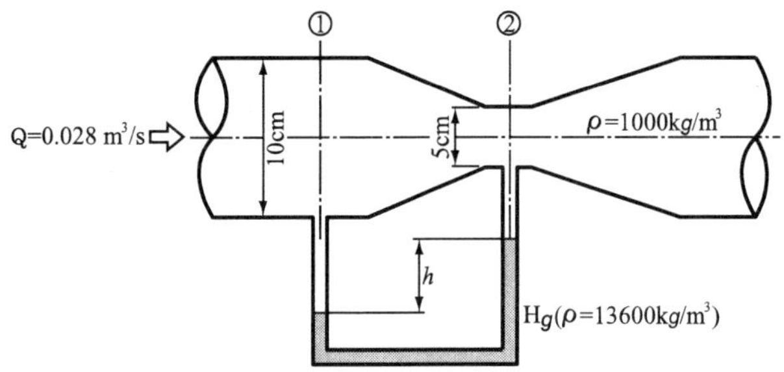

[그림 3-19]

7. 내경 $2\mathrm{m}$ 의 원통형 수조의 측면에 내경 $0.1\mathrm{m}$ 인 유출구멍이 있을 때, 어느 순간에 물의 유출속도가 $2\mathrm{m/s}$ 이었다. 이 때 수조내의 수면강하속도를 구하라. 또 이때의 유량을 구하라.

8. 토출량이 $3.6\mathrm{m}^3/\mathrm{min}$ 인 펌프를 사용하여 직경 $3\mathrm{m}$ 인 직립 원통수조 내에 물을 담아 넣을 때, 수조 내의 수면 상승속도는 얼마인가?

09

9. 내경 $200\mathrm{mm}$ 인 본관으로부터 Y 자형으로 분기되어 물이 유동한다. 분기관의 내경은, 한 쪽은 $150\mathrm{mm}$, 다른 쪽은 $100\mathrm{mm}$ 이다. 본관을 흐르는 유량이 $2.4\mathrm{m}^3/\mathrm{min}$ 이고, $150\mathrm{mm}$ 의 분기관 유속이 $1.0\mathrm{m/s}$ 일 때, $100\mathrm{mm}$ 관의 유속과 유량을 구하시오.

Chapter 4

운동량 이론

Chapter 4 운동량 이론

4.1 운동량의 법칙

운동량의 법칙을 이용하면, 유동의 국소압력이나 속도 등이 명확하지 않아도 경계면의 상태만으로 유체의 운동을 파악할 수 있다. 이 방법은 역학에 있어서 운동량보존의 법칙 즉 뉴턴 운동의 제 2법칙을 유동장에 적용함으로서 얻을 수 있다.

질량 m, 속도 V인 물체에 힘 F가 작용하면 제 2법칙에 의해

$$F = ma = m\frac{dV}{dt} = \frac{d}{dt}(mV) = \frac{dM}{dt} \tag{4-1}$$

$$F \cdot dt = m dV \tag{4-2}$$

여기서 질량 m과 속도 V와의 곱 mV를 운동량(momentum), $m \cdot dV$를 운동량변화, $F \cdot dt$를 역적(impulse, 力積)이라고 한다.

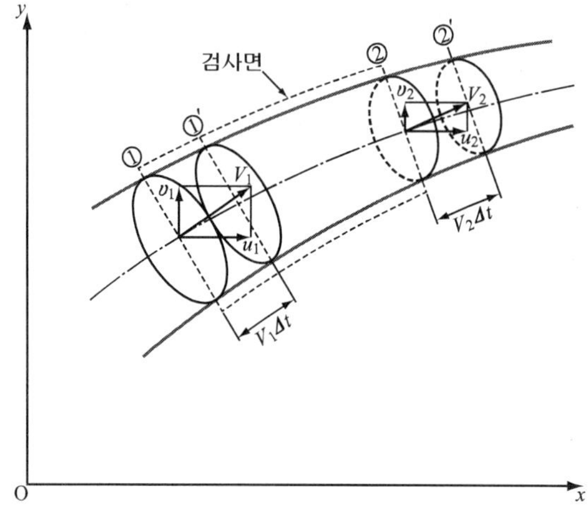

[그림 4-1] 운동량 법칙과 검사면

식(4-1)로부터 단위시간당 운동량변화는 물체에 작용하는 힘과 같다는 것을 알 수 있다. 이것을 운동량의 법칙(momentum law)라고 한다. 이 법칙을 유체에도 적용할 수 있다. 이 경우 단위시간당 운동량의 변화는 유체에 작용하는 힘과 같게 된다. 그림 4-1에서와 같이 유체가 곡관을 정상상태에서 유동하고 있을 때, 단면 ①과 ②사이에 있는 유체를 고려한다.

단면 ①과 ②를 포함하는 폐곡면을 검사면(control surface)라고 한다. 이 검사면 내의 유체에 운동량의 법칙을 적용해보자.

임의의 시간 t에 있어서 검사면 내의 단면 ①과 ②에 있는 유체는 각각의 단면에서의 속도를 V_1, V_2라고 하면, 미소시간 Δt후에 $V_1\Delta t$, $V_2\Delta t$만큼 이동하여 단면 ①'와 ②'로 이동한다. 최초의 ①과 ②사이의 검사체적 내의 유체는 Δt후에 ①'와 ②'로 이동한 것이 되고, 공통부분 ①'–②사이의 유체는 시간적으로 변화하지 않는다. 따라서 Δt시간 후 유체의 운동량 변화는 ①–①'사이의 유체의 운동량과 ②–②'사이의 운동량의 차이는 같다.

V_1, V_2의 x, y방향의 성분을 u_1, v_1 및 u_2, v_2로 한다. ①–①'사이의

단위시간당 유체의 질량은 $\rho_1 A_1 V_1$, Δt 시간 후의 질량은 $\rho_1 A_1 V_1 \Delta t$ 가 되고

$$\therefore\ x\text{방향의 운동량} : (\rho_1 A_1 V_1 \Delta t) u_1$$
$$y\text{방향의 운동량} : (\rho_1 A_1 V_1 \Delta t) v_1$$

이 된다. 또 ②-②′사이의 단위시간당 유체의 질량은 $\rho_2 A_2 V_2$, Δt 시간 후의 질량은 $\rho_2 A_2 V_2 \Delta t$ 가 되고

$$\therefore\ x\text{방향의 운동량} : (\rho_2 A_2 V_2 \Delta t) u_2$$
$$y\text{방향의 운동량} : (\rho_2 A_2 V_2 \Delta t) v_2$$

가 된다. 단위시간당 유체의 질량 즉 질량유량(mass flow rate)를 $\dot{m}$ 라고 하면, 연속방정식으로부터

$$\dot{m} = \rho_1 A_1 V_1 = \rho_2 A_2 V_2 \tag{4-3}$$

그리고 x방향의 시간에 따른 운동량변화는

$$\frac{(\rho_2 A_2 V_2 \Delta t) u_2 - (\rho_1 A_1 V_1 \Delta t) u_1}{\Delta t} \tag{4-4}$$

이므로, 단위시간당 x방향의 운동량변화는

$$(\rho_2 A_2 V_2 \Delta t) u_2 - (\rho_1 A_1 V_1 \Delta t) u_1 = \dot{m}\,(u_2 - u_1) \tag{4-5}$$

마찬가지로 단위시간당 y 방향의 운동량변화는

$$(\rho_2 A_2 V_2 \Delta t) v_2 - (\rho_1 A_1 V_1 \Delta t) v_1 = \dot{m}\,(v_2 - v_1) \tag{4-6}$$

이상과 같이 "유체의 단위시간당 운동량변화는 단위시간에 검사면을 유출하는 운동량과 검사면에 유입하는 운동량과 같다."는 것을 알 수 있다. 따라서 운동량법칙에 의해 검사면 내의 유체에 작용하는 힘을 F라 하고, x,

y 방향의 성분을 F_x, F_y 라고 하면

$$F_x = \dot{m}\,(u_2 - u_1) \tag{4-7}$$

$$F_y = \dot{m}\,(v_2 - v_1) \tag{4-8}$$

유동이 비압축성이면 $\rho_1 = \rho_2 = \rho$ 이므로 유량을 Q 라고 하면, $\dot{m} = \rho Q$ 이다. 따라서

$$F_x = \rho Q(u_2 - u_1) \tag{4-9}$$

$$F_y = \rho Q(v_2 - v_1) \tag{4-10}$$

식(4-7), (4-8), (4-9), (4-10)을 유동에 대한 운동량 방정식이라고 하고, 단위시간에 검사면을 통과한 운동량의 증가는 유체에 작용하는 힘과 같다는 것을 의미한다. 운동량 법칙을 이용하면, 이와같이 2개의 단면에서의 유동상태를 알면, 내부유동의 상태가 불명확해도 유체에 작용하는 힘을 구할 수 있다. 이 운동량 법칙은 유체의 압축성, 점성의 유무에 관계없이 성립한다.

4.2 곡관의 벽면에 작용하는 힘

그림 4-2와 같이 곡관 내를 물이 흐르고 있는 경우, 물이 관벽면에 미치는 힘 F를 운동량법칙을 사용하여 구할 수 있다.

압력에 의해 외부로부터 물에 미치는 x, y 방향의 힘은, 각각 다음과 같다.

$$p_1 A_1 \cos\alpha_1 - p_2 A_2 \cos\alpha_2$$

$$p_1 A_1 \sin\alpha_1 - p_2 A_2 \sin\alpha_2$$

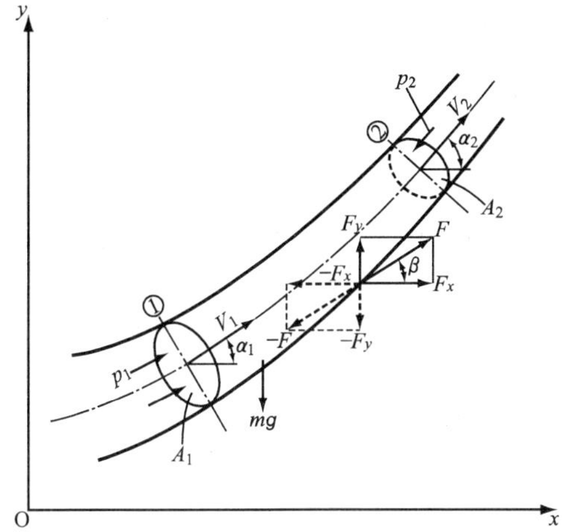

[그림 4-2] 곡관 벽면에 작용하는 힘

즉 힘 F의 x, y방향의 성분을 F_x, F_y라고 하면, 물은 작용, 반작용의법칙에 의해 관벽으로부터 $-F_x$, $-F_y$의 힘을 받는다. 따라서, 단면 ①-②사이의 물은 압력에 의한 힘과 반작용의 힘이 작용하기 때문에 물에 작용하는 힘 P의 x방향의 힘 P_x는

$$P_x = -F_x + (p_1 A_1 \cos\alpha_1 - p_2 A_2 \cos\alpha_2) \qquad (4\text{-}11)$$

y방향의 힘 P_y는 중력을 고려하여

$$P_y = -F_y + (p_1 A_1 \sin\alpha_1 - p_2 A_2 \sin\alpha_2) - mg \qquad (4\text{-}12)$$

여기서, m은 단면 ①-②사이의 물의 질량이다.

또 x, y방향의 운동량증가율은 물의 밀도가 일정하다고 하면 다음과 같다.

$$\rho Q(V_2 \cos\alpha_2 - V_1 \cos\alpha_1)$$

$$\rho Q(V_2 \sin\alpha_2 - V_1 \sin\alpha_1)$$

결국 운동량법칙에 의해 물이 받는 힘 p_x, P_y는 위에 나타난 운동량 증가율과 같으므로 이들을 정리하면 F_x, F_y는 각각 식(4-13), (4-14)로 구할 수 있다.

$$P_x = -F_x + (p_1A_1\cos\alpha_1 - p_2A_2\cos\alpha_2) = \rho Q(V_2\cos\alpha_2 - V_1\cos\alpha_1)$$

$$F_x = \rho Q(V_1\cos\alpha_1 - V_2\cos\alpha_2) + (p_1A_1\cos\alpha_1 - p_2A_2\cos\alpha_2) \tag{4-13}$$

또

$$P_y = -F_y + (p_1A_1\sin\alpha_1 - p_2A_2\sin\alpha_2) - mg = \rho Q(V_2\sin\alpha_2 - V_1\sin\alpha_1)$$

$$F_y = \rho Q(V_1\sin\alpha_1 - V_2\sin\alpha_2) + (p_1A_1\sin\alpha_1 - p_2A_2\sin\alpha_2) - mg \tag{4-14}$$

중력의 영향을 무시하면 식(4-14)는

$$F_y = \rho Q(V_1\sin\alpha_1 - V_2\sin\alpha_2) + (p_1A_1\sin\alpha_1 - p_2A_2\sin\alpha_2) \tag{4-15}$$

물이 관벽면에 미치는 힘 및 그 방향 β는 각각 다음과 같다.

$$F = \sqrt{F_x^2 + F_y^2} \tag{4-16}$$

$$\beta = \tan^{-1}\left(\frac{F_y}{F_x}\right) \tag{4-17}$$

예제 4-1

그림 4-3과 같은 노즐로부터 고속의 물이 분출되고 있다. 단면 ①에서의 압력이 2MPa (gauag), 관내경이 100mm 이고, 노즐출구 ②에서의 내경이 20mm 일 때, 노즐에 작용하는 유동방향으로의 물의 힘을 구하라.

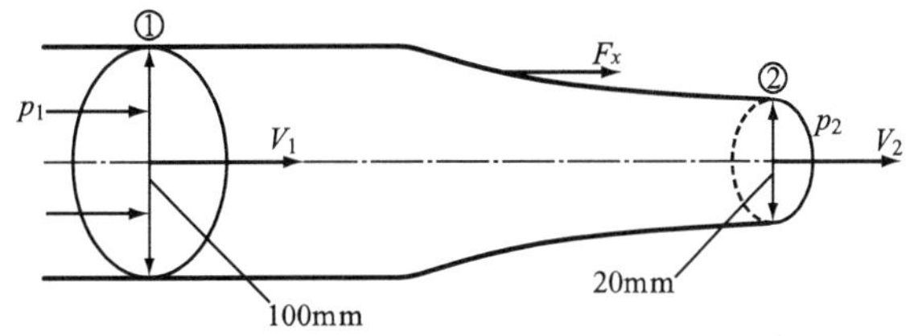

[그림 4-3]

풀이

노즐 내에서의 관마찰 등의 손실은 무시하고, 단면 ①과 출구 ②사이에 베르누이방정식을 적용하여, $\rho = 1000\text{kg/m}^3$,
$p_2 = p_a = 0\text{Pa}(\text{gauag})$, $p_1 = 2\text{MPa} = 2\times 10^6\text{Pa}(\text{gauag})$,
$h_1 = h_2 = 0\text{m}$ 를 대입하면

$$\frac{2\times 10^6}{1000} + \frac{V_1^2}{2} + 0 = 0 + \frac{V_2^2}{2} + 0 \tag{1}$$

한편, 연속방정식에 의해 $A_1 V_1 = A_2 V_2$ 이므로, 단면적의 비 $A_1/A_2 = 0.1^2/0.02^2$을 대입하면 V_1, V_2의 비는 다음과 같다.

$$V_2 = \frac{A_1}{A_2} V_1 = \frac{0.1^2}{0.02^2} V_1 = 25 V_1 \tag{2}$$

식 (1), (2)로부터 유속 V_1, V_2를 구하면

$$V_1 = 2.53\text{m/s}, V_2 = 63.25\text{m/s}$$

물이 유동방향으로 노즐에 작용하는 힘 F_x는 식(4-13)을 적용하여,

$\rho = 1000\text{kg/m}^3$, $Q = 0.0199\text{m}^3/\text{s}$, $V_1 = 2.53\text{m/s}$,

$V_2 = 63.25\text{m/s}$, $p_1 = 2\times 10^6\text{Pa}(\text{gauag})$,

$p_2 = p_a = 0\text{Pa}(\text{gauag})$, $A_1 = (\pi/4)\times 0.1^2$, $\alpha_1 = \alpha_2 = 0$를 대입하면

$$F_x = \rho Q(V_1 \cos\alpha_1 - V_2 \cos\alpha_2) + (p_1 A_1 \cos\alpha_1 - p_2 A_2 \cos\alpha_2)$$

$$= 1000 \times 0.0199 \times (2.53 \times \cos 0 - 63.25 \times \cos 0)$$

$$+\left(2 \times 10^6 \times \frac{\pi \times 0.1^2}{4} \times \cos 0 - 0\right) = 14.5 \times 10^3 \mathrm{N} = 14.5 \mathrm{kN}$$

4.3 고정평판에 작용하는 힘

(1) 수직으로 충돌하는 경우

그림 4-4에 나타난 바와 같이 밀도 ρ, 속도 V, 단면적 A의 분류(噴流)가 고정된 평판(충분히 넓고 크다고 가정)에 수직으로 충돌하는 경우, 평판에 작용하는 분류의 힘 F를 생각해 보자.

분류는 평판 마찰을 무시하면 벽면을 따르는 속도 V로 흘러나간다. 그림과 같은 검사면을 설정하고 운동량법칙을 적용한다. 분류가 충돌 전에 갖고 있는 운동량은 ρQV이고, 충돌 후는 평판에 직각방향의 속도 성분은 0, 따라서 운동량이 0이 되기 때문에 평판에 작용하는 분류의 힘 F는 다음식과 같다.

$$F = \rho Q(V - 0) = \rho QV = \rho A V^2 \qquad (4\text{-}18)$$

그리고 평판이 작은 경우($D < 6d$)에는 그림 4-4에서와 같이 각도 θ의 방향으로 흘러나가게 된다. 분류방향의 속도성분은 V에서 $V\cos\theta$로 변화하게 되고 유량은 $q = AV$이므로 좁은 평판에 작용하는 분류의 힘 F는 다음과 같다.

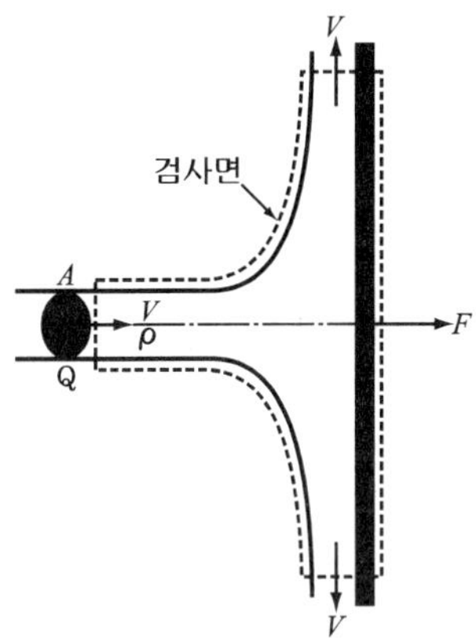

[그림 4-4] 넓은 판에 작용하는 힘

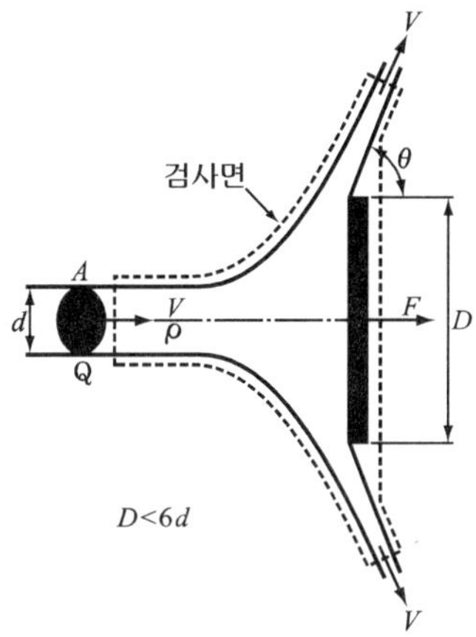

[그림 4-5] 좁은 판에 작용하는 힘

$$F = \rho Q(V - V\cos\theta) = \rho QV(1-\cos\theta) = \rho AV^2(1-\cos\theta) \quad (4\text{-}19)$$

예제 4-2

그림 4-4와 같은 수직으로 놓여진 평판에 유량 $10\,\mathrm{m}^3/\mathrm{min}$ 인 물이 수직으로 충돌하고 있다. 분류가 평판에 미치는 힘을 $1\,\mathrm{kN}$ 이하로 하기 위해서는 분류의 속도를 얼마로 두면 좋은가. 또 그 때의 분류의 직경을 구하라.

풀이

분류가 평판에 미치는 힘은 식(4-18)에 의해 $F = \rho QV$이므로, $F = 1\,\mathrm{kN} = 1\times 10^3\,\mathrm{N}$, $\rho = 1000\,\mathrm{kg/m^3}$, $Q = 10/60\,\mathrm{m^3/s}$ 을 대입하면, 분류의 한계속도 V는

$$V = \frac{F}{\rho Q} = \frac{1\times 10^3}{1000\times(10/60)} = 6\,\mathrm{m/s}$$

또 분류의 직경 d는 연속방정식 $Q = VA = (\pi/4)d^2 V$로부터

$$d = \sqrt{\frac{4Q}{\pi V}} = \sqrt{\frac{4 \times (10/60)}{6\pi}} = 0.188\,\mathrm{m}$$

예제 4-3

그림 4-5와 같은 고정된 원판에 직경 100mm 인 물의 분류가 50m/s 로 충돌하고 있다. 분류와 $\theta = 60°$ 의 각도로 원판으로부터 흘러나갈 때 분류가 이 원판에 미치는 힘을 구하라.

풀이

분류가 원판에 미치는 힘 F는 식(4-19)에 의해 구할 수 있으며,

$\rho = 1000\,\mathrm{kg/m^3}$,

$Q = AV = (\pi/4)d^2 V = (\pi/4) \times 0.1^2 \times 50\,\mathrm{m^3/s}$,

$V = 50\,\mathrm{m/s}$, $\theta = 60°$ 을 대입하면

$$F = \rho Q V(1 - \cos\theta) = \rho A V^2 (1 - \cos\theta)$$

$$= 1000 \times \frac{\pi \times 0.1^2}{4} \times 50^2 \times (1 - \cos 60°) = 9.82 \times 10^3\mathrm{kN}$$

예제 4-4

그림 4-6과 같은 정각 60° 인 수평대칭 물체에 직경 150mm 의 물이 속도 20m/s 로 충돌하고 있다. 이 물체에 작용하는 분류의 힘을 구하라.

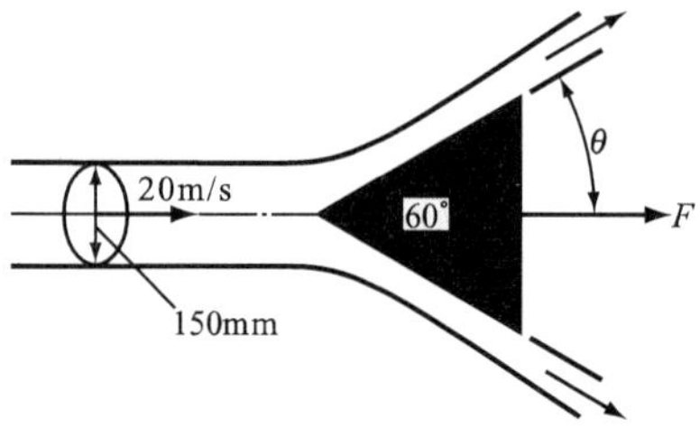

[그림 4-6]

풀이

분류는 물체에 충돌 후 $\theta = 30°$ 의 방향으로 유동하므로, 분류가 물체에 미치는 힘 F는 식(4-19)에 의해 구할 수 있으며, $\rho = 1000\text{kg/m}^3$, $Q = AV = (\pi/4)d^2 V = (\pi/4) \times 0.15^2 \times 20\text{m}^3/\text{s}$, $V = 20\text{m/s}$, $\theta = 30°$ 을 대입하면

$$F = \rho QV(1 - \cos\theta) = \rho A V^2 (1 - \cos\theta)$$

$$= 1000 \times \frac{\pi \times 0.15^2}{4} \times 20^2 \times (1 - \cos 30°) = 947\text{N}$$

(2) 경사면에 충돌하는 경우

그림 4-7은 고정된 경사평판에 분류가 충돌하는 경우를 나타낸 것이다. 평판에 직각인 방향에 대해서 운동량법칙을 적용하면 간단히 구할 수 있다. 그림에서와 같이 경사평판으로의 충돌 전 속도분포는 평판에 직각방향으로 $V\sin\theta$, 평판을 따라 흐르는 방향으로는 $V\cos\theta$이다.

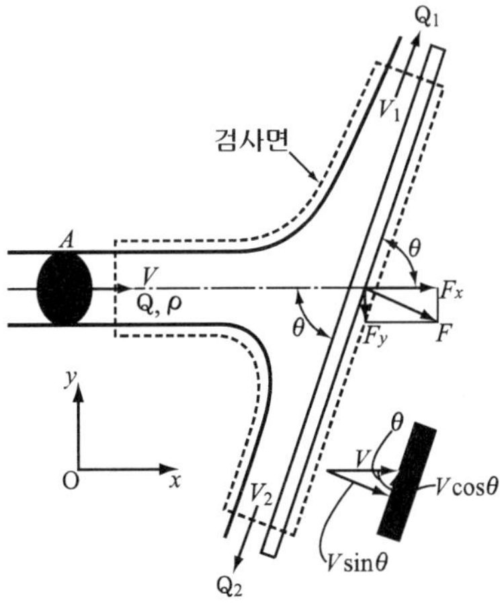

[그림 4-7] 분류가 경사평판에 작용하는 힘

충돌 후의 속도분포는 평판에 직각방향인 속도성분은 0, 평판을 따라 흐르는 속도 V_1, V_2는 그 방향으로 운동에너지의 손실이 없다고 하면 속도 V 그 자체이다. 즉 $V = V_1 = V_2$가 된다.

따라서 분류가 최초에 갖고 있던 운동량은 $\rho Q V\sin\theta$, 충돌 후의 평판에 직각방향의 운동량은 0디 되고, $Q = AV$이기 때문에 경사평판에 직각방향으로 작용하는 힘 F는 다음과 같다.

$$F = \rho Q(V\sin\theta - 0) = \rho Q V\sin\theta = \rho A V^2\sin\theta \tag{4-20}$$

x, y방향의 힘의 성분 F_x, F_y는 각각 다음과 같게 된다.

$$F_x = F\sin\theta = \rho Q V\sin^2\theta \tag{4-21}$$

$$F_y = F\cos\theta = \rho Q V\sin\theta\cos\theta \tag{4-22}$$

또한 유량 Q는 Q_1과 Q_2로 분배되고, 각도 θ의 영향을 받는다.

예제 4-5

그림 4-7과 같은 경사평판에 직경 100mm 인 물이 속도 $V = 50\text{m/s}$ 충돌하고 있다. 경사각도가 $\theta = 60°$ 인 경우 분류가 경사평판에 미치는 힘을 구하라.

풀이

분류가 경사평판에 미치는 힘 F는 식(4-20)에 의해 구할 수 있으며, $\rho = 1000\text{kg/m}^3$, $Q = AV = (\pi/4)d^2 V = (\pi/4)\times 0.1^2 \times 50\text{m}^3/\text{s}$, $V = 50\text{m/s}$, $\theta = 60°$ 을 대입하면

$$F = \rho QV\sin\theta = \rho A V^2\sin\theta$$

$$= 1000 \times \frac{\pi \times 0.1^2}{4} \times 50^2 \times (1 - \sin 30°)$$

$$= 17.0 \times 10^3 \mathrm{N} = 17.\mathrm{kN}$$

4.4 이동하는 평판에 작용하는 힘

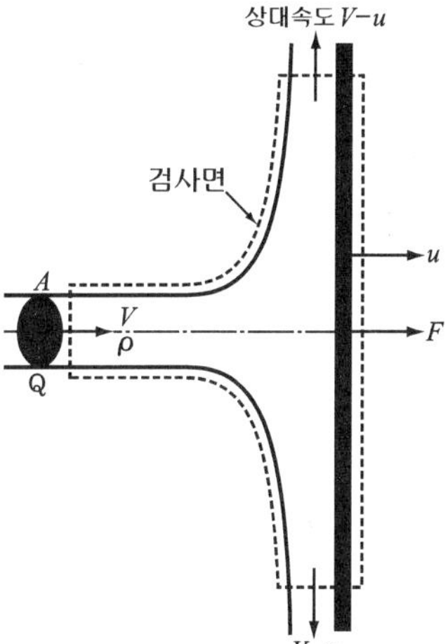

[그림 4-8] 분류가 이동하는 평판에 작용하는 힘

그림 4-8에 나타난 바와 같이 평판이 분류와 같은 방향으로 속도 u로 이동하는 경우 분류가 평판에 작용하는 힘은 평판에 대한 분류의 상대속도를

고려해야 할 필요가 있다. 여기서 충돌 후의 분류는 평판 상에서의 손실을 고려하지 않으면, 최초의 단면적 A에서의 분류속도 V와 같은 속도로 평판을 따라 흘러 나가게 된다. 이 경우 평판에 대한 분류의 상대속도는 $V-u$, 또 평판이 받는 유량 Q'는

$$Q' = A(V-u) \tag{4-23}$$

가 되므로 평판에 작용하는 힘 F는 다음과 같다.

$$F = \rho Q'(V-u) = \rho A(V-u)^2 \tag{4-24}$$

또 평판이 받는 동력 L은 힘×속도의 관계에 의해

$$L = F \cdot u = \rho Q'(V-u)u = \rho Au(V-u)^2 \tag{4-25}$$

또한 그림 4-5에서와 같은 평판이 그림 4-8과 마찬가지로 분류와 같은 방향으로 속도 u로 이동하는 경우, 분류가 평판에 작용하는 힘 F을 생각해 보자. 분류의 평판에 대한 분류방향의 상대속도 변화는

$$(V-u) - (V-u)\cos\theta = (V-u)(1-\cos\theta) \tag{4-26}$$

가 되고, 평판이 받는 유량 Q'는

$$Q' = A(V-u) \tag{4-27}$$

이 되므로, 평판에 작용하는 힘 F는

$$F = \rho Q'(V-u)(1-\cos\theta) = \rho A(V-u)^2(1-\cos\theta) \tag{4-28}$$

4.5 곡면판에 작용하는 힘

(1) 곡면판이 고정된 경우

그림 4-9(a)와 같이 분류가 고정된 곡면판의 곡면을 따라 흐르고, x축에 대해서 각도 θ로 유출하는 경우를 생각해보자.

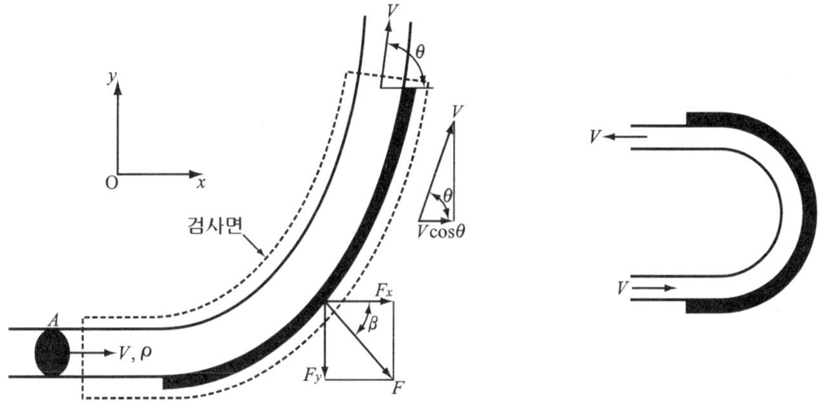

(a) (b)

[그림 4-9] 곡관 벽면에 작용하는 힘

x방향으로 운동량법칙을 적용하면, x방향으로 작용하는 힘 F_x는

$$F_x = \rho Q(V - V\cos\theta) = \rho A V^2 (1 - \cos\theta) \qquad (4\text{-}29)$$

y방향으로 작용하는 힘 F_y는, 입구에서의 y 방향 운동량은 0이므로

$$F_y = 0 - \rho Q V\sin\theta = -\rho Q V\sin\theta = -\rho A V^2 \sin\theta \qquad (4\text{-}30)$$

또, 고정 곡면판이 받는 합력 F는

$$F = \sqrt{F_x^2 + F_y^2} \qquad (4\text{-}31)$$

가 되고, 합력 F가 작용하는 방향 β는

$$\beta = \tan^{-1}\left(\frac{F_y}{F_x}\right) \tag{4-32}$$

그림 4-9(b)에서와 같이, $\theta = 180^\circ$ 의 경우, $\cos 180^\circ = -1$이므로

$$F_x = 2\rho Q V = 2\rho A V^2 \tag{4-33}$$

이 경우 F_x는 최대가 된다.

예제 4-6

그림 4-9(a)와 같이 고정된 곡면판에 직경 $100\,\mathrm{mm}$, 속도 $50\,\mathrm{m/s}$ 인 물의 분류가 곡면을 따라 유입하고, 유동방향이 $\theta = 120^\circ$ 의 각도만큼 변하여 유출한다. 분류가 곡면판에 미치는 힘과 힘의 방향을 구하라.

풀이

x방향으로 작용하는 F_x는 식(4-29)에 의해 구할 수 있고, $\rho = 1000\,\mathrm{kg/m}^3$, $A_1 = (\pi/4) \times 0.1^2$, $V = 50\,\mathrm{m/s}$, $\theta = 120^\circ$ 를 대입하면

$$F_x = \rho Q(V - V\cos\theta) = \rho A V^2 (1 - \cos\theta)$$

$$= 1000 \times \frac{\pi \times 0.1^2}{4} \times 50^2 \times (1 - \cos 120^\circ)$$

$$= 29.45 \times 10^3\,\mathrm{N} = 29.45\,\mathrm{kN}$$

y방향으로 작용하는 힘 F_y는 식(4-30)에 의해 구할 수 있고, 각각 상기와 같은 값을 대입하면

$$F_y = -\rho Q V \sin\theta = -\rho A V^2 \sin\theta$$

$$= -1000 \times \frac{\pi \times 0.1^2}{4} \times 50^2 \times \sin 120°$$

$$= -17.0 \times 10^3 \text{N} = -17\text{kN}$$

따라서 곡면판에 작용하는 힘 F는 식(4-31)에 의해

$$F = \sqrt{F_x^2 + F_y^2} = \sqrt{29.45^2 + 17^2} = 34\text{kN}$$

힘의 방향 β는 식(4-32)에 의해

$$\beta = \tan^{-1}\left(\frac{F_y}{F_x}\right) = \tan^{-1}\left(\frac{-17}{29.45}\right) = -30°$$

(2) 곡면판이 이동하는 경우

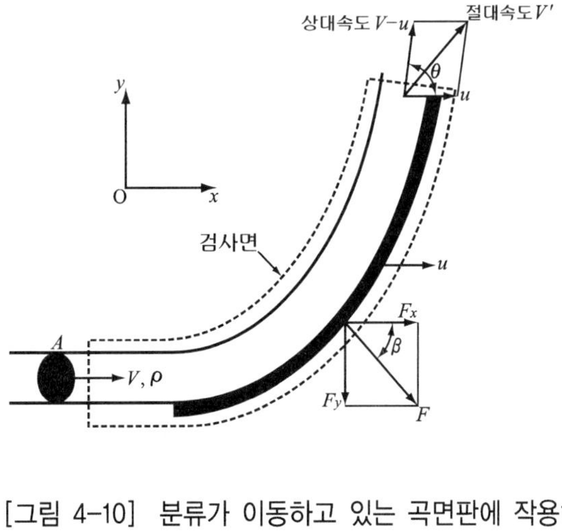

[그림 4-10] 분류가 이동하고 있는 곡면판에 작용하는 힘

그림 4-10은 곡면판이 분류와 같은 방향으로 속도 u로 이동하고 있는 경우를 나타낸 것이다. 이동하고 있는 곡면판이 받는 유량 Q'는

$$Q' = A(V-u) \tag{4-34}$$

가 되므로, 곡면판에 작용하는 분류의 힘 F의 x, y방향의 성분 F_x, F_y는 각각 다음과 같다.

$$F_x = \rho Q'(V-u)(1-\cos\theta) = \rho A(V-u)^2(1-\cos\theta) \tag{4-35}$$

$$F_y = -\rho Q'(V-u)\sin\theta = -\rho A(V-u)^2\sin\theta \tag{4-36}$$

곡면판의 동력 L은

$$L = F_x \cdot u = \rho Q' u(V-u)(1-\cos\theta) = \rho A u(V-u)^2(1-\cos\theta) \tag{4-37}$$

예제 4-7

그림 4-10과 같이 이동하고 있는 곡면판에 속도 $V = 30\mathrm{m/s}$, 유량 $Q = 2\mathrm{m}^3/\mathrm{min}$ 인 물의 분류가 곡면을 따라 유입하고, 유동방향이 $\theta = 45°$ 인 각도로 변하여 유출한다. 곡면판의 이동속도 $u = 10\mathrm{m/s}$ 이면 분류가 곡면판에 미치는 x, y방향의 힘과 동력을 구하라.

풀이

이동하고 있는 곡면판이 받는 x방향에 대한 힘의 성분은 식(4-35)에 의해 구할 수 있고, $\rho = 1000\mathrm{kg/m}^3$, $V = 30\mathrm{m/s}$, $u = 10\mathrm{m/s}$, $A = Q/V = 2/(60\times30)\mathrm{m}^2$ 을 대입하면

$$F_x = \rho Q'(V-u)(1-\cos\theta) = \rho A(V-u)^2(1-\cos\theta)$$

$$= \rho\frac{Q}{V}(V-u)^2(1-\cos\theta)$$

$$= 1000\times\frac{2/60}{30}\times(30-10)^2\times(1-\cos 45^\circ) = 130.2\mathrm{N}$$

또 y방향에 대한 힘의 성분은 식(4-36)에 의해 구할 수 있고, 각각 상기와 같은 값을 대입하면

$$F_y = -\rho Q'(V-u)\sin\theta = -\rho A(V-u)^2\sin\theta$$

$$= -1000\times\frac{2/60}{30}\times(30-10)^2 sin45^\circ = -314.3\mathrm{N}$$

동력은 식(4-37)에 의해

$$L = F_x u = 130.2\times 10 = 1302\mathrm{J/s} = 1302\mathrm{W}$$

4.6 제트추진

그림 4-11과 같이 표면적 A인 큰 수조의 측벽에 설치된 단면적 a인 작은 노즐로부터 유량 Q의 물이 분출하고 있다. 운동량법칙을 적용하여, 제트에 의한 추력 F_t를 구한다.

수조의 수면높이 h는 일정하게 보존된다고 하면, 유입운동량은 0이고 노즐로부터 유출운동량은 $\rho QV = \rho a V^2$이 된다. 수조는 반작용으로 인하여 제트와 반대방향으로 추력을 받기 때문에 제트에 의한 추력 F_t는 운동량법

칙에 의해 다음과 같다.

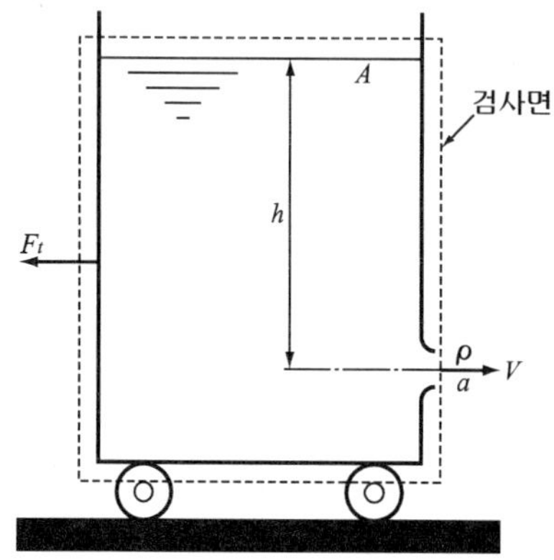

[그림 4-11] 제트추진

$$F_t = \rho Q(V-0) = \rho QV = \rho a V^2 \tag{4-38}$$

토리체리의 정리에 의해, 노즐로부터 분출되는 물의 속도 V는 마찰손실을 무시하면 $V = \sqrt{2gh}$이므로 식(4-38)은 다음과 같다.

$$F_t = \rho QV = \rho a V^2 = 2a\rho gh \tag{4-39}$$

예제 4-9

그림 4-12와 같이 수조차의 탱크 측벽에 설치된 직경 50mm 인 노즐로부터 속도 60m/s 로 공기 중에 분출하는 분류를 고려하자. 이 수조차가 추력에 의해 움직이지 않도록 하기위해서는 어느 정도의 힘이 필요한가.

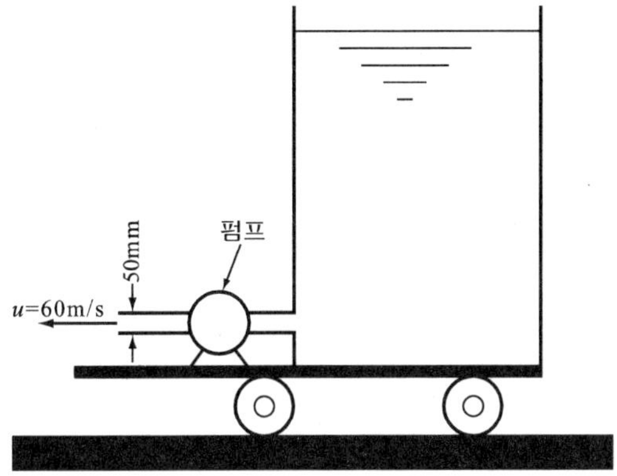

[그림 4-12]

풀이

수조차가 움직이지 않도록 하기위해서는 제트에 의한 추력과 반대방향의 같은 힘이 필요하므로, 구하고자 하는 힘 F_t는 식(4-38)에 의해 얻을 수 있고, $\rho = 1000\,\mathrm{kg/m^3}$, $a = (\pi/4) \times 0.05^2$, $V = 60\,\mathrm{m/s}$ 를 대입하면

$$F_t = \rho Q V = \rho a V^2$$

$$= 1000 \times \frac{\pi \times 0.05^2}{4} \times 60^2 = 7.07 \times 10^3\mathrm{N} = 7.07\,\mathrm{kN}$$

4.7 각운동량의 법칙

펌프나 수차 등에 있어서는, 익차(翼車)의 내부에서 유체는 회전운동을 한다. 이와 같이 회전하는 물체에 회전력(torque)이 가해지면, 각운동량(angular momentum)이 변화한다. 즉 다음과 같은 물리적 식으로 표현할 수 있다.

$$\text{가해진 회전력 } T = \text{단위시간당 각운동량의 변화} \tag{4-40}$$

각운동량은 운동량모멘트(moment of momentum)을 의미하고 있다. 그림 4-13에서와 같이 점 O로부터 거리 r에서의 질량 m의 유체입자가 점 O의 주위로 속도 V_θ로 회전한다고 하면, 각운동량은 다음식과 같이 운동량 mV_θ와 거리 r과의 적(積)으로 정의된다.

$$\text{각운동량} = mV_\theta \cdot r \tag{4-41}$$

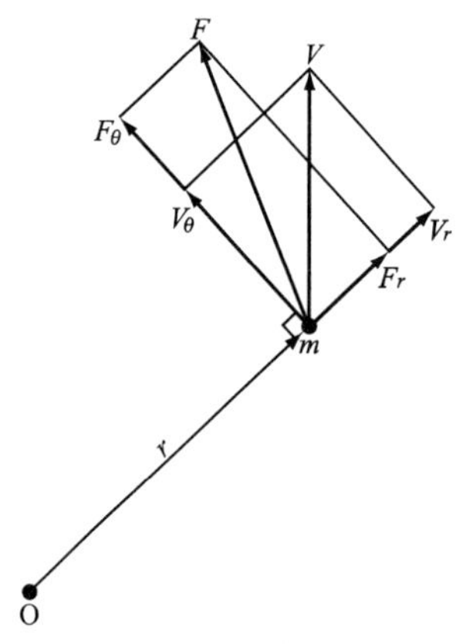

[그림 4-13] 각운동량

이 각운동량의 단위시간당 변화는 유체입자에 작용하는 회전력(torque) T가 된다. 즉

$$T = \frac{d(mV_\theta \cdot r)}{dt} = r\frac{d(mV_\theta)}{dt} = r \cdot F_\theta \tag{4-42}$$

여기서 F_θ는 질량 m인 유체입자에 작용하는 힘이고, 점 O로부터 거리 r을 곱함으로서 점 O주위에 회전력이 주어진다.

토크 T, 힘 F_θ 및 회전반경 r은 각각 벡터량이므로 식(4−42)는 벡터식으로 표현된다.

$$T = \frac{d(mV \cdot r)}{dt} = r \cdot F \tag{4-43}$$

식(4−40), (4−42), (4−43)의 관계를 각운동량의 법칙(law of moment of momentum)이라고 한다.

연습문제

1. 지름이 5cm 인 노즐에서 물제트(수분류)가 40m/s 의 속도로 건물벽에 수직으로 충돌하고 있다. 벽이 받는 힘은 얼마인가?

2. 지름이 2.54cm 인 물제트가 평판에 수직으로 충돌하여 72.5kg(710.5N) 의 힘이 평판에 가하여 졌다. 물제트의 유량은 얼마인가?

3. 비중 0.9인 기름이 평판에 수직으로 충돌한다. 분류의 직경이 10cm , 속도가 10m/s 일 때, 평판을 지지하는데 필요한 힘은 얼마인가?

4. 그림 4-14에서와 같이 수분류의 직경은 40mm 이고, 속도 60m/s 로 고정된 평판에 45° 의 각도로 충돌하고 있을 때, 판이 받는 힘은 얼마인가?

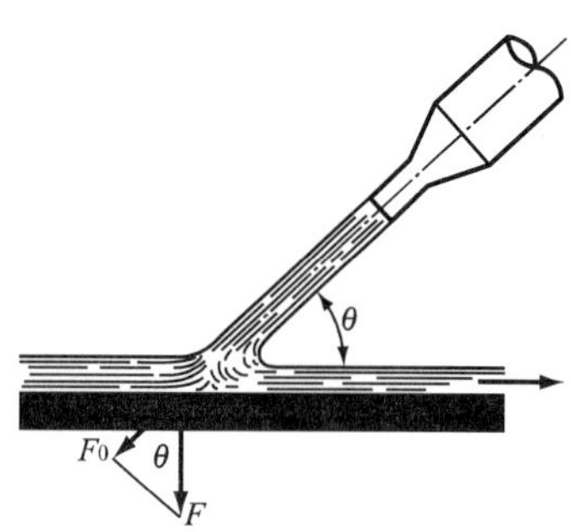

[그림 4-14]

5. 수분류가 그림 4-15와 같은 고정된 날개에 충돌하고 있다. 분류의 유량이 $0.06\text{m}^3/\text{s}$ 이고, 속도가 45m/s 이며, 날개의 각도가 135° 일 때, 고정날개에 작용되는 힘은 얼마인가?

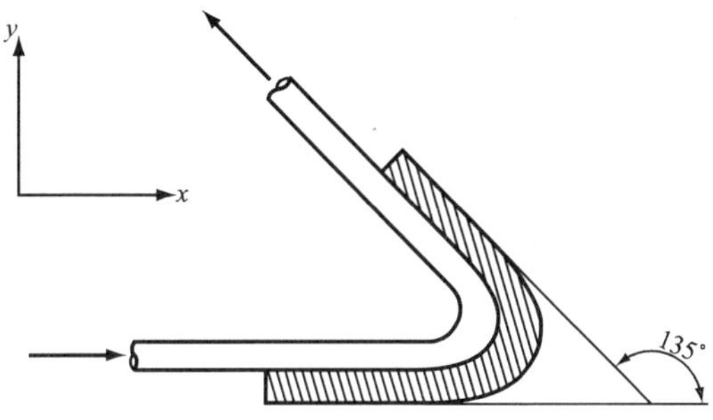

[그림 4-15]

6. 그림 4-16과 같이 속도 60m/s 인 수분류가 15m/s 로 움직이는 곡면판에 부딪혀 얻어진 동력이 135kW 라고 할 때 각도 α를 구하라.

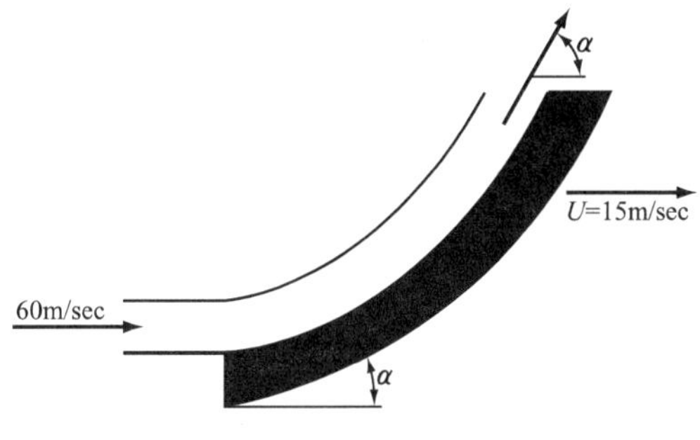

[그림 4-16]

7. 그림 4-16에서 속도 80m/s 인 수분류가 26m/s 의 속도로 움직이는 곡면판에 부딪힐 때, 분류에 의해 곡면판의 운동방향으로 작용하는 힘을 구하시오. 단 유체는 물이며 유량은 $0.042\text{m}^3/\text{s}$ 로 하고 곡면판과의 각도 α 는 60° 이다.

8. 그림 4-17과 같이 유입면의 지름이 300mm, 유출면의 지름이 150mm 이고 수평면과 45° 로 굽은 곡관의 유입면이 유동방향과 수직으로 설치되어, 그 속에 물이 $6\text{m}^3/\text{min}$ 의 유량으로 흐르고 있다. 유입구의 압력이 147.1kPa 일 때 물이 곡관에 작용하는 힘의 크기와 방향을 구하라. 단, 곡관내의 마찰 등에 의한 손실은 무시한다.

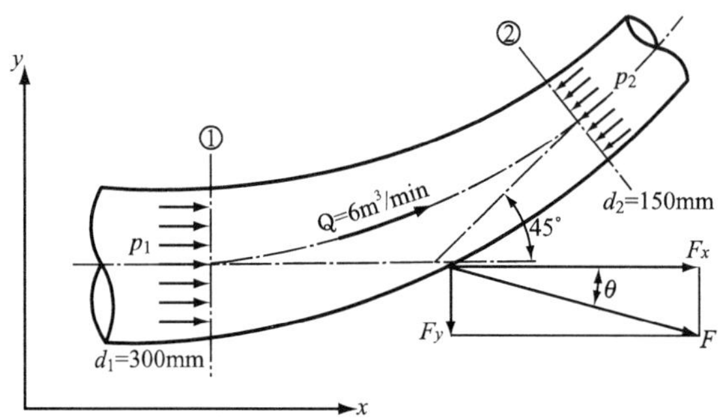

[그림 4-17]

9. 물이 지름 45mm 의 노즐로부터 55m/s 로 분출되어 비교적 큰 고정평판에 수직으로 충돌하고 있다. 분류가 평판에 가하는 힘은 얼마인가? 그리고 이 평판이 분류방향으로 12m/s 의 속도로 움직이고 있을 때, 이 평판에 가하는 힘은 얼마인가?

10. 그림 4-18과 같이 유량 $0.06\text{m}^3/\text{s}$, 속도 60m/s 의 분류가 고정된 곡면판을 따라서 유입하여 $\beta = 60°$ 의 방향으로 유출되고 있다. 이 때, 분류가 곡면판에 작용하는 힘을 구하라?

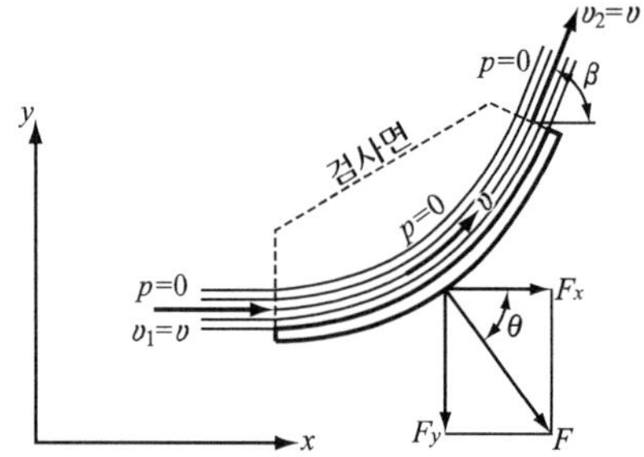

[그림 4-18]

11. 그림 4-19에서와 같이 노즐에서 비중이 0.8인 기름이 분류되고 있다. 단면 1에서의 압력이 7bar일 때, 이 노즐에 작용되는 힘을 계산하시오.

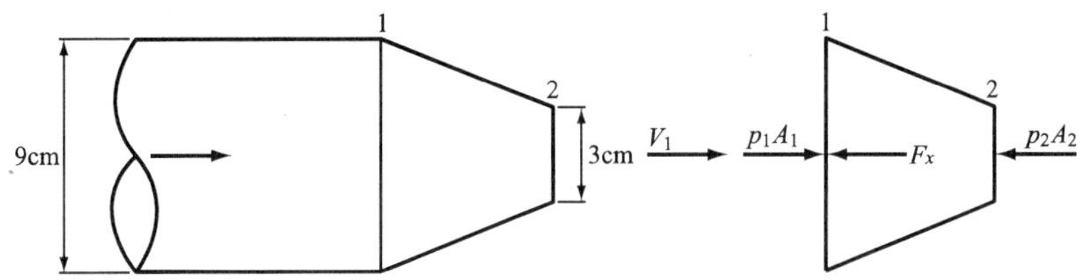

[그림 4-19]

12. $0.3\mathrm{m}^3/\mathrm{s}$ 의 물이 직경이 각각 $30\mathrm{cm}$ 와 $20\mathrm{cm}$ 로 된 구부러진 관을 통해서 흐르고 있다.그림 4-20에서 이 관의 입구단면에서의 압력은 0.68bar이다. 그리고 이 구부러진 관의 체적이 $0.08\mathrm{m}^3$일 때, 관에 작용하는 힘은 얼마인가?

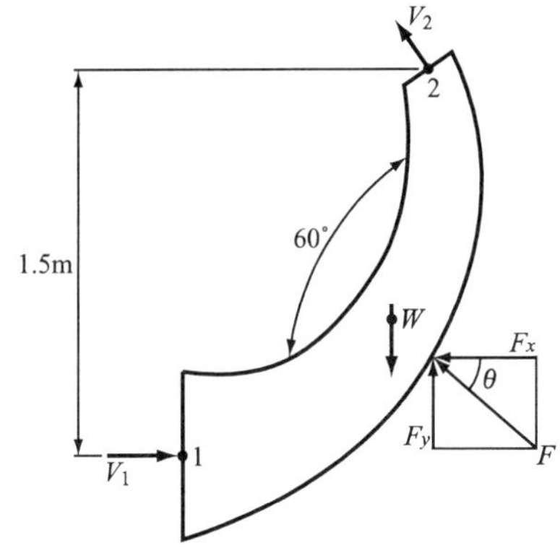

[그림 4-20]

Chapter 5

내부 유동

5-1 평행평판사이의 유동

5-2 원형관 내의 층류유동(Hagen-Poiseuille의 법칙)

5-3 직관의 관마찰계수

5-4 부차적 손실

Chapter 5 내부 유동

5.1 평행평판사이의 유동

(1) 두 평판이 고정된 경우

그림 5-1에서 보는 바와 같이 거리 h만큼 떨어져 있는 두 무한 평행판사이를 비압축성 점성유체가 층류의 상태로 유동하는 경우를 고려해 보자. 여기서 유동은 2차원 정상유동으로 한다. 벽면을 따라 유동하는 방향을 x축으로하고 수직방향은 y축으로 한다.

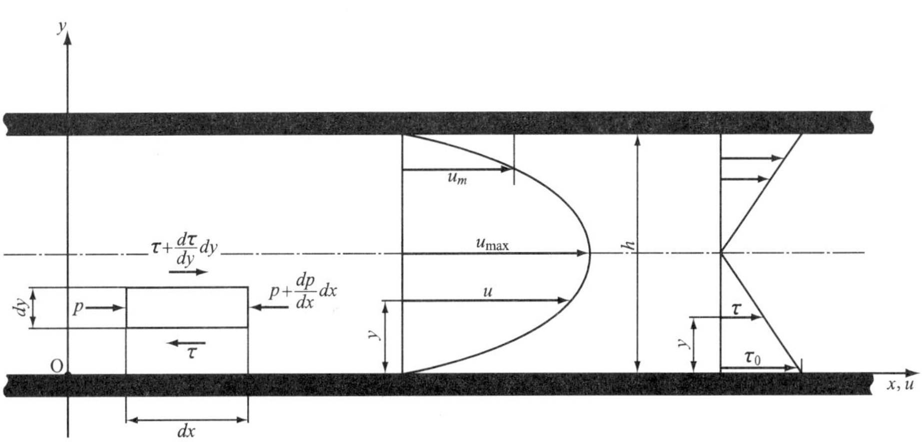

[그림 5-1] 평행평판사이의 유동

그림 5-1에서 x방향으로 작용하는 모든 힘은 0이 되므로

$$pdy - (p + pdp)dy + (\tau + d\tau)dx - \tau dx = 0$$

$$-dpdy + d\tau dx = 0$$

즉

$$\frac{dp}{dx} = \frac{d\tau}{dy} \tag{5-1}$$

여기서 $\tau = \mu \dfrac{du}{dy}$ 이므로 식(5-1)에 대입하면

$$\frac{dp}{dx} = \frac{d}{dy}\left(\mu \frac{du}{dy}\right) \tag{5-2}$$

완전히 발달된 유동이기 때문에 속도는 x방향으로는 변화하지 않으며, y방향에 따라서만 변화한다. 즉 $u = u(y)$ 이며 y방향과 z방향으로 속도성분은 없다. 따라서 식(5-2)를 y에 대해 적분하면

$$\frac{dp}{dx} y = \mu \frac{du}{dy} + C_1 \tag{5-3}$$

$$\frac{dp}{dx}\frac{y^2}{2} = \mu u + C_1 y + C_2 \tag{5-4}$$

주어진 유동에서 벽면 상에서의 유동은 0이 된다. 즉 경계조건은

$$y = 0 \text{에서} \quad u = 0$$

$$y = h \text{에서} \quad u = 0$$

로 쓸 수 있다. 상기 경계조건을 대입하여 정리하면 다음과 같다.

$$u = -\frac{1}{2\mu}\frac{dp}{dx}(hy - y^2) \tag{5-5}$$

단위 폭당 유량 q는 다음과 같다.

$$q = \int_0^h u dy = -\frac{1}{12\mu}\frac{dp}{dx}h^3 \tag{5-6}$$

여기서 dp/dx는 유동방향의 압력구배로서 y축에는 무관계한 값이다.

평판사이의 중앙, 즉 $y = h/2$에서의 속도를 $u_{\max}$라고 하면

$$u_{\max} = -\frac{1}{8\mu}\frac{dp}{dx}h^2 \tag{5-7}$$

이고, 평균속도를 u_m이라고 하면

$$u_m = \frac{q}{h} = -\frac{1}{12\mu}\frac{dp}{dx}h^2 \tag{5-8}$$

가 된다. 따라서 식(5-7)과 식(5-8)로부터

$$u_m = \frac{2}{3}u_{\max} \tag{5-9}$$

의 관계를 얻는다. 또 식(5-5)를 y로 미분해서, $\tau = \mu du/dy$의 식에 대입하면

$$\tau = -\frac{dp}{dx}\left(\frac{h}{2} - y\right) \tag{5-10}$$

가 되고, 두평면간의 중강 $y = h/2$에서는 $\tau = 0$이 된다. 또 $y = 0$인 벽면에서의 전단응력을 τ_0라고 하면

$$\tau_0 = -\frac{h}{2}\frac{dp}{dx} \tag{5-11}$$

가 된다.

(2) 위쪽 판이 일정한 속도로 움직이는 경우

두 평행한 평판 중에 $y = 0$에서의 평판은 정지상태에 있고, $y = h$에서의

평판이 x방향으로 U의 일정한 속도로 이동하고 있는 경우에 속도분포와 유량을 알아보자.

식(5-4)에서 유동조건을 그림 5-2에 의해 고려하면

$$y = 0\text{에서} \quad u = 0$$

$$y = h\text{에서} \quad u = U$$

이다. 따라서 경계조건을 대입하여 정리하면 속도 u와 단위폭당 유량 q는 다음과 같다.

$$u = \frac{U}{h}y - \frac{1}{2\mu}\frac{dp}{dx}(hy - y^2) \tag{5-12}$$

$$q = \frac{Uh}{2} - \frac{h^3}{12\mu}\frac{dp}{dx} \tag{5-13}$$

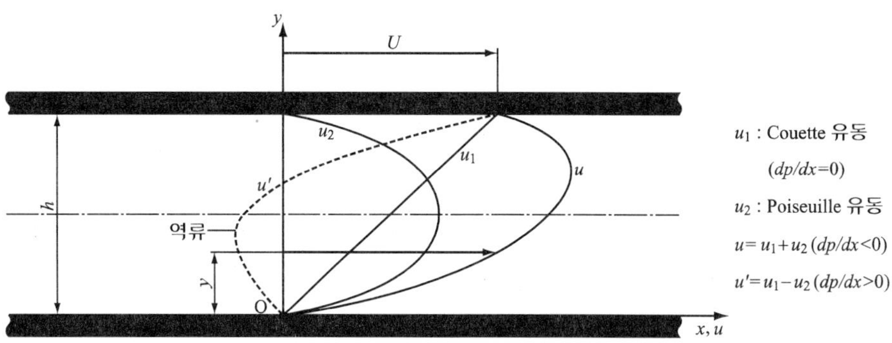

[그림 5-2] 평행평판사이의 유동(위쪽 판이 일정속도로 움직이는 경우)

몇가지 속도분포에 관한 그림이 그림 5-2에 나타나 있다. 여기서 $\frac{dp}{dx} > 0$이면 역류(reverse flow) 즉, 음의 x방향으로의 흐름이 일어날 수 있음에 유의해야 한다. 이러한 유동을 Couette 유동이라고 한다.

5.2 원형관 내의 층류유동

(Hagen-Poiseuille의 법칙)

반경 r_0인 원관 내를 비압축성 점성유체가 층류상태로 정상적으로 유동하는 경우를 고려해 보자.

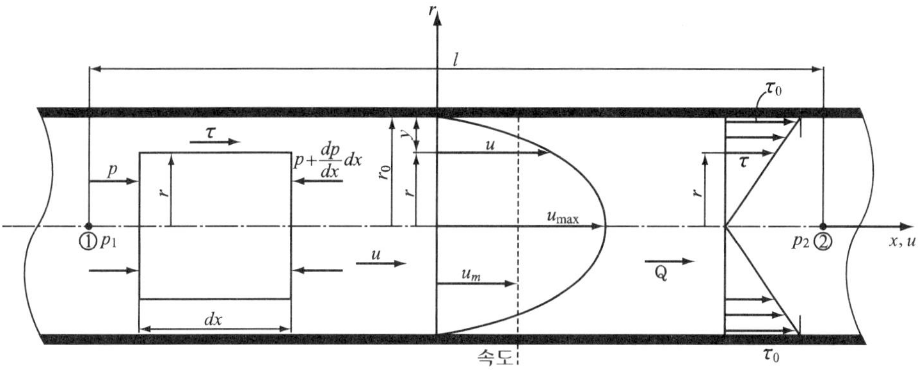

[그림 5-3] 원관 내의 층류

그림 5-3에서와 같이 수평관에서 중심선을 기준으로 실린더 형태의 물체를 고려할 때 압력강하에 의한 힘과 원주외주상의 전단응력에 의한 힘과의 유동방향의 평형식으로부터

$$\tau = -\frac{r}{2}\frac{dp}{dx}\left(\frac{dp}{dx} < 0\right) \tag{5-14}$$

를 얻을 수 있다. x방향의 2점간 거리를 l, 압력차 $p_1 - p_2 = \Delta p > 0$이라고 하면, 식(5-14)은 다음식으로 표현할 수 있다.

$$\tau = \frac{r}{2}\frac{\Delta p}{l} \tag{5-15}$$

반경 r_0에서의 관벽면상 전단응력을 τ_0라고 하면 식(5-14)을 적용하여

$$\tau_0 = -\frac{r_0}{2}\frac{dp}{dx} \tag{5-16}$$

과 같다. 또 관중심 $r=0$에서는 $\tau=0$가 된다. 관의 축방향으로 수직한 단면상에서의 압력은 일정하므로 반경방향의 속도성분은 0이 된다. 따라서 식(5-14)에서의 dp/dx는 일정하므로 τ는 관중심($r=0$)에서 관벽을 향하여 직선적으로 증가하게 되고, 그 분포는 그림 5-3에서 나타난 바와 같다. 다음에 관내를 층류의 상태로 유동할 때 속도분포를 구하는 경우, 뉴톤의 점성법칙 $\tau=\mu du/dy$를 사용하지만, y 대신에 r을 적용하면, y와 r은 반대방향이므로 $y=r_0-r$에 의해 $dy=-dr$의 관계가 된다.

$$\tau = -\mu\frac{du}{dr} \tag{5-17}$$

식(5-14)과 식(5-17)로부터 다음과 같이 쓸 수 있다.

$$\mu\frac{du}{dr} = \frac{r}{2}\frac{dp}{dx} \tag{5-18}$$

즉

$$\frac{du}{dr} = \frac{r}{2\mu}\frac{dp}{dx} \tag{5-19}$$

식(5-19)에서 μ는 일정하므로 r에 대하여 적분하면

$$u = \frac{r^2}{4\mu}\frac{dp}{dx} + C \tag{5-20}$$

적분상수 C를 구하기 위해, 벽면에서의 속도가 0이 되는 경계조건, 즉 $r=r_0$에서 $u=0$을 대입시키면

$$C = -\frac{r_0^2}{4\mu}\frac{dp}{dx} \tag{5-21}$$

따라서 식(5-20)는 다음과 같게 된다.

$$u = -\frac{1}{4\mu}\frac{dp}{dx}(r_0^2 - r^2) \tag{5-22}$$

식(5-22)에서 알 수 있듯이 층류속도분포는 $r=0$을 정점으로 하여 2차원적으로는 그림 5-3에서와 같이 포물선으로 표현되고, 3차원 입체적으로는 포탄의 앞부분과 같이 회전방사형물체의 형상으로 나타나는 것을 알 수 있다.

$r=0$에서 속도는 최대, $u_{\max}$가 되고 다음 식으로 표현된다.

$$u_{\max} = -\frac{r_0^2}{4\mu}\frac{dp}{dx} \tag{5-23}$$

또 평균속도 u_m은

$$u_m = \frac{Q}{\pi r_0^2} = -\frac{r_0^2}{8\mu}\frac{dp}{dx} \tag{5-24}$$

가 되므로, 식(5-23)과 (5-24)로부터 다음의 관계를 갖는다.

$$u_m = \frac{1}{2}u_{\max} \tag{5-25}$$

원관 내를 흐르는 유량을 구하기 위해 미소유량 dQ는

$$\begin{aligned} dQ &= -\frac{1}{4\mu}\frac{dp}{dx}(r_0^2 - r^2)2\pi r dr \\ &= -\frac{\pi}{2\mu}\frac{dp}{dx}(r_0^2 r - r^3)dr \end{aligned} \tag{5-26}$$

$$Q = \int_0^{r_0} 2\pi r u dr = -\frac{\pi}{2\mu}\frac{dp}{dx}\int_0^{r_0}(r_0^2 r - r^3)dr$$

$$\therefore \quad = -\frac{1}{8\mu}\frac{dp}{dx}\pi r_0^4 \tag{5-27}$$

상기식은 하겐 포아즈웰의 방정식(Hagen−Poiseuille equation)으로 알려져 있다. 하겐 포아즈웰의 방정식은 층류유동에만 해당하는 식이므로 레이놀즈수를 계산한 후 적용여부를 판단해야 한다.

또 2점 ①과 ②사이의 거리 l 에서의 압력차를 $p_2 - p_1 = \Delta p$, 관직경을 $d = (2r_0)$라고 하면 식(5−27)은

$$Q = \frac{\pi r_0^4}{8\mu}\frac{\Delta p}{l} = \frac{\pi d^4}{128\mu}\frac{\Delta p}{l} \tag{5-28}$$

가 되고, 이로부터

$$\Delta p = \frac{128\mu l Q}{\pi d^4} = \frac{32\mu l u_m}{d^2} \tag{5-29}$$

식(5−29)는 단위질량당 에너지를 수두의 단위 h로 표현하면

$$h = \frac{\Delta p}{\rho g} = \frac{32\mu l u_m}{\rho g d^2} \tag{5-30}$$

이들 식(5−28), (5−29), (5−30)또한 전부 하겐포아즈웰의 식이라고도 한다. 이들 식에서 주요한 점은 압력강하 Δp와 유량 Q를 실험적으로 구하면 유체의 점성 μ를 이들 식으로부터 구할 수 있다는 것이다.

예제 5-1

간극 $h = 2\text{mm}$ 인 두개의 평행평판 사이에, 점도 $\mu = 1.14\ \text{mPa}\cdot\text{s}$ 의 물(밀

도 $\rho = 999.1\,\mathrm{kg/m^3}$)이 가득 차 있다. 그림 5-2에서와 같이 한쪽판을 고정하고, 또 다른 판을 $U = 2\mathrm{m/s}$ 로 움직일 때 2평면사이에 작용하는 전단력 τ는 얼마인가? 단 두평판 사이의 속도분포는 직선적, 즉 Couette 유동으로 생각한다.

풀이

두 평판사이의 속도분포는 직선적이므로 즉 Couette 유동은 식(5-12)에서 우변의 제2항은 0이 되므로, 속도 u의 분포는

$$u = \frac{U}{h}y$$

상기식을 y로 미분하면, $du/dy = U/h$가 되고, 이것을 점성법칙의 식 $\tau = \mu du/dy$에 대입하면

$$\tau = \frac{\mu U}{h}$$

위식에 $\mu = 1.14 \times 10^{-3}\mathrm{Pa \cdot s}$, $U = 2\mathrm{m/s}$, $h = 2 \times 10^{-3}\mathrm{m}$를 대입하면

$$\tau = \frac{1.14 \times 10^{-3} \times 2}{2 \times 10^{-3}} = 1.14\mathrm{Pa}$$

예제 5-2

내경 $d = 60\mathrm{mm}$, 길이 $l = 400\mathrm{m}$인 수평관로 내를 비중 $s = 0.85$인 원유가 유량 $Q = 0.120\mathrm{m^3/min}$의 비율로 흐르고 있다. 관로에서 압력강하가 $\Delta p = 250\mathrm{kPa}$일 때 이 원유의 점도 μ를 구하라.

풀이

유동이 층류라고 가정하면 하겐 포아즈웰의 식(5-29)를 사용할 수 있다.

$$\Delta p = \frac{128\mu l Q}{\pi d^4}$$

위식을 μ에 대해 다시 정리하면 다음과 같다.

$$\mu = \frac{\Delta p(\pi d^4)}{128 l Q}$$

여기서 $\Delta p = 250 \times 10^{-3}\text{Pa}$, $d = 60 \times 10^{-3}\text{m}$, $l = 400\text{m}$, $Q = 0.120/60\ \text{m}^3/\text{s}$ 을 위식에 대입하면

$$\mu = \frac{250 \times 10^3 \times \pi \times (60 \times 10^{-3})^4 \times 60}{128 \times 400 \times 0.120} = 0.099\,\text{Pa} \cdot \text{s}$$

그리고 레이놀즈수 $Re = u_m d/\nu$를 계산하여, 이 유동이 층류인가를 확인하여야 한다. $u_m = 4Q/\pi d^2$, $\nu = \mu/\rho$이므로, Re는

$$Re = \frac{4Q\rho}{\pi d \mu}$$

가 되고, $Q = 0.120/60\ \text{m}^3/\text{s}$, $\rho = s \times 10^3 = 850\,\text{kg/m}^3$, $d = 60 \times 10^{-3}\text{m}$, $\mu = 0.099\,\text{Pa} \cdot \text{s}$ 을 상기 레이놀즈식에 대입하면

$$Re = \frac{4 \times 0.12 \times 850}{60 \times 10^{-3} \times 0.099 \times 60 \times \pi} = \frac{408}{1.120} = 364.3$$

가 되고, 임계 레이놀즈수 2320보다 작으므로 층류이다.

5.3 직관의 관마찰계수

(1) 원관의 관마찰

유체의 점성으로 인하여 관 및 수로에 유체가 흐를 때 유체입자사이에는 마찰이 발생하게 된다. 이로 인해 유체의 운동에너지가 열에너지로 변환되면서 에너지손실이 발생하게 된다. 그림 5-4에서와 같이 내경 d인 원활한 원관 내를 밀도 ρ인 비압축성 유체가 평균속도 v로 정상유동하는 경우, 관축 길이 l만큼 떨어진 2점의 압력을 p_1, p_2라 할 때, 베르누이 방정식을 적용하면

$$\frac{p_1}{\gamma} + \frac{v_1^2}{2g} + z_1 = \frac{p_2}{\gamma} + \frac{v_2^2}{2g} + z_2 + h \tag{5-31}$$

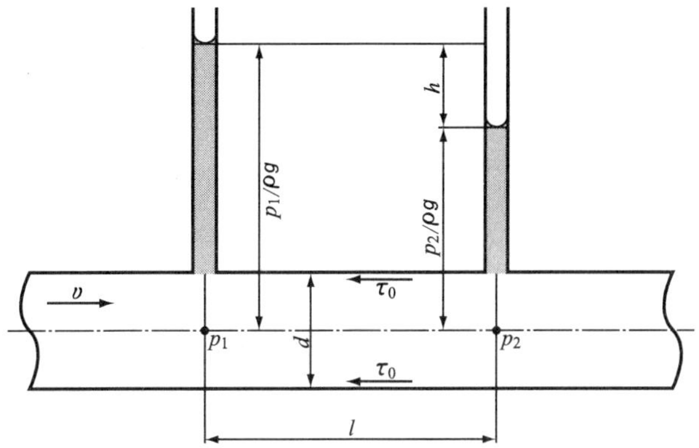

[그림 5-4] 관마찰손실

여기서 h는 유체가 흐를 때 발생되는 마찰손실이다. 그림 5-8과 같이 길고 곧은 원관 속의 물에 대한 유동실험에 의하면 마찰손실의 크기는 근사적으로 속도수두와 관의 길이에 비례하며 관직경에 비례함을 알 수 있다.

달시(Darcy)와 바이스바흐(Weisbach)는 비례상수로 관마찰계수(friction factor) λ를 사용하여 손실수두에 대해 다음과 같은 식을 이끌어 냈다.

$$h = \frac{\Delta p}{\rho g} = \lambda \frac{l}{d}\frac{v^2}{2g} \tag{5-32}$$

식(5-32)는 달시-바이스바흐의 식이라고 하고 층류 및 난류 모두에 적용된다.

(2) 매끈한 원관의 마찰계수

① 층류의 경우

원관 내의 유동이 층류인 경우에는 2점간 거리 l에 있어서 압력손실 Δp는 하겐 포아즈웰의 방정식(Hagen-Poiseuille equation) 식(5-29)로 표현할 수 있으므로, 이것과 식(5-32)로부터 얻어지는 $\Delta p = \lambda \frac{d}{l} \frac{\rho v^2}{2}$와 같게 두면

$$\lambda \frac{d}{l} \frac{\rho v^2}{2} = \frac{32 \mu l v}{d^2}$$

$$\therefore \lambda = \frac{64\mu}{\rho v d} = \frac{64\nu}{vd} = \frac{64}{Re} \tag{5-33}$$

따라서 층류의 경우 관마찰계수는 레이놀즈수만의 함수임을 알 수 있다.

② 난류의 경우

난류의 관마찰계수 λ는 매우 복잡하여 충분히 설명되지는 않는다. 따라서 층류처럼 λ의 이론식은 없고, 실험식으로 주로 사용하며, 자주 사용하는 식으로 다음과 같은 식을 나타낸다.

$Re = 3 \times 10^3 \sim 10^5$에 있어서

$$\lambda = 0.316 Re^{-1/4} \tag{5-34}$$

이 식을 브라지우스의 저항공식(Blasius' resistance formula)라고 한다.

(3) 조면(粗面)원관의 관마찰계수

유동이 층류인 경우에는 벽면의 조도에는 무관계하다고 할 수 있지만 난류의 경우 λ는 레이놀즈수 및 상대조도 ϵ/d의 함수가 되고, ϵ/d가 클수록 λ는 크게 된다. 또 레이놀즈수가 충분히 큰 경우의 λ는 레이놀즈에 무관계하고 ϵ/d만의 함수가 된다.

실제 실용되는 각종 재질의 원관의 관마찰계수를 근사적으로 얻을 수 있는 식으로서 콜부룩(Colebrook)의 식이 있는데 다음과 같다.

$$\frac{1}{\sqrt{\lambda}} = -2\log\left(\frac{\epsilon}{3.71d} + \frac{2.51}{Re\sqrt{\lambda}}\right) \qquad (5\text{-}35)$$

이외에도 λ에 관해서는 각종식이 있지만 실용적으로는 이들 식과 함께 작성한 선도, 즉 유명한 무디선도(Moody diagram)을 사용하는 것이 편리하다. 그림 5-5는 무디선도를 나타낸 것이다. 또 그림 5-6은 각종실용관의 관경 d에 대한 상대조도 ϵ/d을 나타낸 것이고, 그림 5-7은 니쿠라제(Nikuradse)가 원관 내에 여러 입자들을 관내에 붙여 실험한 결과, 상대조도(ϵ/d)가 마찰계수에 미치는 영향과 함께 각 조도에 대한 마찰계수와 레이놀즈수와의 관계를 도시하였다.

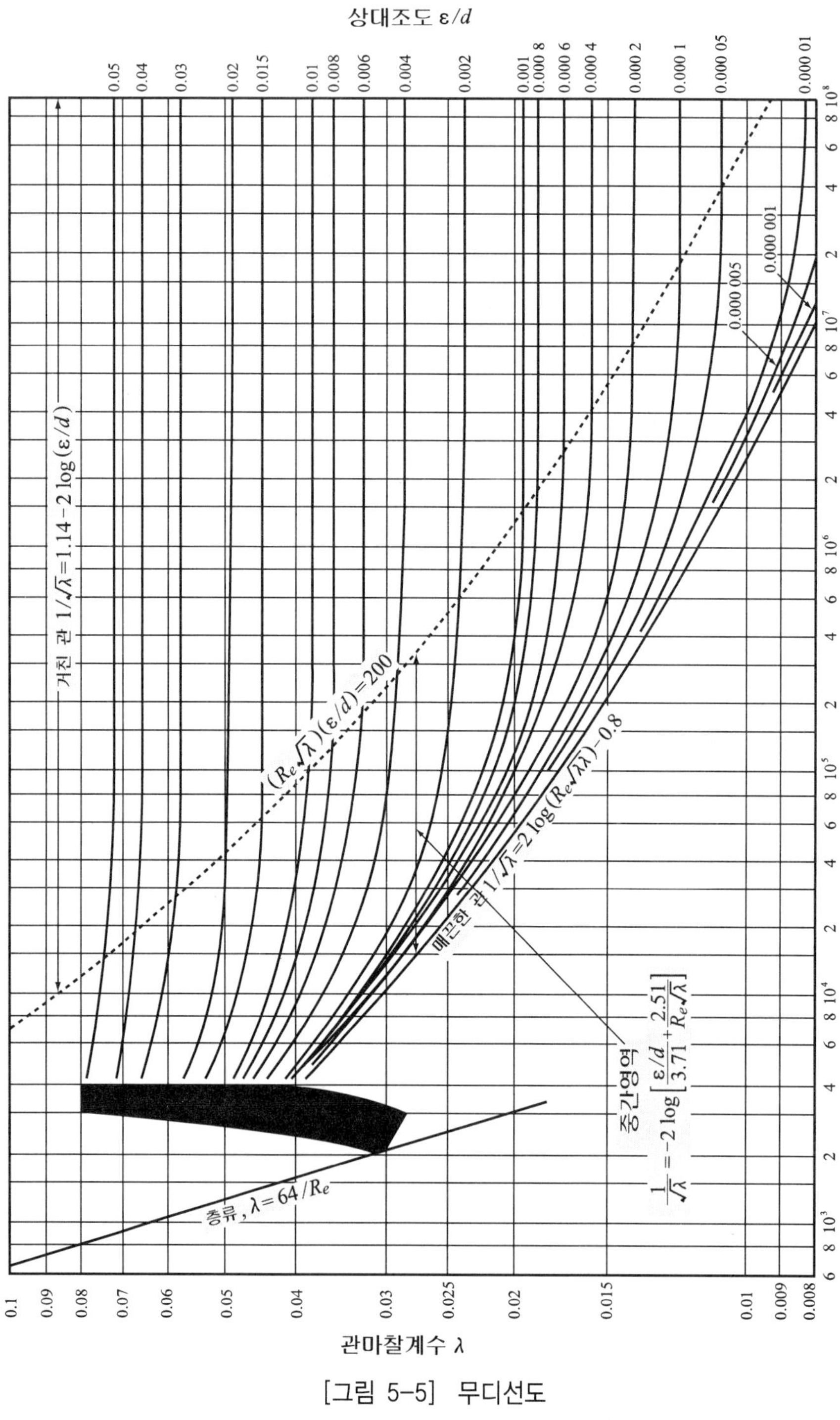
상대조도 ε/d
관마찰계수 λ
$R_e=vd/\nu$
거친 관 $1/\sqrt{\lambda}=1.14-2\log(\varepsilon/d)$
$(R_e\sqrt{\lambda})(\varepsilon/d)=200$
매끈한 관 $1/\sqrt{\lambda}=2\log(R_e\sqrt{\lambda})-0.8$
중간영역
$\frac{1}{\sqrt{\lambda}}=-2\log\left[\frac{\varepsilon/d}{3.71}+\frac{2.51}{R_e\sqrt{\lambda}}\right]$
층류, $\lambda=64/R_e$

[그림 5-5] 무디선도

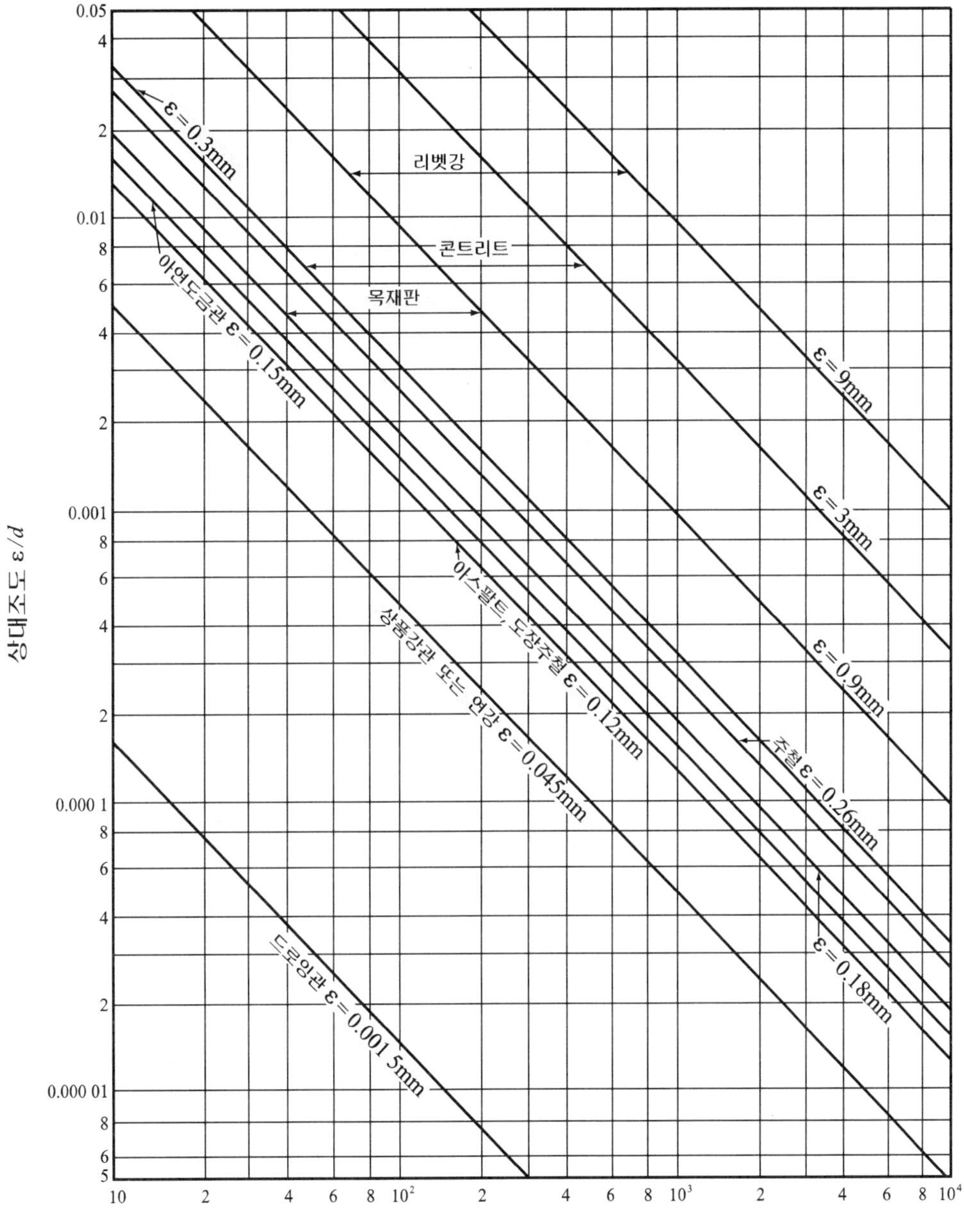

[그림 5-6] 실용관의 상대조도

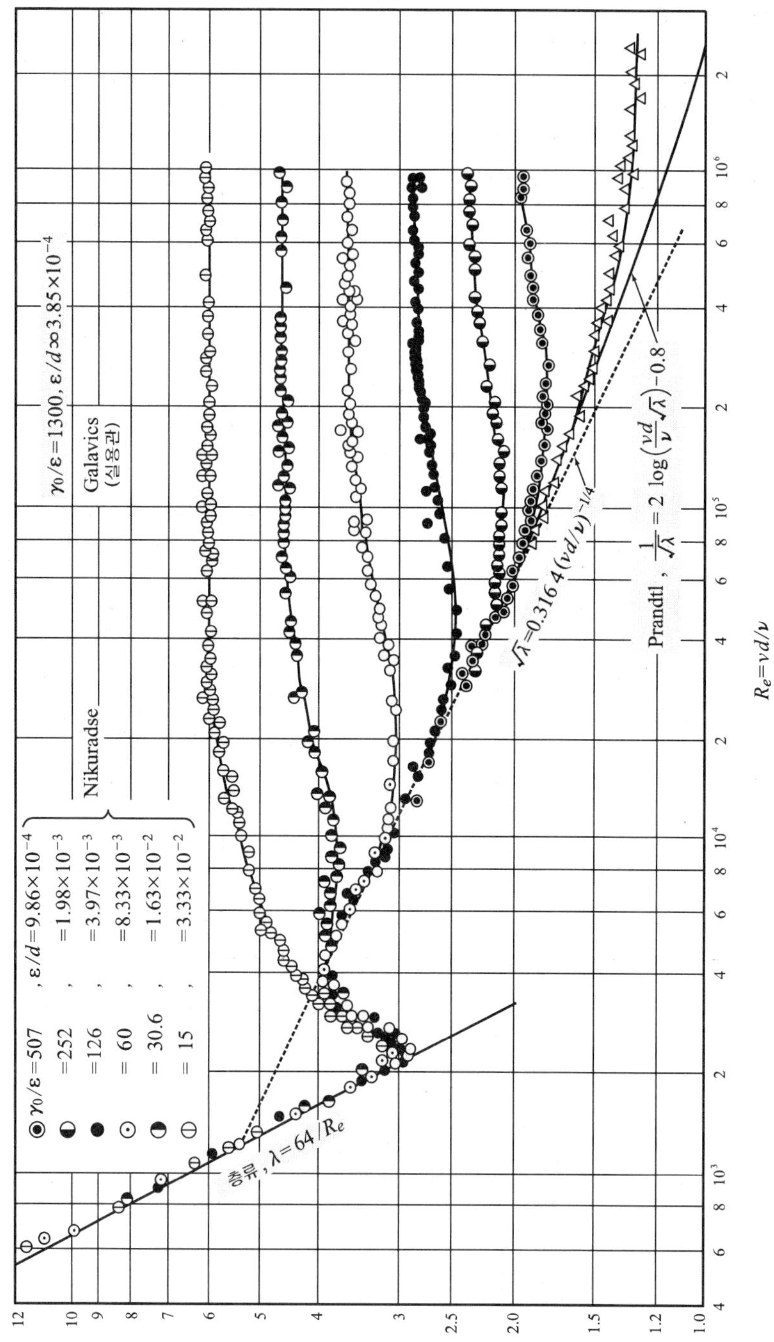

[그림 5-7] 조면원관의 마찰계수와 레이놀즈수와 의 관계

5.4 부차적 손실

관유동은 급격한 방향의 전환, 단면적의 변화, 그 밖의 연결부분 등을 통과함으로서 부차적인 손실이 발생한다. 이것은 박리(剝離)에 기인한다. 이 손실은 마찰에 의한 주손실에 비하면 작다. 그러나 경우에 따라서는 부차적 손실도 무시할 수 없는 경우가 종종 발생한다. 이 손실은 다음과 같이 표현된다.

$$h = K\frac{v^2}{2} \tag{5-36}$$

여기서 K는 손실계수(loss coefficient)라고 하며 각 경우에 대해 실험적으로 결정된다. 부차적 손실은 다음과 같이 표시할 수도 있다.

$$h = \lambda\frac{L_e}{D}\frac{v^2}{2} \tag{5-37}$$

(1) 급확대관에서의 손실

단면적이 갑자기 넓어지게 되면 속도가 감소하고, 에너지 손실을 가져오게 된다. 그림 5-8에서와 같이 1과 2에서의 급확대관에 의한 손실수두 h_L을 고려하여 베르누이방정식을 적용하면 다음과 같다.

$$\frac{p_1}{\gamma}\frac{+v_1^2}{2g} = \frac{p_2}{\gamma} + \frac{v_2^2}{2g} + h_L \tag{5-38}$$

$$\therefore\ h_L = \frac{v_1^2 - v_2^2}{2g} + \frac{p_1 - p_2}{\gamma} \tag{5-39}$$

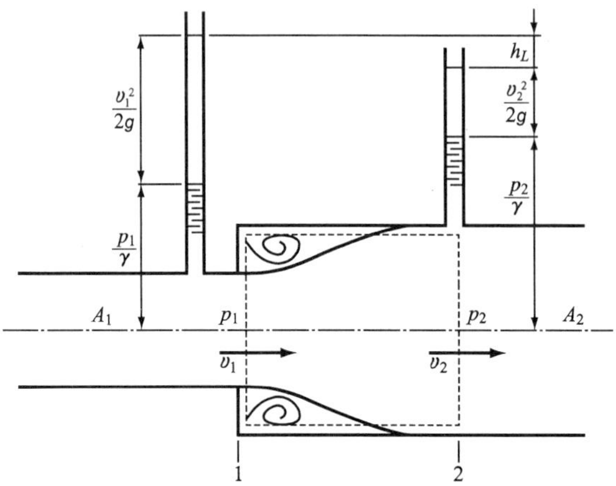

[그림 5-8] 급확대관에서의 손실수두

1과 2사이에서 운동량법칙을 적용하면 다음과 같다.

$$(p_1 - p_2)A_2 = \frac{\gamma Q}{g}(v_2 - v_1) \tag{5-40}$$

또 비압축성 유동일때 유량은 일정하므로 즉 $A_1 v_1 = A_2 v_2$이므로 위식은 다음과 같게 된다.

$$\frac{(p_1 - p_2)}{\gamma} = \frac{v_2(v_2 - v_1)}{g} \tag{5-41}$$

식(5-41)을 식(5-38)에 대입하여 정리하고 식(5-36)으로부터

$$h_L = \frac{v_1^2}{2g}\left(1 - \frac{A_1}{A_2}v_1\right)^2 = K\frac{v_1^2}{2g} \tag{5-42}$$

가 되고

$$K = \xi\left(1 - \frac{A_1}{A_2}\right)^2 \tag{5-43}$$

역시서 ξ는 수정계수로서 1에 가까운 값이 된다.

예제 5-3

단면적이 $A_1 = 800\text{cm}^2$ 에서 $A_2 = 1600\text{cm}^2$ 으로 급확대하고 있는 관로 내를 유량 $9\text{m}^3/\text{min}$ 의 물이 유동하고 있을 때의 손실수두 h는 얼마인가?

풀이

유량을 Q라고 하면 v_1은

$$v_1 = \frac{Q}{A_1}$$

여기서 $Q = 9\text{m}^3/\text{min} = 0.15\text{m}^3/\text{s}$,

$A_1 = 800\text{cm}^2 = 800 \times 10^{-4}\text{m}^2$을 위식에 대입하면

$$v_1 = \frac{0.15}{800 \times 10^{-4}} = 1.875\text{m/s}$$

따라서 단면적이 급확대할 때의 손실수두 h는 다음과 같다.

$$h = K\frac{v_1^2}{2g} = \left(1 - \frac{A_1}{A_2}\right)^2 \frac{v_1^2}{2g}$$

$$= \left(1 - \frac{800}{1600}\right)^2 \times \frac{1.875^2}{2 \times 9.8} = 0.448\text{m}$$

(2) 급축소관에서의 손실

관로의 단면적이 갑자기 작아지게 되면 그림 5-9와 같이 흐름은 변화시작점으로부터 박리가 일어나 관로의 면적이 A_1에서 A_c로 수축하여 유로가 작아지는 오목한 부분이 형성된다. 이 과정에서 손실은 A_1에서 A_c로 수축할 때 손실보다 A_c에서 A_2로 확대되는 경우의 손실이 상당히 크다.

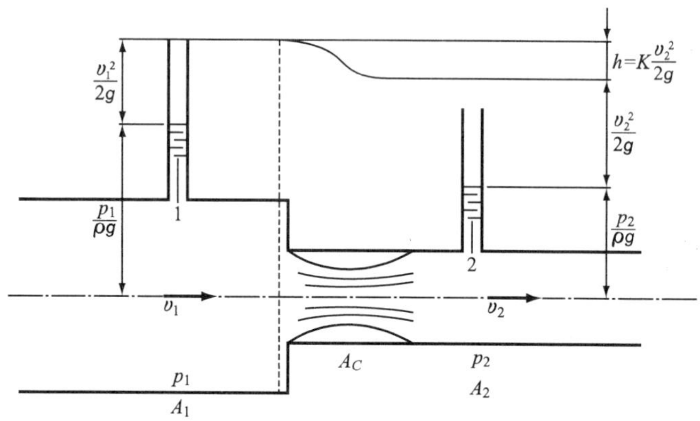

[그림 5-9] 급축소관에서의 손실수두

따라서 c단면과 2단면에서의 손실수두는

$$h_L = \frac{(v_c - v_2)^2}{2g} \tag{5-44}$$

가 되고 $A_c v_c = A_2 v_2$로부터

$$h_L = \left(1 - \frac{A_c}{A_2}\right)^2 \frac{v_c^2}{2g} \tag{5-45}$$

여기서 $\frac{A_c}{A_2} = C_c$라 하면, $V_c = \frac{A_c}{A_2} V_c$가 되므로

$$h_L = (1 - C_c)^2 \left(\frac{1}{C_c}\right)^2 \frac{v_2^2}{2g} = \left(\frac{1}{C_c} - 1\right)^2 \frac{v_2^2}{2g} = K \frac{v_2^2}{2g} \tag{5-46}$$

$$K = \left(\frac{1}{C_c} - 1\right)^2 \tag{5-47}$$

여기서 $C_c = A_c/A_2$를 축소 또는 수축계수라고 하며 두 관의 직경비에 따라 달라지게 된다는 것을 나타낸다. 표 5-1은 급축소부분에 대한 바이스바

흐의 실험결과에 따른 C_c의 값과 K의 값을 나타낸 것이다.

[표 5-1] 급축소관의 수축계수

A_2/A_1	0.1	0.2	0.3	0.4	0.5	0.6	0.7	0.8	0.9	1.0
C_c	0.61	0.62	0.63	0.65	0.67	0.70	0.73	0.77	0.84	1.0
K	0.41	0.38	0.34	0.29	0.24	0.18	0.14	0.089	0.036	0

(3) 입구 및 출구에 따른 손실수두

큰 용기나 수조 등으로부터 관수로 내에 유체가 유입될 경우, 흐름은 입구에서 갑자기 수축하고 아주 작은 속도에서 시작하여 관속으로 점차 가속되며, 그 가속의 크기에 따라 손실수두의 양이 정해진다. 이와 같은 유입에 의한 손실수두는

$$h_L = K\frac{v^2}{2g} \tag{5-48}$$

여기서 K는 유입손실계수이며 그림 5-10에서와 같이 관입구의 형상에 따라 각각 다른 값을 갖는다.

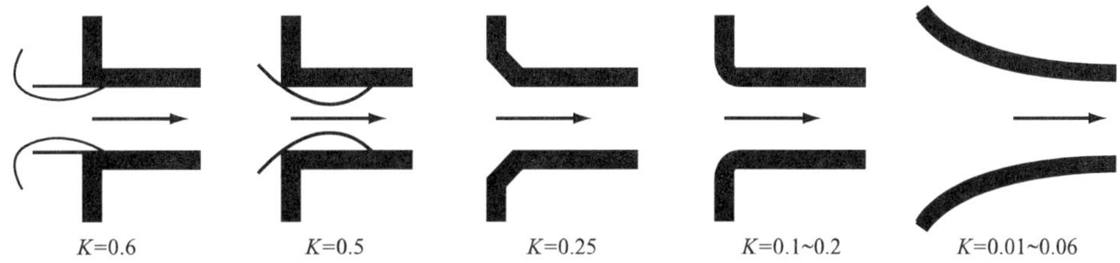

[그림 5-10] 관입구 형상과 유입손실계수

그림 5-11에는 관출구에서의 부차적 손실계수에 관한 몇 가지 예를 나타냈다. 이것은 출구손실을 감소시키는 것이 불가능하다는 것을 의미한다.

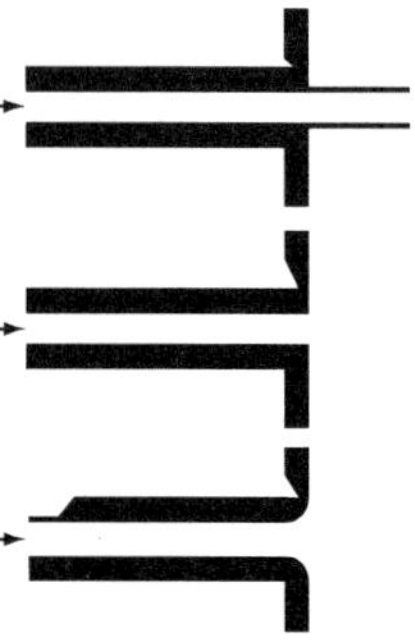

[그림 5-11] 관출구에서의 부차적 손실계수

(4) 곡관과 엘보우에 의한 손실수두

유체의 흐름이 바뀌는 곡관(bend)과 엘보우(elbow)는 그림 5-12에서와 같이 흐름의 관성에 의하여 벽면 안쪽에 박리가 일어나 손실이 발생하게 된다. 엘보우와 곡관의 손실계수를 구하는 데는 일반적으로 바이스바흐(Weisbach)의 식이 사용된다.

$$\text{엘보우의 손실계수 } K = 0.946\sin^2\frac{\theta}{2} + 2.05\sin^4\frac{\theta}{2} \qquad (5\text{-}49)$$

$$\text{곡관의 손실계수 } K = \left(0.131 + 0.1632\frac{d}{\rho}\right)^{3.5}\frac{\theta}{90^\circ} \qquad (5\text{-}50)$$

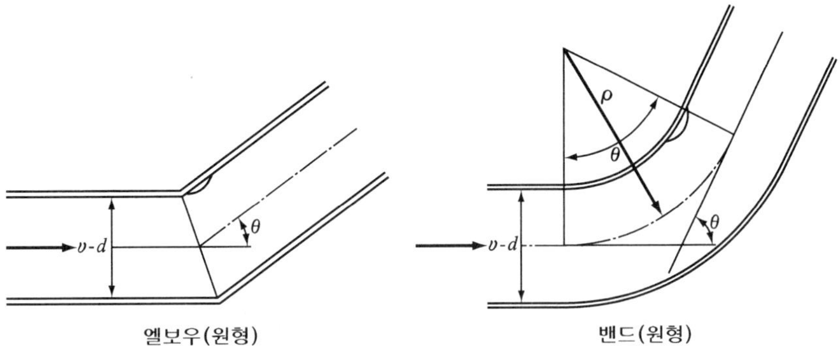

[그림 5-12] 엘보우와 곡관

(5) 밸브에 의한 손실수두

$$h = K\frac{v^2}{2g} \tag{5-51}$$

관로의 도중에 유량을 조절하기위해 여러 가지 밸브를 사용하게 된다. 이러한 밸브에서는 단면적의 변화 등으로 인하여 유동이 바뀌게 되어 에너지 손실이 발생한다. 밸브에 의한 손실은 밸브자체의 구조 및 개폐도 등에 따라 다르고, 식(5-51)로 표현된다. 표 5-2는 각종밸브에 따른 손실계수 K의 실험값을 나타낸 것이다.

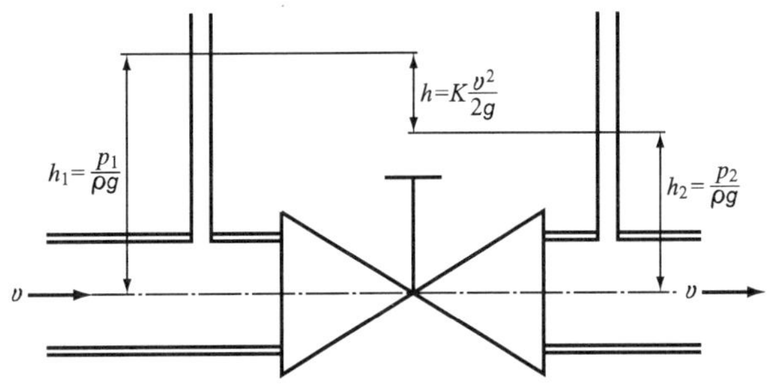

[그림 5-13] 밸브의 손실수두

[표 5-2] 각종밸브와 K

밸브의 종류	개폐도와 K									
슬루이스밸브	$\frac{s}{d}$	0/8	1/8	2/8	3/8	4/8	5/8	6/8	7/8	8/8
	K	∞	97.7	17.0	5.52	2.06	0.81	0.26	0.07	0
버터프라이 밸브	θ	90	80	70	60	50	40	30	20	10
	K	∞	∞	750	118	32.6	10.8	3.91	1.54	0.52
구형밸브	θ	80	65	60	50	40	30	20	10	0
	K	∞	486	206	52.6	17.3	5.47	1.56	0.29	0

(6) 관로의 총손실

전 장에서 점성을 고려하지 않은 베르누이 방정식과 그 응용에 대해 설명했지만, 그림 5-14에서 나타난 바와 같이 배관계에서, 점성을 갖는 실제 유체가 유동하는 경우를 생각해보자. ①-②사이를 유동하는 경우, 이제까지 서술한대로 각종 관내손실이 존재하므로, 이들의 총손실수두(head)를 H_l이라고 하면, 베르누이 방정식은 다음과 같게 된다.

$$\frac{v_1^2}{2g} + \frac{p_1}{\rho g} + z_1 = \frac{v_2^2}{2g} + \frac{p_2}{\rho g} + z_2 + H_l \tag{5-52}$$

이 식은 수정 베르누이 방정식(modified Bernoulli's equation)라고 불리고, 식(5-52)와 그림 5-14로부터 알 수 있듯이 하류측(오른쪽)의 전에너지 손실수두는 상류측(왼쪽)보다 H_l만큼 감소하게 된다.

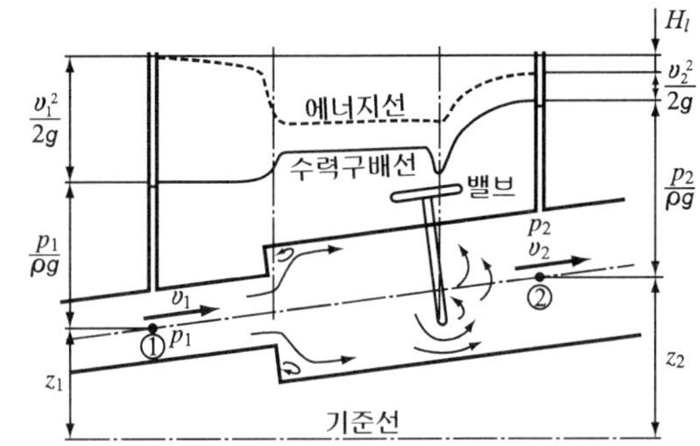

[그림 5-14]

그림 5-14에서 관로축을 통과하는 수직면내에서, 위치수두와 압력수두의 합을 관로를 따라 연결한 선을 수력구배선(hydraulic grade line)이라 하고, 수력구배선에 속도수두를 더한 전수두, 즉 $v^2/2g+p/\rho g+z$ 에 상당하는 높이를 연결한 선을 에너지 선(energy line)이라고 한다.

일반적으로 관로의 입구에서 출구까지에는, 관마찰 손실 이외에 입구손실, 출구손실, 곡관손실, 밸브손실 등이 있고, 이 들 총합을 관로의 총손실이라고 한다. 이 손실수두는 식(5-52)의 H_l에 상당하며, H_l은 다음식으로 표현할 수 있다.

$$H_l = \Sigma\lambda\frac{l}{d}\frac{v^2}{2g} + \Sigma K\frac{v^2}{2g} \tag{5-53}$$

여기서 λ, d, l, v는 각각의 관마찰계수, 관내경, 관길이, 관내평균속도이고, K는 마찰손실이외의 각각의 손실계수이다.

예제 5-4

그림 5-15에서와 같이 직경 100mm 인 관을 부착한 커다란 수조로부터 배수(排水)하고 있다. 수조표면 ①에서 관출구 ②까지의 유동손실수두가 6m 일 때, 관내

평균유속과 유량을 구하라.

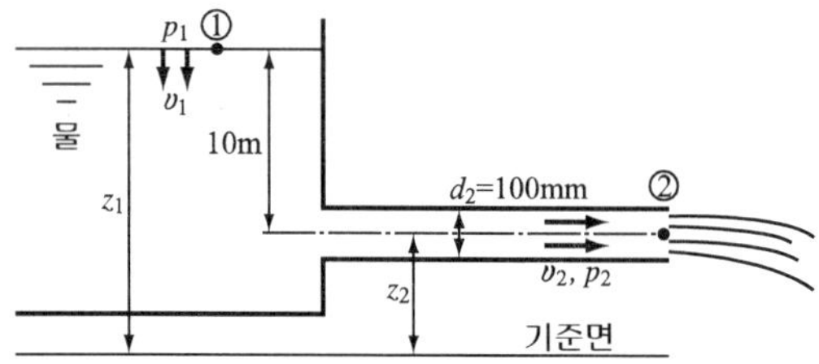

[그림 5-15]

풀이

①과 ②사이의 손실을 고려한 수정 베르누이 방정식을 적용하면

$$\frac{v_1^2}{2g}+\frac{p_1}{\rho g}+z_1=\frac{v_2^2}{2g}+\frac{p_2}{\rho g}+z_2+H_l$$

여기서, 첨자 1 및 2는 각각 그림의 ①과 ②에서의 값을 나타내고 있다. $z_1-z_2=10\text{m}$, $H_l=6\text{m}$ 이고, 수조 표면 및 관출구는 대기에 개방되어 있다고 생각하면 $p_1=p_2=$ 대기압 이고, 수조의 용적이 매우 크다고 하면 $v_1=0$ 라고 볼 수 있다. 따라서 위식은 다음과 같게 된다.

$$z_1=\frac{v_2^2}{2g}+z_2+H_l$$

로부터

$$v_2=\sqrt{2g(z_1-z_2-H_l)}=\sqrt{2\times 9.8\times(10-6)}=8.85\text{m/s}$$

또한, 유량 Q는

$$Q=A_2v_2=\frac{\pi\times 0.1^2\times 8.85}{4}=0.0695\text{m}^3/\text{s}$$

연습문제

1. 그림 5-16에 나타난 바와 같이 직경 $d = 50\,\mathrm{mm}$ 인 사이폰을 사용하여 유조(油槽)로부터 비중 $s = 0.82$ 인 기름을 배출한다. ①에서 ②, ②에서 ③까지의 유동손실수두를 각각 $H_{l1} = 1.5\mathrm{m}$, $H_{l2} = 2.4\mathrm{m}$ 라고 하면, 사이폰으로부터 배출되는 유량과 점 ②의 압력을 구하라.

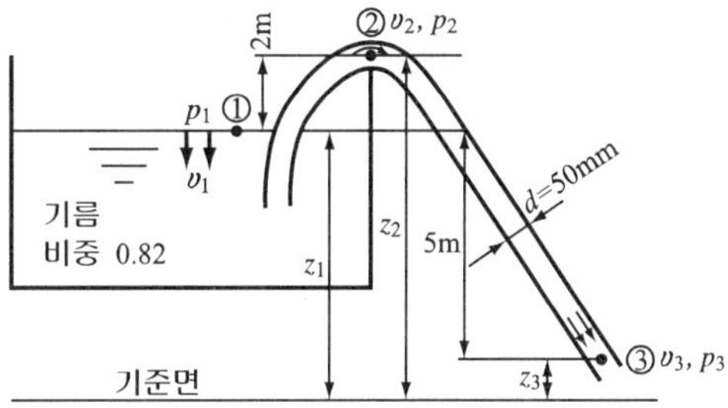

[그림 5-16]

2. 그림 5-17에서와 같이 직경이 다른 관으로 송수(送水)하고 있다. 단면 ①에서 유량과 압력이 각각 $v_1 = 2\mathrm{m/s}$, $p_1 = 300\mathrm{kPa}$ 이라고 할 때, 단면 ②에서의 유속 v_2 와 압력 p_2 를 구하시오. 단, ①-②사이의 유동손실수두 H_l을 3m 로 한다.

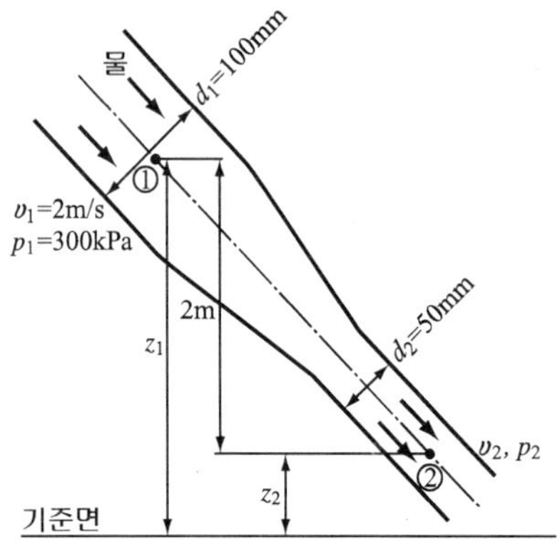

[그림 5-17]

3. 그림 5-18에서와 같이 내경이 일정한 관로에 있어서, 관로의 2점 ①과 ②에서의 압력은 각각 p_1, p_2 이다. 출구에 부착한 밸브를 닫고 유동을 완전히 멈출 때, $p_2 - p_1 = 30\text{kPa}$ 이고, 밸브를 열어 물을 유동시킬 때, $p_2 - p_1 = 20\text{kPa}$ 이다. 이 때 ①-②사이의 유동에 의한 손실수두 H_l을 구하라.

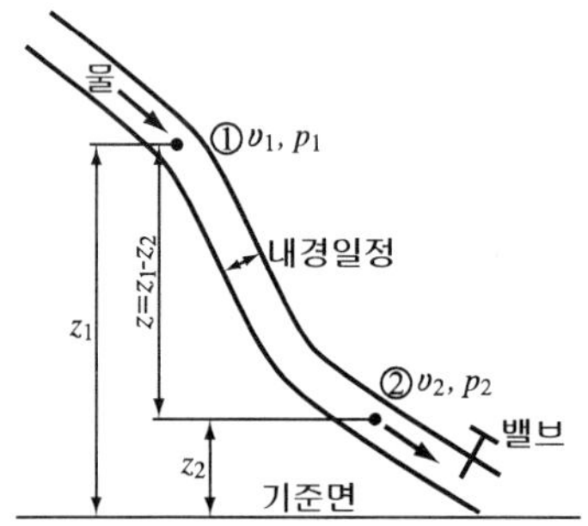

[그림 5-18]

4. 그림 5-19에서와 같이, 내경이 일정한 송수관로에서 ①, ②점의 압력계가 각각 300kPa, 150kPa 을 표시할 때, ①-②사이의 유동에 의한 손실수두 H_l을 구하라.

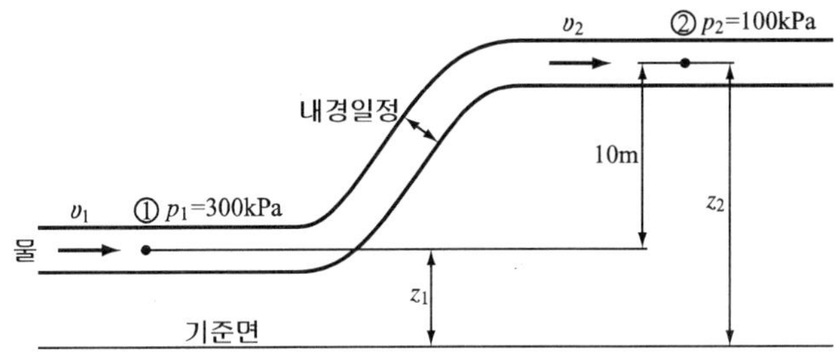

[그림 5-19]

5. 내경 0.2m , 길이 1100m 의 강철원관을 이용하여 $0.081\text{m}^3/\text{s}$ 의 물을 송수하는 경우에 원관의 마찰 손실수두는 얼마인가? 단 관마찰계수 $\lambda = 0.03$이다.

6. 단면적이 0.1m^2 에서 0.4m^2 으로 급격히 확대되는 관로에 $0.3\text{m}^3/\text{s}$ 의 물이 흐를 때, 손실수두를 구하시오.

7. 수평으로 놓인 직경 300mm 의 관이 20° 로 확대되어 직경 600mm 로 되었다. 수량이 $0.3\text{m}^3/\text{s}$ 로 유동할 때, 직경이 작은 쪽의 압력이 140kPa 이었다면 직경이 큰 쪽의 압력은 얼마인가? 단 관마찰손실은 무시한다.

Chapter 6

상사율과 차원해석

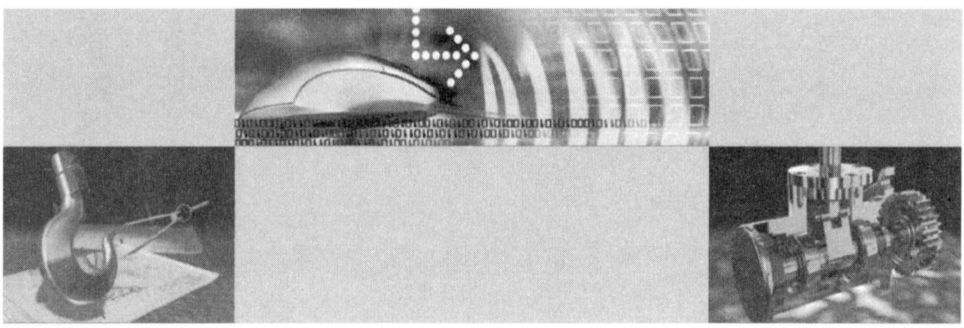

Chapter 6

상사율과 차원해석

유체문제를 해결하는 데는 크게 해석적 방법과 실험적 방법이 있다. 해석적 방법은 앞서 공부한 검사체적을 이용하여 검사체적과 주위와의 결과를 해석하는 "적분 해석방법"과 검사체적 내에 일어나는 현상을 파악할 수 있는 "미분해석방법"이 있다. 실험적 방법은 해석적 방법으로는 규명할 수 없는 현상 혹은 해석적 방법에 의한 결과의 확인 등과 같이 해석적 방법에 상호보완적으로 사용되는 방법이다.

지금까지 우리는 유체에 대해 주로 해석적인 관점에서 문제를 생각하고 관계식을 유도해 왔다. 그러나 이렇게 얻어진 관계식은 어떤 제한된 조건 하에서는 적용할 수 있지만, 어느 단계를 벗어나면 실제와는 많은 차이가 생기게 된다.

따라서 연구실이나 실험실 등에서의 모형실험의 결과는 실제 설계에 적용, 응용되고, 현재 각종 유체기계의 설계 및 항공기나 고속철도 등의 형상 설계에 큰 역할을 하고 있다. 더욱이 실험에 차원해석이나 상사율을 도입함으로서 실험에 필요한 시간을 대폭 경감할 수 있는 이점이 있고, 유체공학 상에 수반되는 여러 문제를 해결하는데 유용한 방법으로 자주 이용되고 있다. 즉 차원해석과 상사는 실험적 방법에 있어 시간과 비용을 최소화하고 물리적인 결과를 손상시키지 않는 한도에서 최소의 실험으로 최대의 정보를 얻고자하는데 목적이 있다.

6.1 상사율

유체역학에서 원형(prototype)은 구조물이나 기계 등의 실물을 말하고, 이 원형의 성능을 예측하기 위하여 실험을 목적으로 제작한 구조물이나 기계 등을 모형(model)이라고 한다. 모형을 사용한 실험은 실물의 성능을 추정하거나 설계에서의 응용 등에 매우 중요한 역할을 한다. 예를 들면 펌프, 수차, 자동차, 고속철도, 선박, 항공기, 댐 등에 대해서 실물을 적용한다면, 이들의 성능을 예측하기 위해서는 엄청난 비용과 노력, 시간이 필요하고 또 경우에 따라서는 불가능한 경우도 있다. 따라서 실물을 축소한 모형실험을 하게 되는 것이다. 이와 같은 경우에 있어서 모형과 실물사이에는 형상 및 유동에 대해 기하학적인 상사가 필요하다. 더욱이 모형과 실물주위의 유체의 속도 등이 운동학적으로 상사일 것과, 이들 물체에 작용하는 힘 등이 역학적으로 상사이어야 한다. 이와 같이 모형과 원형주위의 유동현상이 상사가 되는 것을 상사율(similitude)이라고 한다. 즉 상사율이란 넓은 의미에서 두 물리현상사이에 존재하는 모든 상사관계를 규정하는 법칙이라 할 수 있다. 그러므로 유체역학에서의 상사율이 성립하기위해서는 기하학적 상사(geometrical similarity), 운동학적 상사(kinematic similarity), 역학적 상사(dynamic similarity)가 성립해야 하는 것이다.

(1) 기하학적 상사

원형과 모형의 유동이 기하학적으로 상사한 경계면을 가질 때 두 유동을 기하학적 상사유동이라고 한다. 그러므로 기하학적 상사가 성립하는 두 유동 사이에는 설 대응하는 모든 길이의 비(比)가 일정한 값을 갖는다. 원형에는 첨자 p를 모형에는 첨자 m을 붙여서 나타내면 길이, 면적, 체적의 비는 다음과 같다.

$$\text{길이} : \frac{L_m}{L_p} = L_r \tag{6-1}$$

$$\text{면적} : \frac{L_m^2}{L_p^2} = L_r^2 \tag{6-2}$$

$$\text{체적} : \frac{L_m^3}{L_p^3} = L_r^3 \tag{6-3}$$

여기서 L_r을 선형비(length ratio)라 한다.

(2) 운동학적 상사

기하학적으로 상사인 두 유동계에서 운동학적 량 즉 변위, 속도, 가속도 등의 비가 같을 때 두 유동을 운동학적 상사유동이라고 한다. 시간의 비가 $T_m/T_p = T_r$이고 $V_p = L_p/T_p$, $V_m = L_m/T_m$일 때, 가속도 및 유체유량의 비는 다음과 같다.

$$\text{속 도} : \frac{V_m}{V_p} = \frac{L_m}{L_p}\frac{T_m^{-1}}{T_p^{-1}} = L_r T_r^{-1} \tag{6-4}$$

$$\text{가속도} : \frac{a_m}{a_p} = \frac{L_m}{L_p}\frac{T_m^{-2}}{T_p^{-2}} = L_r T_r^{-2} \tag{6-5}$$

$$\text{유 량} : \frac{Q_m}{Q_p} = \frac{L_m^3}{L_p^3}\frac{T_m^{-1}}{T_p^{-1}} = L_r^3 T_r^{-1} \tag{6-6}$$

(3) 역학적 상사

두 유동장에서 기하학적 상사와 운동학적 상사가 유지되고, 모든 대응점에 작용하는 결과력은 물론 힘의 방향이 같고 또 크기가 같을 때 두 유동을 상사유동이라 한다. 밀도의 비를 $\rho_m/\rho_p = \rho_r$로 나타낼 때 두 유동장에 작용하는 관성력의 비는

$$\frac{F_m}{F_p} = \frac{M_m}{M_p}\frac{a_m}{a_p} = \frac{\rho_m}{\rho_p}\frac{L_m^3}{L_p^3}\frac{L_m}{L_p}\frac{T_m^{-2}}{T_p^{-2}} = \rho_r L_r^4 T_r^{-2} \tag{6-7}$$

와 같이 된다. 역학적 상사에 관한 문제를 좀 더 구체적으로 알아보기 위하여 유동에 영향을 미치는 힘들을 알아보면 다음과 같다.

관성력 : $F_I = ma = (\rho L^3)(V^2/L) = \rho V^2 L^2$

점성력 : $F_\mu = \mu\left(\dfrac{du}{dy}\right)A = \mu(V/L)L^2 = \mu VL$

중　력 : $F_g = mg = (\rho L^3)g = \rho g L^3$

압축력 : $F_p = pA = pL^2$

탄성력 : $F_E = KA = KL^2$

표면장력 : $F_T = \sigma L$

원심력 : $F_w = ma = (\rho L^3)(Lw^2) = \rho L^4 w^2$

진동력 : $F_f = ma = (\rho L^3)(L/T^2) = \rho L^4 f^2$

상기 힘들의 비는, 모형실험과 실물에 있어서 역학적 상사가 성립하게 되는 것이다.

Reynolds수

$$Re = \frac{F_I}{F_\mu} = \frac{\rho V^2 L^2}{\mu VL} = \frac{\rho VL}{\mu} = \frac{VL}{\nu}$$

Froude수

$$Fr = \frac{F_I}{F_g} = \frac{\rho V^2 L^2}{\rho g L^3} = \frac{V^2}{gL} \quad \text{또는} \quad \frac{V}{\sqrt{gL}}$$

Eulers수

$$Eu = \frac{F_p}{F_I} = \frac{pL^2}{\rho V^2 L^2} = \frac{p}{\rho V^2}$$

Mach수

$$\frac{F_I}{F_E} = \frac{\rho V^2 L^2}{KL^3} = \frac{\rho V^2}{K} = \frac{V^2}{K/\rho} \quad \text{또는} \quad \frac{V}{C}$$

Webers수

$$W = \frac{F_I}{F_T} = \frac{\rho V^2 L^2}{\sigma L} = \frac{\rho V^2 L}{\sigma}$$

압력계수

$$C_p = \frac{F_P}{F_I} = \frac{pL^2}{\rho V^2 L^2} = \frac{p}{\rho V^2/2}$$

6.2 유동상태

많은 물리현상에는 시간, 속도, 길이 및 질량, 압력, 힘등의 물리량이 서로 관계하고 있고, 일반적으로 역학시스템에서는 질량 M, 길이 L, 시간 T, 3개의 기본단위을 사용하여 물리량을 나타낼 수 있다.

차원해석(dimensional analysis)은 물리적으로 의미를 갖는 등식에 있어서 각항의 단위차원은, 같은 차원이 아니면 안된다는 차원의 동차성(同次性)의 원리를 응용한 것이다. 예를 들면

$$A + B = C$$

의 식에서 A, B, C의 각항의 단위차원은, 차원의 동차성에 의해 반드시 같아야만 한다는 것이다. 따라서 차원해석은 유체의 제현상이 어떤 인자에 영향을 받는가를 파악하는데 유효한 수단이고, 문제로 하는 물리량과 인자간의 차원을 같게 함으로서, 현상에 대한 예측을 하는 방법이다. 특히 복잡한 현상을 해명하는 데는 유효한 수단이지만, 어디까지나 현상을 예측하는 방법이고 최종적으로는 실험으로서 확인 및 수정할 필요가 있다. 차원해석에는 주로 다음과 같은 두 가지 방법이 있다.

(1) Lord Rayleigh 방법

Lord Rayleigh 방법(Lord Rayleigh's method)은 주로 물리량이 적은 경우에 사용되고, 유체의 현상을 관계하는 물리량의 적(積)의 형태로 표현하는 방법이다. 표 6-1에 주요한 물리량의 기호, SI단위 및 MLT의 기본단위을 나타낸다.

[표 6-1] 물리량의 기호, SI단위 및 MLT의 기본단위

물리량	기호	MLT(차원)
길이	l	L
시간	t	T
질량	m	M
힘	F	ML/T^2
속도(선형)	v	L/T
가속도(선형)	a	L/T^2
면적	A	L^2
부피	V	L^3
압력	p	M/LT^2
밀도	ρ	M/L^3
중력가속도	g	L/T^2
점성계수	μ	M/LT
동점성계수	ν	L^2/T
표면장력	σ	M/T^2
각도	θ	No Dimensions
각속도	ω	$1/T$
각가속도	α	$1/T^2$
모멘트	T_0	ML^2/T^2
일, 에너지	$W,\ E$	ML^2/T^2
운동량(선형)	mV	ML/T
유량	Q	L^3/T
질량유량	$\dot{m}$	M/T
동력	P	ML^2/T^3
관성모멘트	I	ML^2

(2) Buckingham의 π정리

Buckingham의 π정리는 무차원량 π를 변수로 하는 무차원 방정식에 의해 물리현상을 설명하는 방법이다. 여기서 임의의 물리량에 대해 시간, 길이, 면적, 압력, 속도 등과 같은 n개의 물리량 q_1, q_2,……, q_n사이에는 다음과 같은 함수관계로 나타낼 수 있다.

$$f(q_1, q_2, \cdots\cdots q_n) = 0 \tag{6-8}$$

식(6-8)과 같이 n개의 변수가운데서 이들 물리량을 구성하는 기본단위 즉 질량 M, 길이 l, 시간 T등의 서로 차원이 다르고 기본차원을 포함하는 변수를 m개의 무차원 변수로 나타낼 수 있다. 무차원 변수를 π로 나타내면

$$\phi(\pi_1, \pi_2, \cdots\cdots, \pi_{n-m}) = 0 \tag{6-9}$$

또는

$$\pi_1 = f(\pi_2, \pi_3, \cdots\cdots, \pi_{n-m}) \tag{6-10}$$

과 같이 쓸 수 있다.

이들 식(6-9), (6-10)을 Buckingham의 π정리(Buckingham π-theorem)이라고 한다.

$$\pi_1 = q_1^{\alpha_1} q_2^{\beta_1} \cdots\cdots q_m^{\kappa_1} q_{m+1}$$

$$\pi_2 = q_1^{\alpha_2} q_2^{\beta_2} \cdots\cdots q_m^{\kappa_2} q_{m+2}$$

$$\cdots\cdots\cdots\cdots\cdots\cdots\cdots\cdots\cdots\cdots$$

$$\pi_{n-m} = q_1^{\alpha_{n-m}} q_2^{\beta_{n-m}} \cdots\cdots q_m^{\kappa_{n-m}} q_n$$

π의 값은 다음과 같은 형식으로 정한다.

① 반복변수 q_1, q_2, ……와 반복변수이외의 변수 q_i, q_j ……는 모두 물리량으로서 각 π마다 무차원이 되도록 우변의 지수를 결정한다.
② 반복변수 q_1, q_2, ……의 개수는 기본차원의 개수(주로 MLT의 3개)와 같게 잡는다.
③ 반복변수 q_1, q_2, ……는 다음과 같은 요령으로 정한다.

기하학적 상사를 비교하기 위해

$$q_1 = \text{길이 } l \text{ 또는 지름 } D$$

운동학적 상사를 비교하기 위해

$$q_2 = \text{속도 } V \text{ 또는 가속도 } a$$

역학적 상사를 비교하기 위해

$$q_3 = \text{액체의 밀도 } \rho \text{ 또는 비중량 } \gamma$$

예제 6-1

레이놀즈수 Re를 차원해석에 의해 유도하라.

풀이

레이놀즈수 Re는, 유속 v, 대표길이 l, 유체의 밀도 ρ, 점도 μ에 대한 물리량의 영향을 받는다고 생각할 수 있으므로, 무차원계수를 k라 하면

$$Re = kv^{\alpha} l^{\beta} \rho^{\gamma} \mu^{\delta} \quad (6-11)$$

양변의 차원을 비교하면, Re는 무차원량이므로

$$M^0 L^0 T^0 = (LT^{-1})^{\alpha} L^{\beta} (ML^{-3})^{\gamma} (ML^{-1}T^{-1})^{\delta}$$

차원의 동차성에 의해, 양변의 지수를 비교하면

$$M : 0 = \gamma + \delta$$

$$L : 0 = \alpha + \beta - 3\gamma - \delta$$

$$T : 0 = -\alpha - \delta$$

$$\therefore \alpha = -\delta, \beta = -\delta, \gamma = -\delta$$

상기 값을 식(6-11)에 대입하면

$$Re = kv^{-\delta}l^{-\delta}\rho^{-\delta}\mu^{\delta} = k\left(\frac{\rho vl}{\mu}\right)^{-\delta} \tag{6-12}$$

k와 δ의 값은 실험에 의해 구할 수 있지만, 여기서 $k=1$, $\delta=-1$로 하면

$$Re = \frac{\rho vl}{\mu} = \frac{vl}{\nu} \tag{6-13}$$

예제 6-2

유동 중에 있는 물체의 저항(항력) D의 실험식을 구하라. 단 D는 유체의 밀도 ρ, 속도 v, 물체의 단면적 A, 유체의 점성계수 μ에 관계한다.

풀이

이 경우 D의 실험식으로서

$$D = k\rho^{\alpha}v^{\beta}A^{\gamma}\mu^{\delta} \text{ (}k\text{는 무차원 상수)} \tag{6-14}$$

로 한다. 양변을 차원으로 표시하면

$$MLT^{-2} = (ML^{-3})^{\alpha}(LT^{-1})^{\beta}(L^2)^{\gamma}(ML^{-1}T^{-1})^{\delta}$$

$$= M^{\alpha+\delta}L^{-3\alpha+\beta+2\gamma-\delta}T^{-\beta-\delta}$$

차원의 동차성에 의해, 양변의 지수를 같게 두면

$$M : 1 = \alpha + \delta$$

$$L : 1 = -3\alpha + \beta + 2\gamma - \delta$$

$$T : -2 = -\beta - \delta$$

미지수는 넷이고 방정식은 셋이므로, α, β, γ를 δ로 표현하면

$$\alpha = 1 - \delta, \beta = 2 - \delta, \gamma = 1 - \frac{\delta}{2}$$

이들을 식(6-14)에 대입하면

$$D = k\rho^{1-\delta}v^{2-\delta}A^{1-(\delta/2)}\mu^{\delta} = k\rho v^2 A\left(\frac{\mu}{vA^{1/2}\rho}\right)^{\delta} \tag{6-15}$$

식(6-15)에서 괄호 내의 $A^{1/2}$는 길이의 차원을 갖고 있으므로, 물체의 기준 길이 l로 표현하면

$$D = k\rho v^2 A\left(\frac{\mu}{vl\rho}\right)^{\delta} \tag{6-16}$$

예제 6-3

선박이 움직일 때, 선수(船首)와 선미(船尾)로부터 파도가 일고, 선체의 저항증가가 발생한다. 파도에 의해 일어나는 저항을 조파저항이라고 한다. 여기서 조파저항 D의 실험식을 구하라. 단 D는 유체의 밀도 ρ, 선체의 배수체적 Q, 속도 v, 중력가속도 g에 관계한다.

풀이

$$D = k\rho^{\alpha} Q^{\beta} v^{\gamma} g^{\delta} \tag{6-17}$$

이 차원방정식은

$$MLT^{-2} = (ML^{-3})^{\alpha} L^{3\beta} (LT^{-1})^{\gamma} (LT^{-2})^{\delta}$$

$$= M^{\alpha} L^{-3\alpha+3\beta+\gamma+\delta} T^{-\gamma-2\delta}$$

차원의 동차성에 의해, 양변의 지수를 같게 두면

$$M : 1 = \alpha$$
$$L : 1 = -3\alpha + 3\beta + \gamma + \delta$$
$$T : -2 = -\gamma - 2\delta$$

α, β, γ를 δ의 함수로 구하면

$$\alpha = 1, \ \beta = \frac{2+\delta}{3}, \ \gamma = 2 - 2\delta$$

따라서, 최초의 식은

$$D = k\rho v^2 Q^{2/3}\left(\frac{Q^{1/3} g}{v^2}\right)^{\delta} \tag{6-18}$$

괄호내의 $Q^{1/3}$은 길이의 차원을 갖고 있으므로, 선박의 전장(全長) l로 둘 수 있다. 또 $Q^{2/3}$은 면적의 차원을 갖고 있으므로 침수 면적 S로 치환하면

$$D = k_1 \rho v^2 S \left(\frac{\sqrt{lg}}{v^2} \right)^{\delta} \tag{6-19}$$

여기서

$$v/\sqrt{lg} \tag{6-20}$$

는 무차원량으로 Froude수라고 한다.

예제 6-4

건공기 중의 음속 a를 차원해석에 의해 유도하라.

풀이

음속 a는 공기의 밀도 ρ와 체적탄성계수 K의 함수이므로, 무차원 계수를 k라 하면

$$a = k\rho^{\alpha} K^{\beta} \tag{6-21}$$

양변의 차원을 비교하면

$$M^0 L^1 T^{-1} = (ML^{-3})^{\alpha} (ML^{-1}T^{-2})^{\beta}$$

양변의 지수를 비교하면

$$M : 0 = \alpha + \beta$$

$$L : 1 = -3\alpha - \beta$$

$$T : -1 = -2\beta$$

$$\therefore \alpha = -\frac{1}{2}, \ \beta = -\frac{1}{2}$$

이들을 식(6-21)에 대입하면

$$a = k\rho^{\frac{1}{2}} K^{\frac{1}{2}} = k\sqrt{\frac{K}{\rho}} \tag{6-22}$$

k의 값은 실험에 의해 구할 수 있지만, 여기서 $k = 1$로 두면, 식(6-22)는 다음과 같게 된다.

$$a\sqrt{\frac{K}{\rho}} \tag{6-23}$$

예제 6-5

충분히 발달한 원관 내를 유체가 유동할 때, 마찰관에 의해 발생하는 압력손실 Δp의 차원해석을 Buckingham의 π정리를 사용하여 구하라.

풀이

마찰관에 의한 압력손실 Δp는 관내경 d, 관길이 l, 관벽 돌기의 높이 ϵ, 평균속도 v, 밀도 ρ, 점도 μ의 물리량에 좌우된다고 생각할 수 있다. 여기서 Δp는 압력구배 $\Delta p/l$에 의존한다고 하면, 물리량은 $n=6$, $m=3$이고 $n-m=3$이 된다. ρ, v, d를 반복변수로 하면 식(6-8), (6-10)에 의해

$$f\left(\rho, v, d, \frac{\Delta p}{l}, \epsilon, \mu\right)=0 \tag{6-24}$$

$$\pi_1 = f_1(\pi_2, \pi_3) \tag{6-25}$$

π_1, π_2, π_3는

$$\pi_1 = \rho^{\alpha_1} v^{\beta_1} d^{\gamma_1}\left(\frac{\Delta p}{l}\right) \tag{6-26}$$

$$\pi_2 = \rho^{\alpha_2} v^{\beta_2} d^{\gamma_2}\epsilon \tag{6-27}$$

$$\pi_3 = \rho^{\alpha_3} v^{\beta_3} d^{\gamma_3}\mu \tag{6-28}$$

좌변의 π는 무차원이므로, π_1에 대한 양변의 차원을 비교하면

$$M^0L^0T^0 = (ML^{-3})^{\alpha_1}(LT^{-1})^{\beta_1}(L)^{\gamma_1}(ML^{-2}T^{-2})$$

$$= M^{\alpha_1+1}L^{-3\alpha_1+\beta_1+\gamma_1-2}T^{-\beta_1-2}$$

차원의 동차성에 의해, 양변의 지수를 비교하면

$M: 0 = \alpha_1 + 1$

$L: 0 = 3\alpha_1 + \beta_1 + \gamma_1 - 2$

$T: 0 = -\beta_1 - 2$

$\therefore \alpha_1 = -1$, $\beta_1 = -2$, $\gamma_1 = 1$

이들을 식(6-26)에 대입하면

$$\pi_1 = \rho^1 v^{-2} d\left(\frac{\Delta p}{l}\right) = \frac{\Delta p}{l}\frac{d}{\rho v^2} \qquad (6\text{-}29)$$

π_2, π_3에 대해서도 마찬가지로, 각각의 지수를 구하면

$$\alpha_2 = 0\,,\ \beta_2 = 0\,,\ \gamma_2 = -1$$

$$\therefore\ \pi_2 = \rho^0 v^0 d^{-1}\epsilon = \frac{\epsilon}{d} \qquad (6\text{-}30)$$

$$\alpha_3 = -1\,,\ \beta_3 = -1\,,\ \gamma 3 = -1$$

$$\therefore\ \pi_3 = \rho^{-1} v^{-1} d^{-1}\mu = \frac{\mu}{\rho v d} = \frac{\nu}{v d} = \frac{1}{Re} \qquad (6\text{-}31)$$

따라서 식(6-25)에 의해

$$\pi_1 = \frac{\Delta p}{l}\frac{d}{\rho v^2} = f_1(\pi_2, \pi_3) = f_1\left(\frac{\epsilon}{d}, \frac{1}{Re}\right) \qquad (6\text{-}32)$$

실험에 의한 관마찰 계수 λ는, $f_1 = (\epsilon, d,\ 1/Re)$의 함수라는 사실을 알고 있으므로, $f_1 = \lambda/2$라고 하면

$$\Delta p = \lambda\frac{l}{d}\frac{\rho v^2}{2} \qquad (6\text{-}33)$$

이제, 압력손실수두(head)를 h라고 하면

$$h = \frac{\Delta p}{\rho g} = \lambda\frac{l}{d}\frac{v^2}{2g}$$

예제 6-6

공기의 유량을 측정하기 위하여 만든 벤튜리미터가 있다. 단면 1의 지름은 $d_1 = 1.5\,\mathrm{m}$, 단면 2의 지름은 $d_2 = 0.9\,\mathrm{m}$ 이다. $L_r = 1/12$ 의 모형 벤튜리미터를 만들어 물로 모형실험을 하고자 한다. 모형에 $Q = 0.07\,\mathrm{m^3/sec}$의 유량을 통과시킬 때 단면 1과 단면 2사이의 압력강하가 $172\,\mathrm{kPa}$ 이었다. 실형에 대응하는 유량과 압력강하를 계산하라. 공기의 물성은 0℃상태에서 변하지 않는다고 가정하고 물의 온도는 15℃이다.

풀이

$d_{1p} = 1.5\text{m}$, $d_{2p} = 0.9\,\text{m}$, $L_r = 1/12$ 이므로

$$d_{1m} = \frac{1.5}{12} = 0.125\,\text{m}$$

$$d_{2m} = \frac{0.9}{12} = 0.075\,\text{m}$$

$$Q_m = 0.07\,\text{m}^3/\text{sec}$$

$$V_{1m} = \frac{0.07}{(\pi/4)0.125^2} = 5.70\,\text{m/sec}$$

상사율이 성립하려면

$$(N_{Re})_m = (N_{Re})_p \tag{6-34}$$

공기와 물의 물성값은

$$\rho_p = 1.225\,\text{kg/m}^3$$

$$\mu_p = 1.789 \times 10^{-5}\,\text{Nsec/m}^2$$

$$\rho_m = 999.1\,\text{kg/m}^3$$

$$\mu_m = 1.140 \times 10^{-3}\,\text{Nsec/m}^2$$

따라서

$$\frac{(1.225)(1.5)\,V_{1p}}{1.789 \times 10^{-5}} = \frac{(999.1)(0.125)(5.70)}{1.140 \times 10^{-3}}$$

으로부터 $V_{1p} = 6.08\,\text{m/s}$

$$Q_p = \frac{\pi}{4}(1.5^2)(6.08) = 10.9\,\text{m}^3/\text{sec}$$

압력의 상사는 Euler수가 같아야 하므로

$$\left(\frac{\Delta p}{\rho V^2}\right)_p = \left(\frac{\Delta p}{\rho V^2}\right)_m \tag{6-35}$$

으로부터 실형에서의 압력강하는

$$\Delta p_p = \left(\frac{\rho_p}{\rho_m}\right)\left(\frac{V_p^2}{V_m^2}\right)\Delta p_m$$

$$= \left(\frac{1.225}{999.1}\right)\left(\frac{6.08}{5.70}\right)^2 (172) = 0.24\,\text{kPa}$$

예제 6-7

그림 6-1에서와 같이 비중 0.9인 기름을 송출하기 위하여 펌프를 제작하고자한다. 선형비 $L_r = 1/12$ 의 모형펌프를 실험한 결과 $0.416\,\text{kW}$ 의 동력이 소비되었다. 모형펌프는 15℃의 물을 사용하여 실험하였다. 기름의 점성계수와 실형펌프를 운전하는데 필요한 동력을 구하시오.

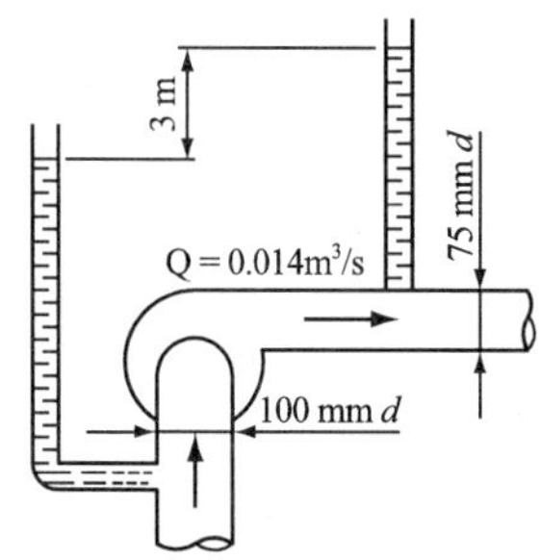

[그림 6-1]

풀이

펌프의 동력은 점성력과 중력이 크게 영향을 주므로 상사율이 성립하려면 Reynolds수와 Froude수가 같아야 한다.

15℃의 물의 점성계수는 $\mu_m = 1.140 \times 10^{-3}\,\text{Nsec/m}^2$, 밀도 $\rho_m = 999.1\,\text{kg/m}^3$, 비중 0.9의 기름의 밀도 $\rho_p = 899.2\,\text{kg/m}^3$ 그리고 75 mm 관에서의 유속은

$$V_m = \frac{0.014}{(\pi/4)(0.075)^2} = 3.2\,\text{m/s}$$

상사율로부터

$$N_{Re} = \frac{(999.1)(0.075)(3.2)}{1.40 \times 10^{-3}} = \frac{(899.2)(12 \times 0.075)\,V_p}{\mu_p} \qquad (6-36)$$

$$N_{Rr} = \frac{3.2}{\sqrt{(g)(0.075)}} = \frac{V_p}{(g)(12 \times 0.075)} \qquad (6-37)$$

식(6-36)과 식(6-37)로부터 μ_p 와 V_p 를 계산하면

$$\mu_p = 0.04\,\text{Nsec/m}^2,\quad V_p = 11.08\,\text{m/s}$$

따라서

$$Q_p = \frac{\pi}{4}(12 \times 0.075)^2(11.08) = 7.05\,\mathrm{m^3/sec}$$

$$P_p = \gamma QH = (0.9 \times 9798)(7.05)(3 \times 12)/1000 = 2238\,\mathrm{kW}$$

예제 6-8

유량 $3.8\,\mathrm{m^3/min}$, 양정 45m , 회전속도 1750rpm으로 회전하는 원심펌프가 있다. 만일 이 펌프를 같은 효율로 회전속도 1450rpm으로 회전할 때 유량과 양정은 얼마인가? 또 각각의 운전조건에서 동력을 계산하시오.

풀이

동일펌프를 회전수만 바꾸어 운전하므로 두 펌프는 상사율이 성립한다. 유량은 상사펌프에서 유량계수가 같아야 한다는 조건으로부터 계산할 수 있다. 1750으로 운전할 때의 조건을 첨자 1로, 1450rpm으로 운전할 때의 조건을 첨자 2로 표기하면

$$\frac{Q_1}{N_1 D_1^3} = \frac{Q_2}{N_2 D_2^3}$$

동일펌프이므로 $D_1 = D_2$, 따라서

$$Q_2 = Q_1 \frac{N_2}{N_1} = (3.8)\left(\frac{1450}{1750}\right) = 3.15\,\mathrm{m^3/min}$$

양정은 에너지계수가 같아야 한다는 조건으로부터 계산할 수 있다.

$$\frac{H_1 g}{N_1^2 D_1^2} = \frac{H_2 g}{N_2^2 D_2^2}, \quad D_1 = D_2 \text{ 로부터}$$

$$H_2 = H_1\left(\frac{N_2}{N_1}\right)^2 = (45)\left(\frac{1450}{1750}\right)^2 = 30.9\,\mathrm{m}$$

1750rpm으로 운전할 때의 수동력은

$$P_{W1} = \frac{9800 \times (3.8/60) \times 45}{1000} = 28\,\mathrm{kW}$$

1450rpm으로 운전할 때의 수동력은

$$P_{W2} = \frac{9800 \times (3.14/60) \times 30.9}{1000} = 15.8\,\mathrm{kW}$$

연습문제

1. 지름 812mm인 원관 속을 20℃, 760mmHg인 공기가 평균속도 180m/s로 흐르고 있다. 이 관 속의 흐름의 상태를 조사하기 위하여 지름 75mm인 모형을 이용하여 물을 흐르게 하려고 한다. 물의 평균속도를 얼마로 하면 되는가?

2. 20℃의 표준대기에서 $M=3$으로 날아갈 미사일을 1/10모형으로 만들어 −40℃의 풍동에서 모형실험을 한다. 실험에서 요구되는 속도는 얼마인가? 또 원형 미사일의 속도는 얼마인가?

3. 유량 $3.8\mathrm{m}^3/\mathrm{min}$, 양정 50m, 회전수 1800rpm으로 운전되는 원심펌프가 있다. 만일 이 펌프를 같은 효율로서 회전수를 1500rpm으로 바꾸어 운전할 때 유량과 양정은 얼마가 되는가? 또 각각의 운전조건에서 발생하는 동력은 얼마인가?

4. 대기 중을 30m/s로 날고 있는 비행기의 상태를 알기위해, 1/5의 크기로 모형을 제작하고, (a) 풍동실험을 하고 있는 경우, 풍동내의 모형에 대한 공기의 속도는 몇 m/s가 되겠는가? (b) 수조 내에서 실험하는 경우, 수조내의 모형에 대한 물의 속도는 몇 m/s가 되겠는가? 단, 공기 및 물의 동점성 계수는 각각 $0.15\mathrm{cm}^2/\mathrm{sec}$로 한다.

5. 전장(全長) 150m인 선박이 8.0m/s의 속도로 진행하려고 하는 경우 조파저항을 전장 3m의 모형을 사용하여 실험하기위해서는 모형의 속도는 몇 m/s로 해야 하는가?

6. 음속보다는 작은 속도로 날고 있는 항공기 주위의 기류상태를 알기위해서는, 1/30의 길이로 모형을 제작하고, 상사유동인 수조 중에 실험하였다. 모형인 위치의 압력이 수주 2000mm이면 실물에서 상당하는 위치의 압력은 수주 몇 mm로 되는가? 단 물과 공기의 점성계수의 비는 50:1, 밀도의 비는 800:1로 한다.

7. 뉴톤의 점성법칙에서 전단응력 τ의 차원을 유도하라.

8. 어떤 펌프가 2000rpm으로 회전하여 전양정 100m에 대해 0.25m^3/s 의 유량을 방출한다. 이것과 상사로서 회전차 바깥지름이 2배가 되는 펌프가 1500rpm으로 운전될 때 유량은 얼마나 되겠는가?

Chapter 7

물체주위의 유동

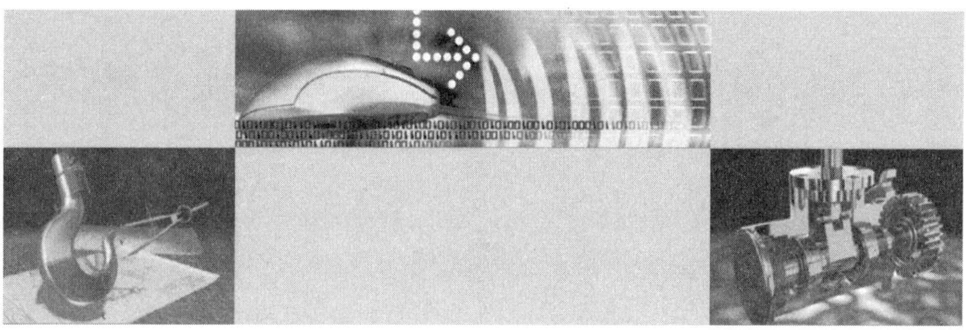

Chapter 7 물체주위의 유동

7.1 항력과 양력

유체에 잠겨있는 물체 즉 유동장 내에 있는 물체가 유체와 상대적으로 운동하는 경우에, 물체는 유체로부터 힘을 받게 된다. 이 힘은 물체표면에 작용하는 전단력과 압력에 의해 발생한다. 이 힘의 유동방향 성분을 항력(drag force) D 라 하고, 유동에 수작방향의 성분을 양력(lift force) L 이라고 한다. 그림 7-1에 항력과 양력을 좌표계를 통해 나타내었다.

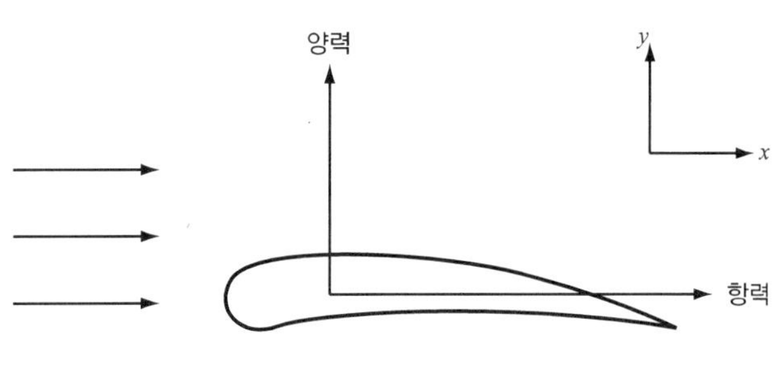

[그림 7-1] 항력과 양력

항력과 양력은 물체표면에 움직이는 압력이나 마찰력의 분포가 유체의 방향에 관해서 물체의 전부 또는 상하면에 대칭이 아니기 때문에 일어나는 것이다. 다라서 이러한 힘은 물체의 형상과 유동에 대해서 놓여진 상태에 따라 크게 좌우된다. 또 유동의 레이놀즈수나 표면의 조도에 따라 크게 변하기 때문에 이론적으로 예측한다는 것은 상당히 어려운 일이다. 따라서 물체에 작용하는 항력, 양력은 실험적으로 구해지는 무차원량인 항력계수(drag coefficient) C_D, 양력계수(lift coefficient) C_L을 사용하여 다음식으로 구할 수 있다.

$$D = C_D \frac{1}{2} \rho U^2 S \tag{7-1}$$

$$L = C_L \frac{1}{2} \rho U^2 S \tag{7-2}$$

여기서, ρ, U, S는 각각 유체의 밀도, 유체와 물체의 상대속도, 물체의 기준면적이다. 기준면적으로는 물체가 유동에 수직한 투영면적을 사용하지만 익형(翼型)의 경우는 익의 면적(익의 길이× 익의 폭)을 사용한다. 즉, 항력계수는 기준면적에 작용하는 전동압에 대한 비율로서 정의하고, 통상적으로 레이놀즈수, 표면조도함수로서 나타낸다.

항력, 양력의 크기에는 물체주위의 벽면가까이에 형성되는 경계층(boundary layer)이 크게 영향을 미치기 때문에 이에 주목할 필요가 있다.

7.2 평판상의 경계층

그림 7-2는 유동 중에 평행하게 놓여진 얇은 평판위에서의 변화모습을 보여준다. 이 평판에는 양력이 발생하지 않고, 항력은 평판의 두께가 매우

얇다고 한다면 평판의 전면과 후면에 작용하는 압력에 의한 압력항력(pressure drag) D_p 은 무시할 수 있을 정도로 작고, 평판표면에 작용하는 점성에 의한 마찰항력(friction drag) D_f가 대부분을 차지하고 있다. 따라서 평판표면 근처의 유동에 주목할 필요가 있다.

평판표면에서는 유체의 점성으로 인하여 유속은 0이 되지만, 평판으로부터 충분히 떨어진 곳에서의 유속은 일정유속(자유류의 속도) U가 된다. 이와 같이 평판표면 근처에서의 유속은 0에서 유속 U까지 변화하게 된다.

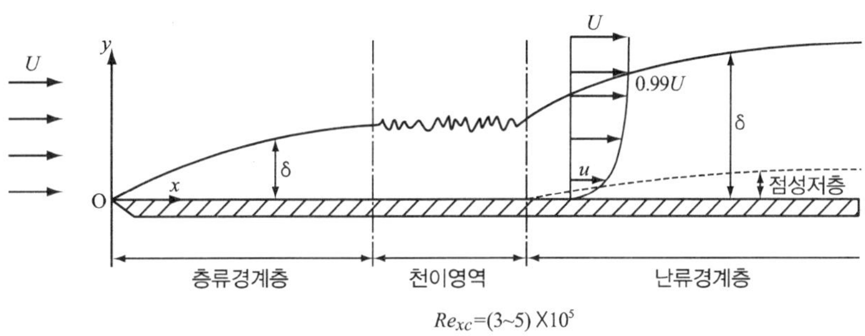

[그림 7-2] 평판상의 경계층

이 부분의 속도구배 dy/du 는 크고, 점도가 작은 유체라도 유동에 작용하는 전단력은 크게 된다. 이 전단응력이 작용하는 얇은 층을 경계층이라고 하며, 그 외측의 유동은 비점성 유동으로 간주할 수 있다.

경계층 내에서는 점성력과 관성력이 모두 중요하다. 다라서 점성력에 대한 관성력의 비를 나타내는 레이놀즈수는 경계층유동들의 특성을 나타내는데 큰 역할을 한다. 관내에서의 유동과 마찬가지로 경계층내의 유동도 층류이거나 난류일 수 있다. 그러나 경계층유동이 어떠한 임계레이놀즈수(critical Reynolds number)에서 층류에서 난류로 바뀔지는 명확히 말할 수 없다. 경계층의 천이(transition)에 영향을 미치는 요인들은 압력구배,

표면조도, 열전달, 체적력, 자유류 등이다. 여기서 자유류란 경계층 밖에서 벽의 영향을 받지 않는 유동을 말한다.

평판 위를 흐르는 유동에서는 레이놀즈수가 일반적으로 $Re = Ux/\nu$ 로 정의된다. 여기서 U는 일정한 자유류의 속도이고, x는 평판선단으로부터의 거리이다. 외부의 간섭이 없고, 열전달이 없는 비압축성 유동이 평판 위를 흐를 때는 $3\times10^5 < Re_{xc} < 5\times10^5$ 영역 내에서 천이가 일어날 수 있다. 표준상태의 공기인 경우에 속도가 100 m/s 라면 레이놀즈수의 영역은 $0.43 < x < 0.58$에 해당되므로 층류의 영역은 비교적 짧음을 알 수 있다. 그림 7-2에서 보는 바와 같이 경계층내의 유동은 초기에 층류였다가 점차 천이구역을 거쳐 난류로 바뀌어 감을 알 수 있다. 단 난류경계층 내에서도 벽에서 매우 가까운 부분에는 층류의 성질을 그대로 간직하는 소위 점성저층(또는 층류저층)이 존재한다.

경계층 내에서는 점성의 효과로 인해 전단응력이 크게 작용하는 반면에 자유류 내에서는 전단응력의 존재가 무시될 수 있으므로, 평판상의 유동에서는 유동에 수직하는 방향의 속도구배가 경계층 내에만 존재한다고 볼 수 있다. 그림 7-2에서 경계층의 두께 δ는 일반적으로 평판에서부터 속도가 자유류의 속도 U의 99%에 해당하는 위치까지의 거리로 정의 된다. 경계층의 두께 δ는 x의 함수이며 유동이 진행함에 따라 계속적으로 증가된다. 경계층은 유체의 점성에 의하여 고체면의 가까운 층에서 일어나므로, 유동은 표면으로부터 거리가 멀어짐에 따라 자유유동과 동일한 상태로 돌아가게 되어 실제로 경계층의 두께 δ를 정확히 결정한다는 것은 매우 어려우며, 실험적으로는 물체의 표면으로부터 측정해서 속도가 $u = 0.99U$가 되는 위치까지의 거리를 δ로 하고 있다. 이 정의에 의한 경계층 두께에는 물리적 의미를 갖는 다음식으로 정의되는 배제두께(displacement thickness) δ^*와 운동량두께(momentum thickness) θ가 사용된다. 경계층의 배제두께 δ^*는 배제량에 대응하는 자유유동에서의 두께로 정의한다.

$$\delta^* = \frac{1}{U}\int_0^\delta (U-u)dy = \int_0^\delta \left(1-\frac{u}{U}\right)dy \qquad (7\text{-}3)$$

$$\theta = \frac{1}{\rho U^2}\int_0^\delta \rho u(U-u)dy = \frac{1}{U^2}\int_0^\delta u(U-u)dy \qquad (7\text{-}4)$$

배제두께를 사용하는 하나의 이유로서는, 실제물체 주위를 흐르는 실제 유체의 유동을 실제물체에 배제두께를 붙여서 만들어진 가상의 물체주위를 실제 질량유량과 동일한 유량으로 마찰 없이 흐르는 이상유동으로 대치할 수 있다는 점이다.

경계층내의 속도 u 의 분포는 층류경계층에 대해서는 브라지우스 방정식(Blasius' equation)의 해가 유명하지만, 근사적으로 층류경계층, 난류경계층에 대해 각각의 방정식은 다음과 같다.

$$\frac{u}{U} = \frac{3}{2}\left(\frac{y}{\delta}\right) - \frac{1}{2}\left(\frac{y}{\delta}\right)^3 \qquad (7\text{-}5)$$

$$\frac{u}{U} = \left(\frac{y}{\delta}\right)^{\frac{1}{7}} \qquad (7\text{-}6)$$

층류경계층에 비해 난류경계층의 속도분포는 벽면 근방까지 큰 속도를 유지하고 있고 큰 운동량을 갖고 있다.

평판상의 경계층 두께 δ 는, 선단으로부터의 거리 x 와 국소레이놀즈수 Re_x 를 사용하여 다음 식으로 표현할 수 있다.

$$\delta = 4.91\,x\left(\frac{1}{Rc_x}\right)^{\frac{1}{2}} \cdots\cdots\cdots\cdots \text{층류경계층} \qquad (7\text{-}7)$$

$$\delta = 0.37\,x\left(\frac{1}{Re_x}\right)^{\frac{1}{5}} \cdots\cdots\cdots\cdots \text{난류경계층} \qquad (7\text{-}8)$$

길이가 l 인 평판면상의 마찰항력(단위폭당) D_f 는 다음 식으로 구할 수 있다.

$$D_f = C_f \frac{1}{2} \rho U^2 l \tag{7-9}$$

여기서 C_f 는 마찰항력계수(frictional drag coefficient)로 레이놀즈수 $Re_l = Ul/\nu$ 의 함수가 되고, 층류경계층, 난류경계층 및 천이층에 대해 각각 다음식으로 나타낼 수 있다.

i) 경계층이 층류인 경우

$$C_f = 1.328 Re_l^{-\frac{1}{2}} \quad (Re_l < 5\times10^5) \quad \text{Blausius의 엄밀해} \tag{7-10}$$

ii) 경계층이 평판 전역에 걸쳐 난류인 경우

$$C_f = 0.074 Re_l^{-\frac{1}{5}} \quad (3\times10^5 < Re_l < 5\times10^5) \quad \text{Blausius의 식} \tag{7-11}$$

$$C_f = \frac{0.455}{(\log_{10} Re_l)^{2.58}} \quad (10^6 < Re_l < 10^9) \quad \text{Schlichting의 식} \tag{7-12}$$

iii) 평판상에서 경계층이 층류에서 난류로 천이하는 경우

$$C_f = 0.074 Re_l^{-\frac{1}{5}} - \frac{A}{Re_l} \quad \text{Prandtl의 식} \tag{7-13}$$

$$C_f = \frac{0.455}{(\log_{10} Re_l)^{2.58}} - \frac{A}{Re_l} \quad \text{Prandtl–Schlichting의 식} \tag{7-14}$$

여기서, A 의 값은 다음에 나타난 바와 같이 Re_l 에 의해 변화한다.

$Re_l = 3\times10^5$ 일 때 $A = 1050$

$Re_l = 5\times10^5$ 일 때 $A = 1700$

$Re_l = 10^6$ 일 때 $A = 3300$

$Re_l = 3\times10^6$ 일 때 $A = 8700$

7.3 원주(圓周) 및 구(球)주위의 유동

여기서는 주로 일정한 유속 U의 유동속에 있는 직경 d인 원주주위의 유동에 대해 설명한다. 구의 경우도 3차원 유동이라는 점을 제외하면 같다고 생각해도 무방하다. 이 경우에는 형상 및 유동이 유동방향에 대해 대칭이므로 양력이 발생하지 않는다. 항력은 저레이놀즈수 영역에서는 마찰항력이 주로 차지하는 경우이지만 그 이상의 레이놀즈수에서는 원주의 상류측 표면과 하류측 표면에 작용하는 압력차에 의한 압력항력이 대부분을 차지하게 된다. 유동의 박리(separation)는 고체경계면을 갖는 유동들에서 발견될 수 있는 특징적인 현상으로서, 유동의 주류가 벽면에서 이탈되는 현상을 말한다. 사실상 유동의 박리는 유동장내의 물체들이 유체로부터 받는 항력의 주된 원인이 된다. 유동의 박리는 유동장내의 압력구배와 매우 중요한 관계를 갖고 있다. 박리는 유동방향의 압력구배가 양일 때 즉 압력이 증가하는 유동장에서만 일어난다. 박리의 현상을 이해하기위해 위치에너지를 무시한 베르누이 방정식을 생각해보도록 한다. 물론 베르누이방정식에는 이상유동내 동일한 유선상에서 적용할 수 있다는 까다로운 조건이 붙어있지만, 점성유동의 정성적인 특성을 아는 데에도 큰 도움이 될 수 있다.

$$\frac{V^2}{2}+\frac{p}{\rho}=c$$

위 베르누이방정식은 어떤 지점의 유동이 갖는 운동에너지와 압력에너지의 합이 같다는 것을 의미한다. 즉 운동에너지가 증가하면 압력에너지가 감소하고, 압력에너지가 증가하면 운동에너지가 감소함을 보여준다. 유동의 변화에 따른 이와 같은 에너지전환이 이상유동의 경우에는 아무런 무리 없이 이루어질 수 있다. 그리고 점성유동의 경우에도 벽에서 멀리 떨어진 유동영역 내에서는 이 전환에 무리가 없다. 벽에서 가까운 경계층 내에서도 압력구배가 음인 경우에는 압력에너지에서 운동에너지로의 에너지전환이 순조롭게 이루어 질 수 있다. 그러나 벽 가까운 곳에서 압력구배가 양인 경우에는 전단력, 즉 마찰로 인한 에너지의 손실이 운동에너지의 감소를 유발하므로, 운동에너지에서 압력에너지로의 에너지전환이 순조롭지 못하게 되어 압력구배가 일정한 값보다 커지게 되면 유동이 벽면에서 이탈하게 된다. 이러한 현상을 유동의 박리라고 부른다. 따라서 마찰에 의한 에너지손실이 없는 이상유동에서는 박리가 일어나지 않는다.

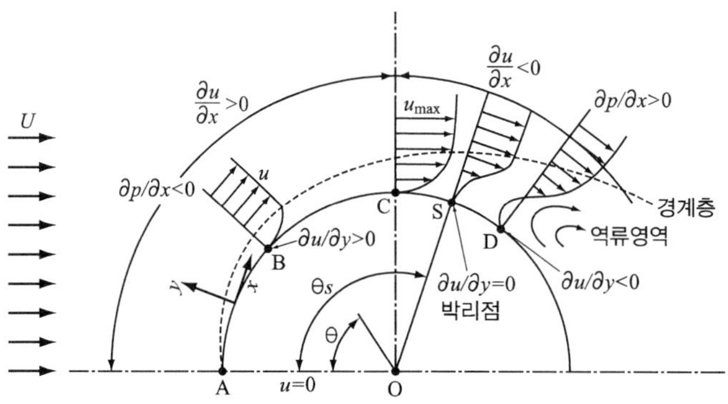

[그림 7-3] 유동의 박리

그림 7-3은 곡면위의 유동에서 박리가 일어나기 전후의 속도분포들을 보여주고 있다. 박리점(separation point)은 경계면에서의 속도구배가 영인 점이다. 박리유선은 박리점에서 벽면을 이탈한 유선을 말하며, 이 선과 벽면사이의 영역을 박리영역 또는 박리구역(separation region)이라고 말한다. 박리영역 내에서는 역류가 형성되어 자체적으로 연속방정식을 만족시킨다.

동일한 유로 내를 흐를 때는 난류의 경우가 층류의 경우보다 박리가 늦게 일어난다. 난류의 경우에는 유동에 수직하는 방향으로 운동량이나 운동에너지의 혼합이 활발히 이루어져 벽면에서의 에너지손실이 벽에서 떨어진 부분으로부터 전달되어 오는 운동에너지로 보충될 수 있기 때문이다.

그림 7-4(a), (b)에 나타난바와 같이 경계층의 박리는 벽면근처에서의 유속이 작고 유체의 운동량이 적은 층류경계층에서는 운동량이 큰 난류경계층의 경우보다 상류에서 발생한다. 그 결과 박리에 의한 원주의 역류(또는 반류(伴流))의 영역에 대해, 층류경계층에서는 커지고 항력도 커지는 반면, 난류경계층에서는 영역도 작으며, 항력도 작아진다.

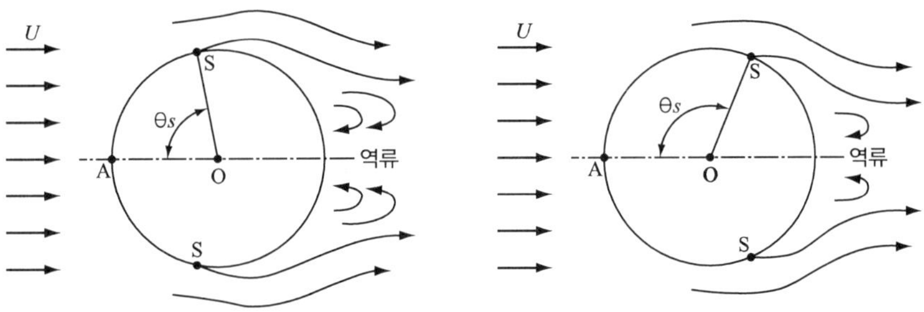

(a) 층류경계층

(b) 난류경계층

그림 7-4 원주면에서의 박리

이와 같이 층류경계층이 난류로 천이하면 정체점(stagnation point) A로부터 경계층의 박리점 S까지의 각도 θ_s 가 커지게 되고, 역류의 영역이 작아지게 된다. 이때의 항력이 급격히 감소하는 레이놀즈수($Re = U/d\nu$: ν는 동점성계수)를 임계레이놀즈수(critical Reynolds number) Re_c 라고 한다.

표면이 매끄러운 원주 및 그 외 원주형상의 물체의 레이놀즈수 Re 에 대한 항력계수 C_D 를 그림 7-5에, 구에 대한 항력계수 C_D 를 그림 7-6에 나타내었다.

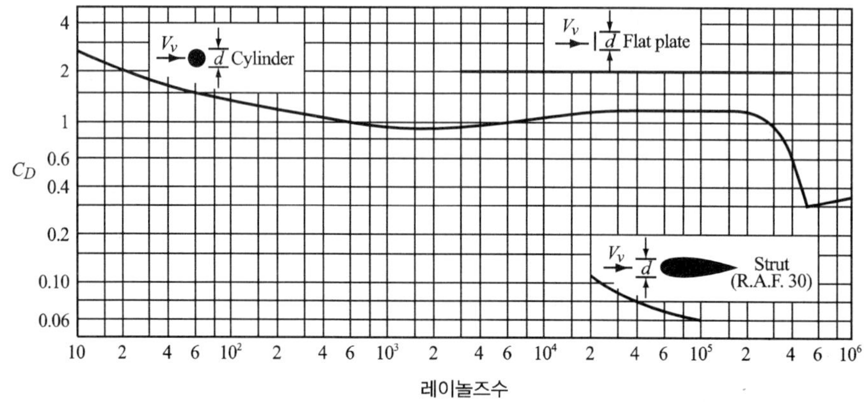

[그림 7-5] 원주, 평판과 유선형에 대한 항력계수

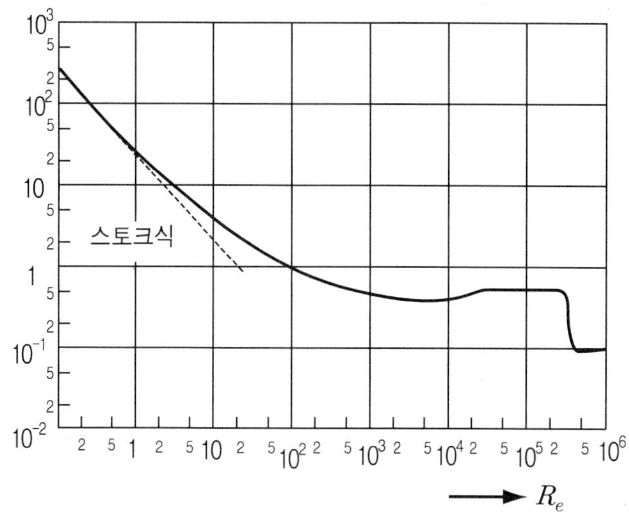

[그림 7-6] 구의 항력 계수

임계레이놀즈수는 벽면의 조도가 거칠수록 또는 주된 유동의 난류가 클수록 적어진다. 골프공의 비행거리를 늘리기 위한 목적으로 골프공의 표면에 凹형상을 적용하는 것도 바로 이러한 이유이다.

표 7-1에 각종 형상에 따른 물체의 항력계수 C_D 의 값을 나타내었다.

[표 7-1] 각종 물체의 항력계수 C_D

물체	치수의 비율	기준면적 A	항력계수 C_D
원기둥(유체흐름의 방향) 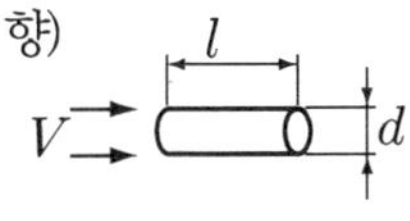	$\ell/d=1$ 2 4 7	$\frac{\pi}{4}d^2$	0.91 0.85 0.87 0.99
원기둥(유체흐름과 직 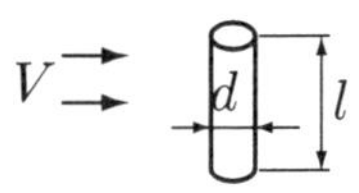	$\ell/d=1$ 2 5 10 40 ∞	$d\ell$	0.63 0.68 0.74 0.82 0.98 1.20
직사각형판(유체흐름과 직각) 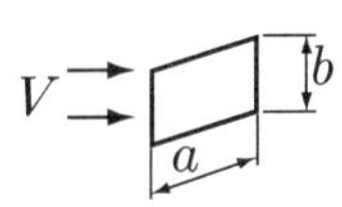	$a/b=1$ 2 4 10 18 ∞	ab	1.12 1.15 1.19 1.29 1.40 2.01
반구(밑면 없 	I (凸) II (凹)	$\frac{\pi}{4}d^2$	0.34 1.33
원 추 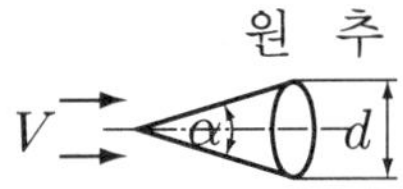	$\alpha=60°$ $\alpha=30°$	$\frac{\pi}{4}d^2$	0.51 0.34
원 판 		$\frac{\pi}{4}d^2$	1.2

이어서, 일정한 유동속에 놓여있는 원주를 일정각속도로 회전시킬 때, 원주가 유체에 의해 받는 양력에 대해 생각해 보자. 이 경우 우선 순환(circulation)에 대해 정의해 두자. 그림 7-7에 나타난 바와 같이 2차원 유동에 있어서 유체속에 임의의 폐곡선 C를 생각하고, 곡선상의 미소길이 ds, 그 위치에서의 유속을 v, v와 ds가 이루는 각도를 θ라고 하면, ds 방향의 v 성분은 $v\cos\theta$가 된다.

여기에 ds를 곱한 $v\cos\theta \cdot ds$를 C에 따라 한 바퀴 적분하면, 이 값을 순환이라고 부르는 Γ로 표현할 수 있다.

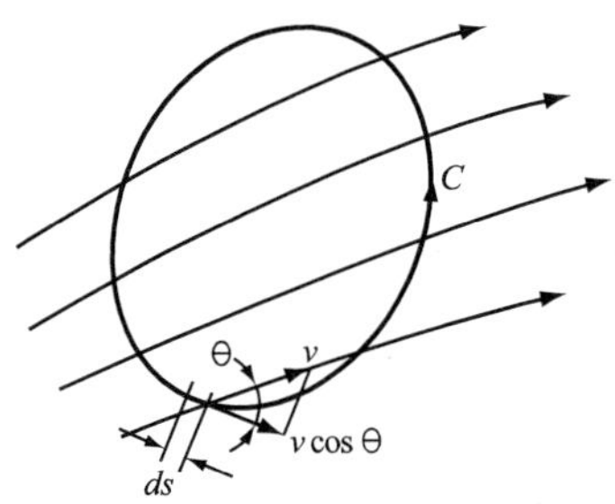

[그림 7-7] 순환

$$\Gamma = \oint_c v\cos\theta \cdot ds \tag{7-15}$$

여기서, 반경 R인 원주가 각속도 ω로 회전할 때, 원주표면상에 점성을 갖는 유체는 원주와 함께 회전한다고 생각할 수 있으므로 $v\cos\theta$에 상당하는 폐곡선을 따르는 속도는 원주속도 $U_\theta = R\omega$ (일정)와 같아지고, 따라서 순환 Γ는 다음식으로 나타낼 수 있다.

$$\Gamma = R\omega \oint ds = 2\pi R^2\omega = 2\pi R U_\theta \tag{7-16}$$

회전하는 원주가 일정속도 U의 유동 속에 놓여진 경우 원주주위에는 U와 Γ와의 복합적인 유동이 발생하고, 그 결과로서 원주의 상부와 하부사이에는 압력차가 발생한다. 이 압력차에 의한 힘은 원주의 단위길이에 대해 U에 수직방향으로 작용함으로서 양력 L로 표현하면 다음식을 얻을 수 있다.

$$L = \rho U T \tag{7-17}$$

이 식은 원주에 국한되지 않고 익형주위의 유동 등에도 적용되며, Kutta Joukowski의 정리라고 한다.

예를들면 야구공에 회전을 주어 던질 때 공의 궤도가 진행방향에 대해 굴곡이 지는 것은 이 양력이 작용하기 때문이며 이를 매그너스효과(Magnus effect)라고 한다.

이제 물체를 점성이 높은 유체 속으로 낙하시킬 때 그 낙하속도와 항력에 대해 생각해보면 중력에 의해 물체는 가속되지만 충분한 시간이 경과하면 항력과 부력으로 인하여 물체의 낙하속도는 물체의 낙하속도는 일정한 등속운동으로 가라앉는다. 이때 물체에 작용하는 중력에 의한 힘, 즉 중량 W와 부력 F_b와의 차이가 물체에 작용하는 항력 F_D와 같게 되며, 다음식으로 표현할 수 있다.

$$F_D = W - F_b \tag{7-18}$$

여기서, 직경 d, 밀도 ρ'인 구(球)가 밀도 ρ인 유체속을 낙하하는 경우, 낙하속도가 일정하게 유지될 때의 속도를 U라고 하면, 이때의 속도를 최종속도(terminal velocity)라고 한다. 구의 체적은 $V = \pi d^3/6$, 기준면적 $S = \pi d^2/4$, 항력계수를 C_D라고 하면 식(7-18)은

$$C_D \frac{1}{2}\rho U^2 \frac{\pi d^2}{4} = \rho' g \frac{\pi d^3}{6} - \rho g \frac{\pi d^3}{6} = \frac{\pi d^3}{6}(\rho' - \rho) g \tag{7-19}$$

가 된다.

이에 의해 최종속도 U는 다음식과 같게 된다.

$$U = \frac{1}{\sqrt{C_D}} \sqrt{\frac{4}{3} \frac{\rho' - \rho}{\rho} gd} \tag{7-20}$$

구주위의 유동이 층류이며 레이놀즈수가 극히 작은 $Re < 1$ 인 경우, 즉, 구의 직경 d가 작은 경우나 유체의 점도 μ가 매우 큰 경우나, 속도 U가 매우 작은 경우의 항력 D는 스토크스의 법칙(Stokes' law)라고 불리는 다음식으로 나타낼 수 있다.

$$D = 3\pi\mu Ud \tag{7-21}$$

식(7-21)과 식(7-1)은 서로 같으므로 다음 식을 얻을 수 있다.

$$3\pi\mu Ud = C_D \frac{1}{2} \rho U^2 S = C_D \frac{1}{2} \rho U^2 \frac{\pi d^2}{4} \tag{7-22}$$

가 된다. 이로부터 C_D는

$$C_D = \frac{24\mu}{\rho Ud} \frac{= 24\nu}{Ud} = \frac{24}{Re} \tag{7-22}$$

가 된다. 그림 7-6에 보는바와 같이 $Re < 1$ 인 범위에서 실험치와 잘 일치하는 것을 알 수 있다.

식(7-19)의 우변항과 식(7-21)은 같으므로 다음 식을 얻을 수 있다.

$$U = \frac{(\rho' - \rho) gd^2}{18\mu} \tag{7-23}$$

7.4 익형주위의 유동

큰 양력이 발생하도록 물체의 형을 만들고 그 양력을 이용하는 것이 날개(airfoil)이다. 비행기의 날개 또는 프로펠러, 헬리콥터의 회전날개, 풍차의 날개, 선박의 스크류, 축류형 펌프 또는 송풍기의 회전차, 수차의 회전차 등은 모두 날개에 발생하는 양력을 응용한 것이다.

그림 7-8과 같이 익형의 전연(leading edge)과 후연(trailing edge)을 잇는 직선을 익현(chord), 익현과 유체흐름의 방향과의 사이 각 α를 영각(attack angle), 익형의 상연과 하연의 중앙선을 잇는 선을 골격선(camber line)이라고 한다.

또한, 익폭을 b(그림에서 지면에 수직), 익형의 최대 투영면적을 A로 할 때의 b^2/A을 종횡비(aspect ratio)라고 한다. 익현의 길이를 l로 하면 직사각형의 날개에서는 $A = bl$ 이므로 종횡비는 $b^2/A = b/l$ 로 된다.

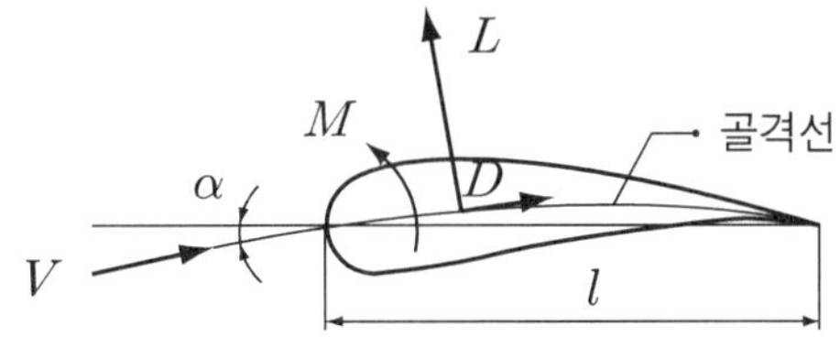

[그림 7-8] 익형

날개에 작용하는 양력 L, 항력 D 및 모멘트 M(날개 전연의 둘레에 대한 모멘트)은 단위 폭에 대하여 각각 다음 식으로 나타낸다.

$$L = C_L \frac{\rho V^2}{2} l \tag{7-24}$$

$$D = C_D \frac{\rho V^2}{2} l \tag{7-25}$$

$$M = C_M \frac{\rho V^2}{2} l \tag{7-26}$$

여기서 C_L, C_D, C_M은 각각 양력계수, 항력계수, 모멘트 계수라 부르는데, 날개의 성능은 이들 값의 크기에 의해 결정된다. 일반적으로 그림 7-9와 같이 영각 α 를 횡축으로 취하고, 양력계수 C_L, 항력계수 C_D 등을 표시한다.

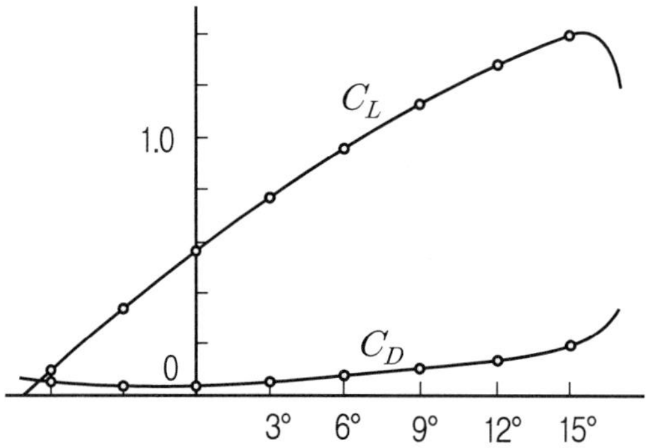

[그림 7-9] 날개의 성능곡선

그림에 의하면, 영각 α가 크게 됨에 따라 양력계수 C_L은 대략 직선적으로 증가하지만, 영각 α가 어느 한계 값을 넘으면 C_L은 급격히 감소한다. 이것을 실속(stall)이라고 하는데, 그 원인은 영각 α가 너무 크게 되면 날개의 상연에서의 유체흐름이 익형으로부터 박리되기 때문이며, 이러한 현상은 확대관 또는 원주후방에서 일어나는 박리와 동일하다.

날개에 양력이 발생하는 것은 그림 7-8에서 보여 주는 바와 같이, 날개가 평행 유체흐름 속에 놓여짐으로서 날개 둘레로 순환 Γ가 일어나기 때문이다. 날개의 상연에서는 평행흐름과 순환흐름의 속도가 가해져서 속도가 빨라지게 되므로, 베르누이의 정리에 의해 압력이 낮아지게 된다. 또한, 날개의 하연에서는 평행흐름의 속도가 순환흐름 속도와 방향이 반대로 되어 있기 때문에 유속이 느리게 되어 압력이 높아진다. 따라서 날개 상하의 압력차가 양력의 원인이 되는 것이다.

그림 7-10과 같이 날개의 휨각을 β라고 하면, 날개로부터 떨어져 나가는 흐름의 속도 V'는 날개 후연의 방향과 일치하므로, 흐름은 날개에 의해 각 $(\alpha+\beta)$만큼 방향이 휘는 것으로 된다. 따라서 유체는 날개표면을 통과함으로서 하향의 속도 $v \fallingdotseq V(\alpha+\beta)$를 주는 것으로 된다. 단위시간에 날개표면을 통과하여 흐름의 방향이 휘는 유체의 질량은 $\rho l V$에 비례한다고 생각되므로 운동량의 법칙에 의해 날개에 생기는 양력은

$$L = k\rho l V v = k\rho l V^2(\alpha+\beta) \tag{7-27}$$

로 된다. k는 상수이지만 이론계산에 의하면 $k=\pi$로 되고, 실험에 의하면 $k=2.7 \sim 2.9$이다. 식(7-27)을 식(7-24)와 비교하면

$$C_L = 2\pi(\alpha+\beta) \tag{7-28}$$

로 된다. 따라서 양력계수 C_L은 그림 7-8에서 보여주는 바와 같이, 영각 α와 함께 직선적으로 증가한다.

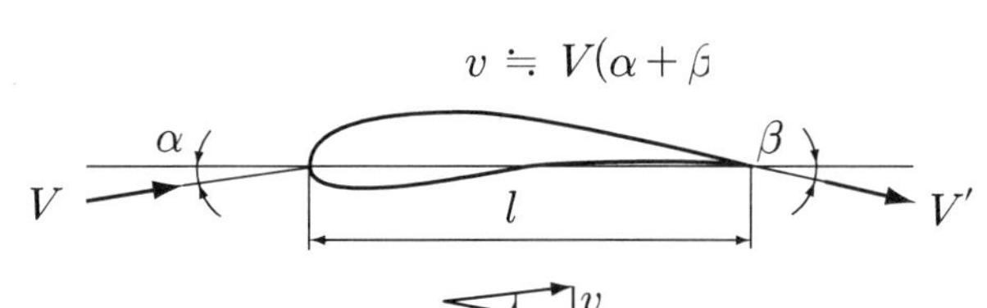

[그림 7-10] 익형 주위의 속도분포

축류형의 펌프 및 송풍기, 프로펠러 수차, 증기 또는 가스 터빈 등의 내부흐름을 생각하면, 그림 7-11과 같이 날개가 줄지은 상태로 되어 있다. 이것을 익렬(cascade)이라고 한다. 각각의 날개 둘레의 흐름상태는 이웃날개에 의해 영향을 받게 되므로, 단독날개의 경우에 비해 양력이 변화한다. 같은 익형에 있어서 단독익형의 양력을 L_0, 익렬로 된 때의 양력을 L이라고 하면

$$L = kL_0 \tag{7-29}$$

로 된다. k는 익렬의 간섭계수이고, 절현비(節鉉比) l/t 및 휨각 β의 함수가 된다. l/t이 0.5 이하인 경우 간섭계수는 1에 가깝게 된다.

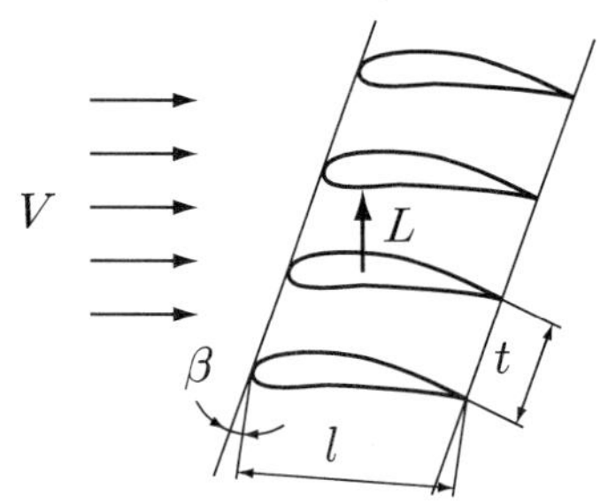

[그림 7-11] 익렬(cascade)

예제 7-1

그림 7-12와 같이 평판의 입구에서 일정한 속도 U_0를 가진 유동이, 출구 쪽에서는 경계층 내의 속도분포가 그림에 나타난 바와 같이 변할 때, $y = \delta$인 상면을 지나는 체적유량 Q가 입구와 출구의 유량차와 같다고 할 때, Q를 U_0와 δ로 표현하라. 단 판의 넓이는 b로 한다.

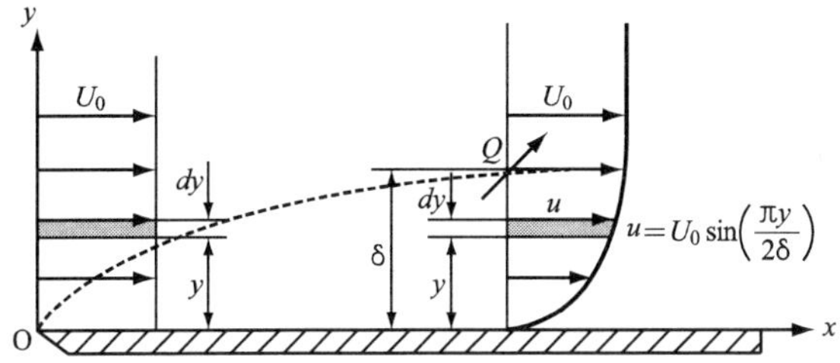

[그림 7-12]

풀이

경계층 두께 δ에 유입하는 유량은 $Q_1 = \int_0^\delta U_0 b\, dy$, 출구의 유량은 $Q_2 = \int_0^\delta U_0 \sin\{\pi y/(2\delta)\} b dy$ 이므로 다음과 같다.

$$Q = Q_1 - Q_2 = \int_0^\delta U_0 b\, dy - \int_0^\delta U_0 \sin\{\pi y/(2\delta)\} b dy$$

$$= U_0 b\left[y\right]_0^\delta - U_0 b(2\delta/\pi)[-\cos\{\pi y/(2\delta)\}]_0^\delta$$

$$= U_0 b\delta - U_0 b(2\delta/\pi)(-0+1) = 0.363\, U_0 b\delta$$

예제 7-2

평판상에서의 층류경계층의 속도분포를 식(7-5)로 표현할 때, 경계층의 배제두께 δ^*, 운동량두께 θ를 구하시오.
층류경계층의 속도분포는 다음식과 같다.

$$\frac{u}{U} = \frac{3}{2}\left(\frac{y}{\delta}\right) - \frac{1}{2}\left(\frac{y}{\delta}\right)^3 \qquad (7\text{-}5)$$

배제두께 δ^*는 식(7-3)의 u/U에 식(7-5)를 대입하면 다음과 같다.

풀이

$$\delta^* = \frac{1}{U}\int_0^\delta (U-u)dy = \int_0^\delta \left(1-\frac{u}{U}\right)dy$$

$$= \int_0^\delta \left[1-\left\{\frac{3}{2}\left(\frac{y}{\delta}\right)-\frac{1}{2}\left(\frac{y}{\delta}\right)^3\right\}\right]dy$$

$$= \left[y-\frac{3}{4\delta}y^2+\frac{1}{8\delta^3}y^4\right]_0^\delta = \frac{3}{8}\delta$$

운동량 두께 θ는 식(7-4)의 u/U에 식(7-5)를 대입하면 다음과 같다.

$$\theta = \frac{1}{U^2}\int_0^\delta u(U-u)dy = \int_0^\delta \frac{u}{U}\left(1-\frac{u}{U}\right)dy$$

$$= \int_0^\delta \left[\frac{3}{2}\left(\frac{y}{\delta}\right)-\frac{1}{2}\left(\frac{y}{\delta}\right)^3\right\}\left\{1-\frac{3}{2}\left(\frac{y}{\delta}\right)+\frac{1}{2}\left(\frac{y}{\delta}\right)^3\right\}\Bigg]dy$$

$$= \int_0^\delta \left\{\frac{3}{2}\left(\frac{y}{\delta}\right)-\frac{9}{4}\left(\frac{y}{\delta}\right)^2-\frac{1}{2}\left(\frac{y}{\delta}\right)^3+\frac{3}{2}\left(\frac{y}{\delta}\right)^4-\frac{1}{4}\left(\frac{y}{\delta}\right)^6\right\}dy$$

$$= \left[\frac{3}{4\delta}y^2-\frac{9}{12\delta^2}y^3-\frac{1}{8\delta^3}y^4+\frac{3}{10\delta^4}y^5-\frac{1}{28\delta^6}y^7\right]_0^\delta = \frac{39}{280}\delta$$

예제 7-3

평판상에서의 난류경계층의 속도분포를 식(7-6)로 표현할 때, 경계층의 배제두께 δ^*, 운동량두께 θ를 구하시오.
난류경계층의 속도분포는 다음식과 같다.

$$\frac{u}{U} = \left(\frac{y}{\delta}\right)^{\frac{1}{7}} \tag{7-6}$$

배제두께 δ^*는 식(7-3)의 u/U에 식(7-6)를 대입하면 다음과 같다.

풀이

$$\delta^* = \frac{1}{U}\int_0^\delta (U-u)dy = \int_0^\delta \left(1-\frac{u}{U}\right)dy$$

$$= \int_0^\delta \left\{1-\left(\frac{y}{\delta}\right)^{\frac{1}{7}}\right\}dy = \left[y - \frac{7}{8\delta^{\frac{1}{7}}}y^{\frac{8}{7}}\right]_0^\delta = \frac{1}{8}\delta$$

운동량 두께 θ는 식(7-4)의 u/U에 식(7-6)를 대입하면 다음과 같다.

$$\theta = \frac{1}{U^2}\int_0^\delta u(U-u)dy = \int_0^\delta \frac{u}{U}\left(1-\frac{u}{U}\right)dy$$

$$= \int_0^\delta \left(\frac{y}{\delta}\right)^{\frac{1}{7}}\left\{1-\left(\frac{y}{\delta}\right)^{\frac{1}{7}}\right\}dy = \int_0^\delta \left\{\left(\frac{y}{\delta}\right)^{\frac{1}{7}} - \left(\frac{y}{\delta}\right)^{\frac{2}{7}}\right\}dy$$

$$= \left[\frac{7}{8\delta^{\frac{1}{7}}}y^{\frac{8}{7}} - \frac{7}{9\delta^{\frac{2}{7}}}y^{\frac{9}{7}}\right]_0^\delta = \frac{7}{72}\delta$$

여기서 경계층의 배제두께 δ^*와 운동량두께 θ의 비를 취해 $H=\delta^*/\theta$를 형상계수(shape factor)라고 한다.

예제 7-4

길이 0.5m인 평판이 풍속 5 m/s의 유동에 평행하게 놓여있다. 기온을 20℃로 하고 평판후면에서의 경계층은 층류인가 또는 난류인가를 판단하고, 그 두께를 구하라 단 동점성계수 $\nu = 15.15\times10^{-6}\text{m}^2/\text{s}$ 이다.

임계레이놀즈수를 3×10^5으로 하고, 국소레이놀즈수를 다음식으로 구한다.

풀이

$$Re_x = \frac{xU}{\nu} = \frac{0.5\times5}{15.15\times10^{-6}} = 1.65\times10^5 < 3\times10^5$$

따라서 경계층은 층류경계층임을 알 수 있다. 그리고 경계층두께는 식(7-7)에의해

$$\delta = 4.91x\left(\frac{1}{Re_x}\right)^{\frac{1}{2}} = 4.91x\,(Re_x)^{-\frac{1}{2}}$$

$$= 4.91 \times 0.5 \times (1.65 \times 10^5)^{-\frac{1}{2}} = 0.00604\ \mathrm{m} = 6.04\ \mathrm{m}$$

예제 7-5

풍속 2m/s인 유동흐름에 평행하게 놓여진 길이 1m , 폭 3m 인 매끄러운 평판면(片面)에 작용하는 항력 D_f 와 평판 뒤쪽에서의 경계층 두께 δ, 배제두께 δ^* , 운동량두께 θ 를 구하라. 여기서 공기의 밀도 $\rho = 1.2039\ \mathrm{kg/m^3}$, 동점성계수 $\nu = 15.15 \times 10^{-6}\ \mathrm{m^2/s}$ 이다.

풀이

국소레이놀즈수를 먼저 구하면

$$Re_x = \frac{xU}{\nu} = \frac{1 \times 2}{15.15 \times 10^{-6}} = 1.32 \times 10^5 < 3 \times 10^5$$

가 되어 경계층은 층류임을 알 수 있다. 따라서 마찰항력계수 C_f 는 식(7-10)에 의해 구할 수 있다.

$$C_f = 1.328 Re_x^{\frac{1}{2}} = 1.328 \times (1.32 \times 10^5)^{\frac{1}{2}} = 0.00366$$

여기서 평판면에 작용하는 항력은 식(7-9)에 폭 b 를 곱한 다음식으로 얻을 수 있다.

$$D_f = C_f \frac{1}{2} \rho U^2 bl$$

$$= 3.66 \times 10^{-3} \times 0.5 \times 1.2039 \times 2^2 \times 3 \times 1 = 0.0264\ \mathrm{N}$$

경계층 두께 δ 는 식(7-7)을 사용하여 구할 수 있다.

$$\delta = 4.91\,x\left(\frac{1}{Re_x}\right)^{\frac{1}{2}}$$

$$= 4.91 \times 1 \times (1.32 \times 10^5)^{-\frac{1}{2}} = 0.0135\ \mathrm{m}$$

배제두께 δ^* 및 운동량두께 θ는 예제 7-3의 결과를 사용하여 각각 식에 $\delta = 0.0135\text{m}$를 대입하면 다음과 같다.

$$\delta^* = \frac{3}{8}\delta = \frac{3}{8} \times 0.0135 = 0.00506\ \text{m} = 5.06\ \text{mm}$$

$\theta = \dfrac{39}{280}\delta = \dfrac{39}{280} \times 0.0135 = 0.00188\text{m} = 1.88\text{mm}$ 국소레이놀즈수를 먼저 구하면

$$Re_x = \frac{xU}{\nu} = \frac{1 \times 2}{15.15 \times 10^{-6}} = 1.32 \times 10^5 < 3 \times 10^5$$

가 되어 경계층은 층류임을 알 수 있다. 따라서 마찰항력계수 C_f는 식(7-10)에 의해 구할 수 있다.

$$C_f = 1.328 Re_x^{\frac{1}{2}} = 1.328 \times (1.32 \times 10^5)^{\frac{1}{2}} = 0.00366$$

여기서 평판면에 작용하는 항력은 식(7-9)에 폭 b를 곱한 다음식으로 얻을 수 있다.

$$D_f = C_f \frac{1}{2} \rho U^2 bl$$

$$= 3.66 \times 10^{-3} \times 0.5 \times 1.2039 \times 2^2 \times 3 \times 1 = 0.0264\ \text{N}$$

경계층 두께 δ는 식(7-7)을 사용하여 구할 수 있다.

$$\delta = 4.91\, x \left(\frac{1}{Re_x} \right)^{\frac{1}{2}}$$

$$= 4.91 \times 1 \times (1.32 \times 10^5)^{-\frac{1}{2}} = 0.0135\ \text{m}$$

배제두께 δ^* 및 운동량두께 θ는 예제 7-3의 결과를 사용하여 각각 식에 $\delta = 0.0135\text{m}$를 대입하면 다음과 같다.

$$\delta^* = \frac{3}{8}\delta = \frac{3}{8} \times 0.0135 = 0.00506\ \text{m} = 5.06\ \text{mm}$$

$$\theta = \frac{39}{280}\delta = \frac{39}{280} \times 0.0135 = 0.00188\text{m} = 1.88\text{mm}$$

예제 7-6

예제 7-5에서, 평판이 동점도계수 $\nu = 1.020 \times 10^{-6}\ \text{m}^2/\text{s}$, 밀도 $\rho = 1000\ \text{kg/m}^3$인 물속에 있는 경우에 경계층 두께 δ, 배제두께 δ^*, 운동량 두께 θ를 구하라.

풀이

국소레이놀즈수를 먼저 구하면

$$Re_x = \frac{xU}{\nu} = \frac{1 \times 2}{1.020 \times 10^{-6}} = 1.96 \times 10^6 > 3 \times 10^5$$

가 되어 경계층은 난류임을 알 수 있다. 따라서 마찰항력계수 C_f는 식(7-11)에 의해 구할 수 있다.

$$C_f = 0.074 Re_l^{-\frac{1}{5}} = 0.074 \times (1.96 \times 10^6)^{-\frac{1}{5}} = 4.08 \times 10^{-3}$$

항력은 전문제와 마찬가지로 식(7-9)를 사용하면 다음과 같다.

$$D_f = C_f \frac{1}{2} \rho U^2 bl$$

$$= 4.08 \times 10^{-3} \times 0.5 \times 1000 \times 2^2 \times 3 \times 1 = 24.48\ \text{N}$$

경계층 두께 δ는 식(7-8)을 사용하여 구할 수 있다.

$$\delta = 0.37x \left(\frac{1}{Re_x} \right)^{\frac{1}{5}}$$

$$= 0.37 \times 1 \times (1.96 \times 10^6)^{-\frac{1}{5}} = 0.0204\,\text{m} = 20.4\,\text{mm}$$

배제두께 δ^* 및 운동량두께 θ는 예제 7-3의 결과를 사용하여 각각 식에 $\delta = 20.4\,\text{mm}$를 대입하면 다음과 같다.

$$\delta^* = \frac{1}{8}\delta = \frac{1}{8} \times 20.4 = 2.55\text{mm}$$

$$\theta = \frac{7}{72}\delta = \frac{7}{72} \times 20.4 = 1.98\,\text{mm}$$

연습문제

1. 직경 $1.5\mathrm{m}$, 높이 $10\mathrm{m}$ 인 굴뚝이 속도 $25\mathrm{m/s}$ 의 바람에 의해 받는 항력을 구하라. 단 항력계수는 0.7, 공기의 밀도는 $1.23\mathrm{kg/m^3}$ 이다.

2. 속도가 $20\mathrm{m/s}$ 인 공기 속에 직경이 $10\mathrm{mm}$ 인 구(球)가 놓여있을 때 구가 받는 항력은 얼마인가? 단 항력계수는 0.6, 공기의 비중량은 $12.0\mathrm{N/m^3}$ 이다.

3. 난류경계층에서 두께 δ 는 평판선단에서의 거리 x 와 어떤 관계를 갖고 있는가? 또한 평판에 작용하는 마찰응력은 레이놀즈수와 어떤 관계가 있는가?

4. 폭이 $50\mathrm{mm}$, 길이 $100\mathrm{mm}$ 인 얇은 평판이 유속 $3\mathrm{m/s}$ 로 흐르는 물속에 흐름과 길이 방향으로 평행하게 놓여있다. 이 평판이 받는 마찰항력을 구하라. 단 물의 동점성계수 ν 는 $1.020\mathrm{m^2/s}$ 이다.

5. 폭 $2\mathrm{m}$, 길이 $10\mathrm{m}$ 인 평판이 속도 $5\mathrm{m/s}$ 의 물속에서 평행하게 끌려가고 있다. 물의 동점성계수 ν는 $1.020\mathrm{m^2/s}$ 이고 임계레이놀즈수는 5×10^5 이라고 하자. 이 때의 천이점은 평판선단에서 몇 m 떨어져 있는가?

6. 익현길이 $1.5\mathrm{m}$, 폭 $8\mathrm{m}$ 의 날개를 가진 비행기가 속도 $110\mathrm{m/s}$ 로 날고 있다. 양력은 얼마인가? 단 양력계수는 0.32, 공기의 비중량은 $11.8\mathrm{N/m^3}$ 이다.

7. 유동방향과 직각으로 놓인 원판의 항력계수는 1.10이다. 직경 $0.5\mathrm{m}$ 인 원판이 공기 속에서 $10\mathrm{m/s}$ 로 움직이고 있을 때 항력은 얼마인가? 단 항력계수는 0.7이다.

8. 동점성계수가 $1.8\times10^{-5}\ \mathrm{m^2/s}$ 인 공기가 매끈하고 얇은 평판을 따라 $12\mathrm{m/s}$ 의 속도로 흐르고 있다. 임계점은 선단에서 몇 m 떨어진 지점인가? 단, 임계레이놀즈수는 10×10^5 이다.

9. 등속류로 흐르는 공기 속에 유동방향과 직각으로 축을 둔 원기둥이 있다. 유속이 $10\mathrm{m/s}$ 일 때 전방 정체점으로부터 30° 되는 지점의 속도는 몇 $\mathrm{m/s}$ 인가? 단 공기는 이상유체로 취급한다.

10. 평판상의 흐름에서 경계층의 배제두께는 경계층의 몇 배인가?

11. 자유흐름속도가 $12\mathrm{m/s}$ 일 때 경계층 내에서의 최대속도는 몇 $\mathrm{m/s}$ 인가?

12. 동점성계수가 1.65×10^{-5} 인 유체가 평판 위를 $4\mathrm{m/s}$ 의 속도로 흐르고 있다. 평판의 선단에서 $1\ \mathrm{m}$ 되는 곳에서의 경계층 두께는 얼마인가?

13. 자유흐름속도가 $2\mathrm{m/s}$, 동점성계수가 1.15×10^{-6} 인 유체가 평판을 따라 흐를 때 평판 상단에서 $1.5\mathrm{m}$ 되는 곳의 경계층두께는 얼마인가?

14. 면적이 $40\mathrm{m^2}$ 인 평판이 $90\mathrm{kN}$ 의 항력을 받고 있을 때 항력계수는 얼마인가? 단 공기의 밀도는 $1.2\mathrm{kg/m^3}$ 이다.

15. 질량이 $60\mathrm{kg}$ 인 사람이 반구이며 지름이 $5\mathrm{m}$ 인 낙하산을 타고 낙하할 때 최종속도는 몇 $\mathrm{m/s}$ 인가? 단 낙하산의 무게는 무시하고 항력계수는 0.7, 공기의 밀도는 1.2이다.

16. 지름이 0.01m인 구(球)가 43m/s로 공기 중을 비행할 때의 항력은 얼마인가? 단 이때의 공기의 비중량은 1.23이고, 항력계수 $C_D = 0.48$ 이다.

17. 공기 중을 달리고 있는 자동차의 투영면적이 $1.66\mathrm{m^2}$ 이고, 속도는 $25\mathrm{m/s}$ 일 때 항력을 구하라. 단 항력계수는 0.4, 공기의 비중량은 1.22이다.

18. 물의 유동흐름에 평행하게 놓여진 길이 0.04m, 폭 0.03m인 평판면이 받는 마찰저항은 얼마인가?
단 물의 속도는 7m/s, 수온은 20℃로 한다.

19. 반경 0.05m인 구(球)가 정지상태의 물속을 3.2m/s의 속도로 지나갈 때 물속에서의 저항을 구하라. 단 물의 동점도는 $1.020 \times 10^{-6} m^2/s$ 이다.

20. 비중이 9.8×10^3 이고 속도가 3m/s인 유동하는 평행유속에 지름이 0.02m인 원주가 120rpm으로 회전한다. 이때 원주가 받는 양력은 얼마인가?

Chapter 8

유량측정

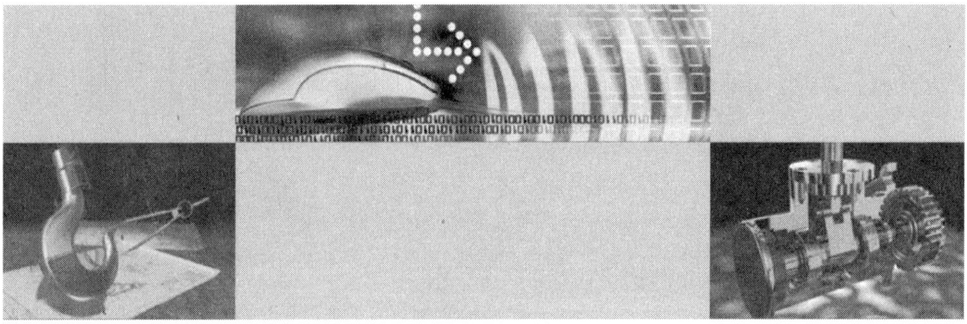

Chapter 8 유량측정

다양한 유동장에서 유체 흐름에 따른 유량을 알아내는 것이 필요하다. 따라서 각종 유량계와 유량 측정법이 고안되고 있지만, 이 장에서는 기본적인 유량 측정(flow measurement)의 원리와 유량의 계산방법을 이해한다.

8.1 유량

유량이란 유체가 단위시간에 한 유동단면을 통과하는 양을 말하며, 다음과 같이 분류할 수 있다.

(a) 단위시간당의 유체체적을 나타내는 체적유량 Q[m^3/s]

(b) 단위시간당의 유체질량을 나타내는 질량유량 $\dot{m}$[kg/s]

(c) 단위시간당의 유체중량을 나타내는 중량유량 G[kg$_f$/s, N/s]

(1) 체적유량(volumetric flowrate : Q)

유량을 측정하는 가장 간단한 방법은 체적 V_o[m^3]를 알고 있는 용기에 액체가 유입 완료된 시간 t[s]를 측정하면 다음과 같이 체적유량을 구할 수 있다.

$$Q=\frac{V_o}{t} \quad [\mathrm{m^3/s}] \tag{8-1}$$

(2) 질량유량(mass flowrate : $\dot{m}$)

질량유량을 구하기 위해서는, 먼저 체적유량 Q[m^3/s]를 구한 후 그 값에 유체의 밀도 ρ[kg/m^3] 값을 곱하면 된다. 즉,

$$\dot{m}=\rho Q \ [\mathrm{kg/s}] \tag{8-2}$$

이 된다.

(3) 중량유량(weight flowrate : G)

중량유량을 구하기 위해서는, 먼저 Q[m^3/s]가 구해지면 그 값에 액체의 단위체적당의 중량, 즉 비중량 ρg[kg$_f$/m^3, N/m^3]값을 곱하면 된다. 따라서

$$G=\rho g Q \ [\mathrm{kg_f/s, N/s}] \tag{8-3}$$

이 된다.

8.2 가변수두미터

가변수두미터(variable head meter)의 기본원리는 유선이 저항을 받을 때, 저항으로 인해 유량의 크기가 변하고 이 변화는 유체의 압력 변화로 이어진다. 따라서 저항체의 전, 후에서 측정된 압력차가 유량을 나타내는데 이용된다. 일반적으로 사용하는 가변수두미터로는 벤튜리계, 오리피스 및 관 노즐 등이 있다.

(1) 벤튜리계 (venturi meter)

관 속을 흐르는 유체의 유량은 연속방정식 $Q = AV$로부터, 관의 단면적 A와 그 단면에서의 평균유속 V를 알면 구할 수 있다. 또 베르누이의 정리 $V^2/2g + z + p/\rho g = const.$에서 알 수 있듯이, 수평으로 놓여 있는 관로에서 유량이 일정하면 유속 V는 압력 p가 증가하면 감소하고, 역으로 압력이 감소하면 증가한다. 이 원리를 응용해서 유량을 구하는 것이 벤튜리계이다.

벤튜리계는 그림 8-1과 같은 구조로 되어 있다. 벤튜리계는 유체 흐름을 교축시키는 것에 의해서 생기는 압력수두차를 측정하고, 소정의 단면에서 속도를 구한 후 그 단면의 면적을 곱하여 유량을 얻어내는 것이다.

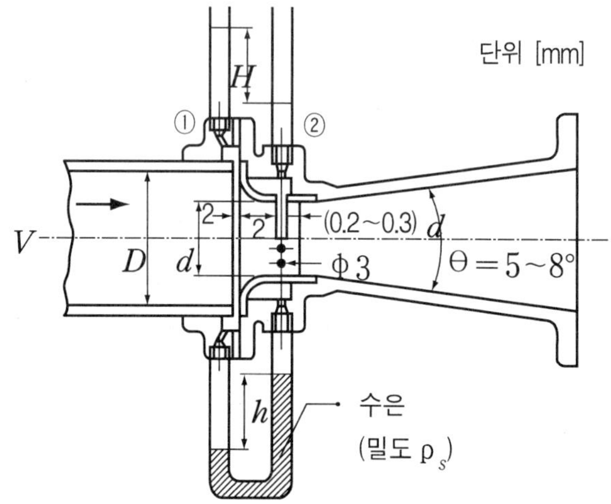

[그림 8-1] 벤튜리계

그림 8-1과 같은 벤튜리계를 수평($z_1 = z_2$)으로 설치하고, 입구부와 목부분의 단면 ①과 ②(안지름 D, d)에 대해 베르누이의 정리를 적용하면

$$\frac{V_1^2}{2g} + \frac{p_1}{\rho g} = \frac{V_2^2}{2g} + \frac{p_2}{\rho g} \tag{8-4}$$

가 된다.

또 연속의 원리에서 $Q = \pi D^2 V_1/4 = \pi d^2 V_1/4$이므로 $V_1 = (d/D)^2 V_2$ 이기 때문에, 이것을 식(8-4)에 대입하여 정리하면

$$\frac{V_2^2}{2g}\left(1 - \frac{d^4}{D^4}\right) = \frac{p_1}{\rho g} - \frac{p_2}{\rho g} \tag{8-5}$$

가 된다. 이 식으로부터 단면 ②(안지름 d)에서의 유속 V_2를 구하면 다음과 같이 된다.

$$V_2 = \sqrt{\frac{2g}{1 - d^4/D^4}\left(\frac{p_1 - p_2}{\rho g}\right)} \tag{8-6}$$

윗식은 $m=d^2/D^2$(개구비, 開口比)이라고 하면 다음과 같이 표현된다.

$$V_2=\sqrt{\frac{2}{1-m^2}\left(\frac{p_1-p_2}{\rho}\right)} \tag{8-7}$$

식(8-6)에서 $(p_1-p_2)/\rho g$ 는 단면 ①과 단면 ②에 있어서의 압력수두 차 H 이기 때문에

$$V_2=\sqrt{\frac{2gH}{1-m^2}} \tag{8-8}$$

로 나타낼 수 있다.

따라서 유량 $Q[\mathrm{m^3/s}]$는

$$Q=\frac{\pi}{4}d^2V_2=\frac{\pi d^2}{4}\sqrt{\frac{2(p_1-p_2)}{(1-m^2)\rho}}=\frac{\pi d^2}{4}\sqrt{\frac{2gH}{(1-m^2)}} \tag{8-9}$$

가 되고, 압력수두차 $H=(p_1-p_2)/\rho g$ 를 알면 유량을 구할 수 있다.

$H=(p_1-p_2)/\rho g$ 를 측정하기 위하여 그림 8-1 과 같이 U 자관 마노미터를 달았을 때 마모미터액의 비중량을 $\rho_s g$, 그 높이를 h 라 하면, 시차압력계의 원리를 이용하여

$$H=\frac{p_1-p_2}{\rho g}=\frac{\rho_s h}{\rho}-h=\left(\frac{\rho_s g}{\rho g}-1\right)h \tag{8-10}$$

로 표시할 수 있다.

그러나 실제 유량은 식(8-9)에서 구하는 값보다 다소의 차이가 있고, 실유량 $Q_a[\mathrm{m^3/s}]$는

$$Q_a=C\cdot Q=C\cdot\frac{\pi d^2}{4}\sqrt{\frac{2(p_1-p_2)}{(1-m^2)\rho}}=C\cdot\frac{\pi d^2}{4}\sqrt{\frac{2gH}{(1-m^2)}} \tag{8-11}$$

에서 구한다. 여기서 C 를 유량계수(coefficient of flowrate)라 하고, 일반적인 벤튜리계에서는 보통 0.96~0.99 정도의 값을 갖는다. 그림 8-2 는 레이놀즈수 Re와 유량계수 C 와의 관계를 표시한 실험값이다. 벤튜리계는 비교적 에너지의 손실이 적지만 유속이 느린 유동장에서는 잘 맞지 않는 단점이 있다.

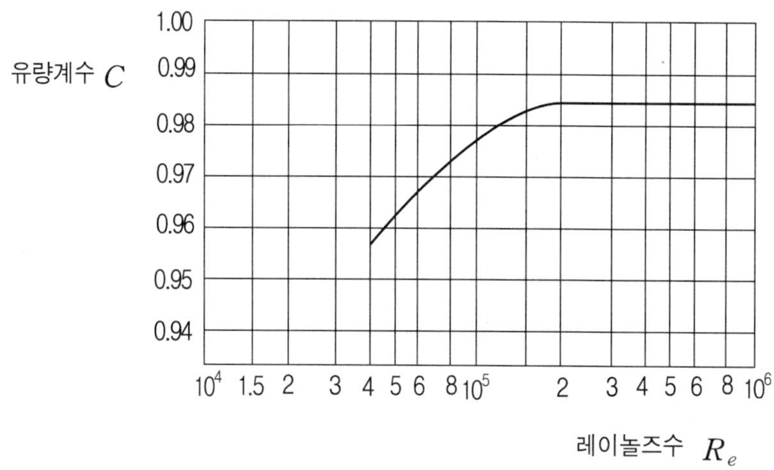

[그림 8-2] 벤튜리계의 유량계수

예제 8-1

내경 300 mm인 송수관에 그림 8-1과 같은 벤튜리계를 장치하고 수은주를 이용하여 압력차를 측정하였더니 250 mm이었다. 벤튜리계의 목 부분의 안지름을 120 mm로 하면 유량은 얼마일까? 단, 수은의 비중은 13.6이고, 벤튜리계의 유량계수는 0.99이다.

풀이

압력수두차 H는 수은주의 액주차가 $h=250\text{mm}$이기 때문에
식(8-10)에서

$$H=\left(\frac{\text{수은의 비중}}{\text{물의 비중}}-1\right)h=\left(\frac{\rho_s g}{\rho g}-1\right)h=\left(\frac{13.6}{1}-1\right)\times 0.25=3.15\text{m}$$

가 된다. 또 $D=0.30\text{m}$, $d=0.12\text{m}$이기 때문에 개구비 m은

$$m=\left(\frac{d}{D}\right)^2=\left(\frac{0.12}{0.30}\right)^2=0.16$$

따라서 유량 Q는 식(8-11)에서

$$Q=C\cdot\frac{\pi d^2}{4}\sqrt{\frac{2gH}{(1-m^2)}}=0.99\times\frac{\pi\times 0.12^2}{4}\times\sqrt{\frac{2\times 9.8\times 3.15}{1-0.16^2}}$$

$$=0.089\text{m}^3/\text{s}$$

예제 8-2

그림 8-1과 같은 벤튜리계에서 $D=40\text{mm}$, $d=25\text{mm}$이고, 수주 $H=60\text{mm}$일 때 유량은? 단, 벤튜리계의 유량계수는 0.98이다.

풀이

그림에서

$H=0.06\text{m}$, $D=0.04\text{m}$, $d=0.025\text{m}$이므로, 개구비 m은

$$m=\left(\frac{d}{D}\right)^2=\left(\frac{0.025}{0.04}\right)^2=0.39$$

따라서 유량 Q는 식(8-11)에서

$$Q=C\cdot\frac{\pi d^2}{4}\sqrt{\frac{2gH}{(1-m^2)}}=0.98\times\frac{\pi\times 0.025^2}{4}\times\sqrt{\frac{2\times 9.8\times 0.06}{1-0.39^2}}$$

$$=0.034\text{m}^3/\text{min}$$

(2) 오리피스(orifice)

수조의 벽면에 작은 구멍을 뚫어 이곳으로 유체를 유출시킬 경우에 이 구멍을 오리피스라 한다. 지금 그림 8-3과 같은 수조의 벽면에 오리피스를 설치하고 이곳에서 유출하는 액체의 유량을 구해보자. 토리첼리(Torricelli)의 정리로부터 오리피스를 통한 액체의 유출속도 V[m/s]는

$$V = \sqrt{2gH} \tag{8-12}$$

가 된다. 따라서 오리피스에서의 유량 Q[m^3/s]는

$$Q = AV = \frac{\pi D^2}{4}\sqrt{2gH} \tag{8-13}$$

이 된다. 그러나 실제 흐름은 점성과 마찰저항 때문에 유속은 이론값보다 작아지게 되며, 또 분류의 단면적도 흐름의 관성 때문에 수축현상을 일으켜서 오리피스의 단면적보다 작아지기 때문에 실제 유량 Q_a[m^3/s]는

$$Q_a = C \cdot Q = C\frac{\pi D^2}{4}\sqrt{2gH} \tag{8-14}$$

가 된다. 여기서 C는 유량계수로서 오리피스의 형상, 수면으로부터 오리피스까지의 깊이, 유체의 점성 등에 의해 영향을 받게 되고 보통 0.59~0.68 정도의 값을 갖는다.

유량 측정을 하기 위한 오리피스는 유체와의 접촉면적을 최소화하여 마찰손실을 줄이기 위해 입구 또는 출구부를 날카롭게 가공하여 사용하고 있다. 이와 같은 오리피스를 칼날형상 오리피스(sharp-edged orifice)라고 한다.

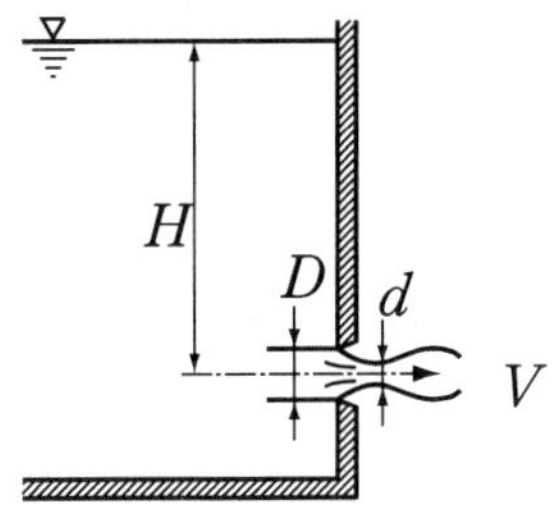

[그림 8-3] 오리피스

그림 8-4 는 관 속의 유량을 측정하기 위해 사용되는 오리피스(관 오리피스)의 원리와 구조를 나타낸다. 이 오리피스에서는 오리피스 전후의 압력수두차 H를 알면 유량을 다음 식에 의해서 구할 수 있다.

$$Q = \alpha \frac{\pi d^2}{4} \sqrt{2gH} \tag{8-15}$$

여기서, α : 관 오리피스의 유량계수

d : 관 오리피스 구멍의 지름 [m]

$$H \text{ : 압력수두차 } H = \frac{p_1 - p_2}{\rho g} \text{[m]}$$

이고 p_1, p_2는 오리피스 전후의 압력[Pa]을 나타낸다. 즉, 식(8-15)에 의하면 유량계수(coefficient of discharge)를 미리 실험에 의하여 결정해 두고, 오리피스 전후의 압력차 $p_1 - p_2$를 측정함으로써 관 속의 유량을 구할 수 있다.

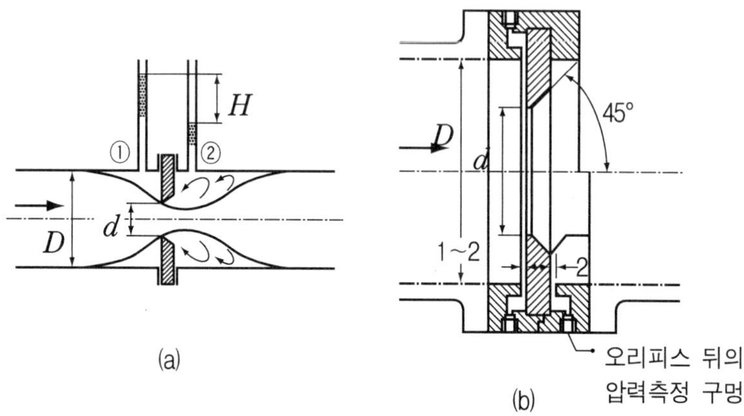

[그림 8-4] 오리피스의 원리(a)와 구조(b)

유량계수 α의 값은 개구비(開口比) m 및 레이놀즈수 $Re = VD/\nu$에 의해서 변하지만, 레이놀즈수가 어느 한계값 이상이 되면 레이놀즈수에는 영향을 받지 않게 된다. 이러한 유동장은 개구비 m의 함수가 되고 그림 8-5는 그 값을 나타낸다. 그림에서 α_e, α_c, α_a는 오리피스를 관로의 입구, 중도 및 출구에 설치하였을 때의 유량계수이다. 그림에서 $\alpha_e = 0.60$으로 일정함을 보여준다.

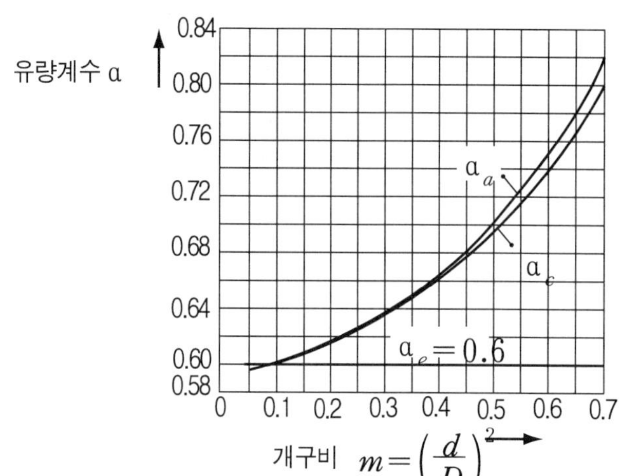

[그림 8-5] 오리피스의 유량계수 값

관 오리피스는 비교적 유량이 적은 유동장에도 적용이 가능하지만 에너지의 손실이 큰 단점이 있다.

예제 8-3

그림 8-3과 같이 물탱크의 벽면에 설치된 지름 45 mm의 원형 오리피스를 통하여 물이 유출되고 있다. 수면에서 오리피스의 중심까지의 깊이가 5 m인 경우 유출된 유량은 얼마인가? 단, 유량계수 C 를 0.65로 가정한다.

풀이

$C = 0.65,\ D = 0.045\text{m},\ H = 5\text{m}$ 를 식(8-14)에 대입하면,

$$Q_a = C\frac{\pi D^2}{4}\sqrt{2gH} = 0.65\times\frac{\pi\times 0.045^2}{4}\times\sqrt{2\times 9.8\times 5}$$

$$= 0.0102\text{m}^3/\text{s}$$

예제 8-4

깊이가 1.5 m로 일정한 수조의 밑면에 지름이 35 mm인 원형 구멍을 뚫어 유출수량을 측정하였더니 4.0 l/s 이었다. 유량계수는 얼마인가?

풀이

이론 유량 Q 는

$$Q = \frac{\pi D^2}{4}\sqrt{2gH} = \frac{\pi\times 0.035^2}{4}\times\sqrt{2\times 9.8\times 1.5} = 0.005217\text{m}^3/\text{s}$$

$$= 5.217 l/\text{s}$$

실제 유량 $Q_a = 4.0 l/\text{s}$ 이기 때문에, 유량계수 C 는 식(8-14)로부터

$$C = \frac{Q_a}{Q} = \frac{4.0}{5.217} = 0.767$$

예제 8-5

그림 8-4 와 같은 지름 $D = 40\text{mm}$ 인 관로의 중간에 구멍 지름 $d = 20\text{mm}$ 인 원형 오리피스를 설치하여 압력수두차를 측정하였더니 수은주로 25 mm이였다. 이때의 유량을 산출하라. 단, 유량계수 α는 0.65이고, 수은의 비중은 13.6이다.

풀이

압력수두차 H는 수은주의 액주차가 25mm 이기 때문에

$$H = \left(\frac{\text{수은의 비중}}{\text{물의 비중}} - 1\right)h = \left(\frac{13.6}{1} - 1\right) \times 0.025 = 0.315\text{m}$$

오리피스의 지름 $d = 0.02\text{m}$, 유량계수 $\alpha = 0.65$ 이므로,
유량 Q는 식(8-15)에서

$$Q = \alpha\frac{\pi d^2}{4}\sqrt{2gH} = 0.65 \times \frac{\pi \times 0.02^2}{4} \times \sqrt{2 \times 9.8 \times 0.315}$$

$$= 0.00051\text{m}^3/\text{s}$$

(3) 관 노즐

관 노즐(pipe nozzle)은 그림 8-6 에서 볼 수 있는 바와 같이, 짧고 곧은 원추형 단면을 통해서 유선을 점차적으로 수축하는 구조를 갖고 있다. 관 노즐은 관에 장치한 오리피스 대신에 노즐을 사용한 것으로서, 그 원리와 계산식은 관 오리피스와 같다. 다만 노즐에서 수축이 거의 일어나지 않으므로 수축계수는 1이라고 본다.

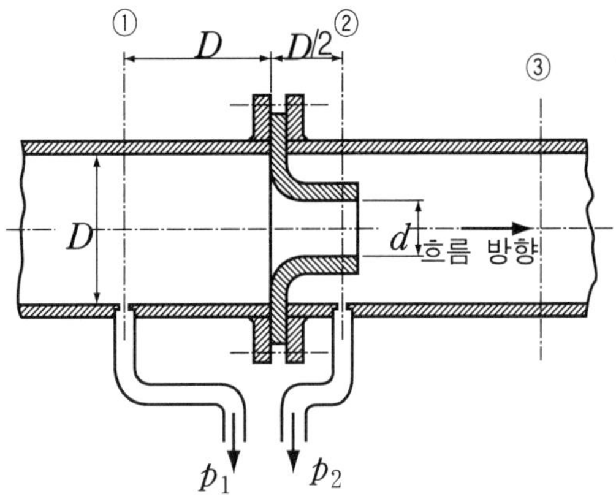

[그림 8-6] 관 노즐

관 노즐의 유량계수는 그림 8-7과 같다. 관 오리피스와 같이 α_e, α_c, α_a는 관 노즐을 관로의 입구, 중도 및 출구에 설치하였을 때의 유량계수이다.

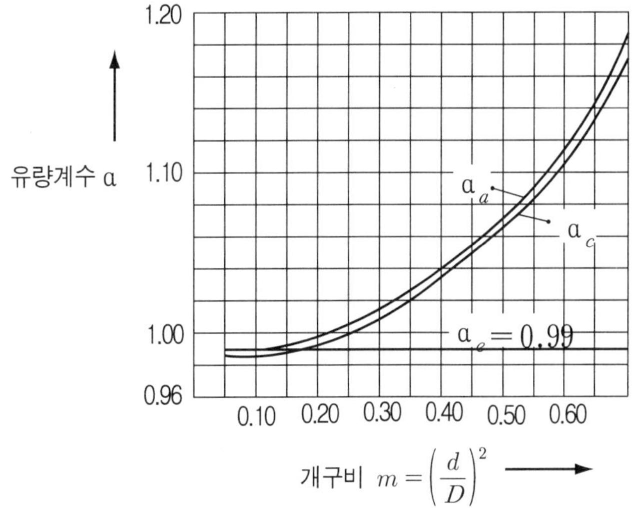

[그림 8-7] 관 노즐의 유량계수

8.3 피토관

피토관(pitot tube)은 주로 유동장 내의 국부유속을 측정하는 데 이용되지만, 이것으로부터 평균유속을 구하는 것에 의해 유량을 산출해낼 수 있다. 그림 8-8 은 피토관의 원리 및 구조를 나타낸다.

지금 관속의 유속을 V, 압력을 p_S로 하고, 피토관 선단의 구멍 A내의 압력을 p_T라 하면 구멍 A에서는 유속이 0이 되기 때문에, 베르누이의 정리에서

$$\frac{V^2}{2g}+\frac{p_S}{\rho g}=\frac{p_T}{\rho g} \tag{8-16}$$

가 된다. 이로부터

$$V=\sqrt{2g\frac{p_T-p_S}{\rho g}}=\sqrt{\frac{2(p_T-p_S)}{\rho}} \tag{8-17}$$

이 된다.

유체 흐름과 평행인 피토관 벽에 뚫려진 다른 구멍 B에 작용하는 압력은 p_S와 같다고 생각할 수 있기 때문에, 압력차 (p_T-p_S)를 구하면 유속을 산출할 수 있다.

식(8-16)에서 p_T를 전압력(전압, total pressure), p_S를 정압력(정압, static pressure), p_T-p_S를 동압력(동압, dynamic pressure)이라 한다.

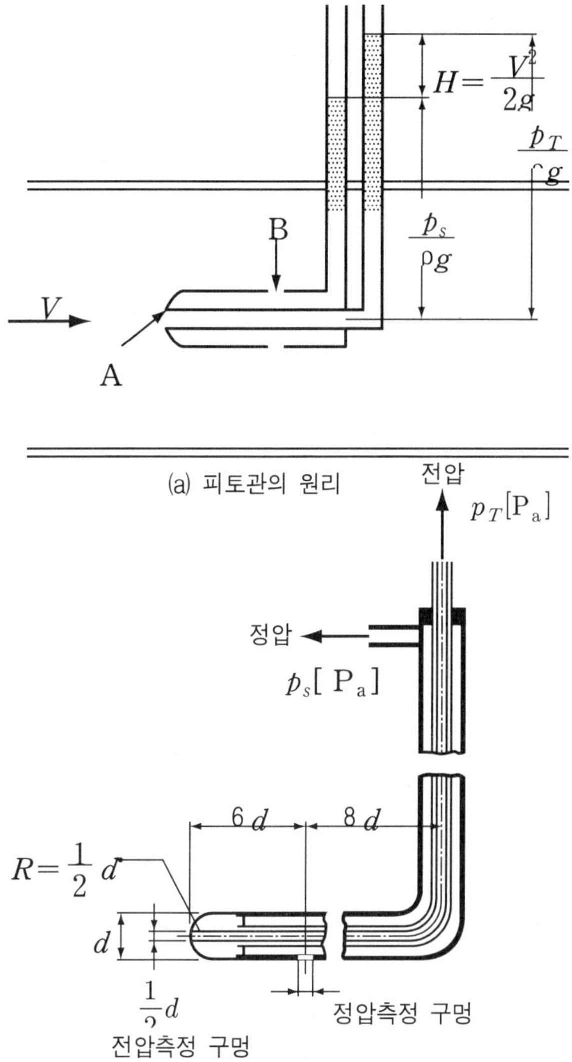

[그림 8-8] 피토관의 원리(a) 및 구조(b)

실제 유속은 식(8-17)에서 구한 값과는 다소 다르게 되므로 수정계수 C를 고려하여 다음 식과 같이 구한다.

$$V = C\sqrt{2g\frac{p_T - p_S}{\rho g}} = C\sqrt{\frac{2(p_T - p_S)}{\rho}} = C\sqrt{2gH} \qquad (8\text{-}18)$$

C를 속도계수 또는 피토관계수(coefficient of Pitot-static tube)라고 하며, 피토관의 형상, 레이놀즈수 등에 의해서 변하는 값을 갖게 되며 보통 9.8~1.01 정도다.

유동장 내에서 유량을 구하기 위해서는 먼저 관로의 단면적을 그림 8-9와 같이 동심원으로 n 개의 환상면적으로 분할하고, 각 환의 면적 중심에 있어서의 유속 V_i를 측정하면 평균유속 V_m은

$$V_m = \frac{1}{n}\sum_{i=1}^{n} V_i \, (i = 1, 2, 3, \cdots, n) \qquad (8\text{-}19)$$

이며, 관로의 단면적 A를 고려하여 유량 Q[m^3/s]는 다음과 같이 구할 수 있다.

$$Q = A \cdot V_m = \frac{A}{n}\sum_{i=1}^{n} V_i = \frac{A}{n}\sum_{i=1}^{n}\sqrt{2gH_i} \qquad (8\text{-}20)$$

여기에서 H_i는 각 측정점에 대한 지시 수두이다. 이 유량 산출법을 환상등면적 분할법이라 하고, 측정점은 가능한 많이 잡는 것이 좋다.

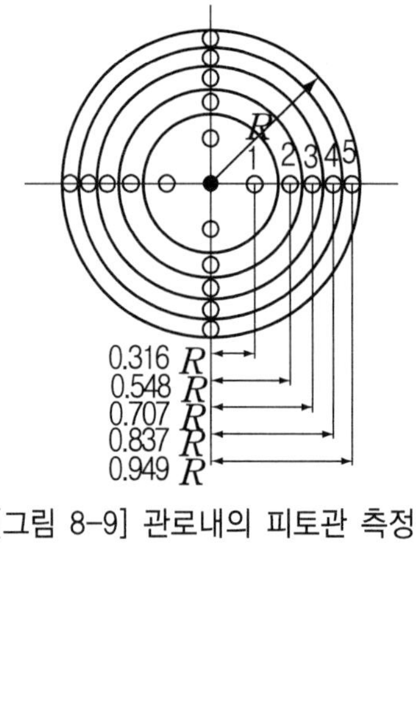

[그림 8-9] 관로내의 피토관 측정점

보통 1직선상에서 중심에 대하여 대칭으로 합계 10점, 직교 2직선상에서 합계 20점에 대한 유속의 평균값을 측정하여 평균유속으로 하는 때가 많다.

예제 8-6

수로 내의 유속을 알아보기 피토관으로 물의 유속을 측정하였더니 동압이 수은주로 55 mm이었다. 이 경우 유속은 얼마일까? 단, 피토관계수를 C=1.0으로 하고, 수은의 비중은 13.6이다.

풀이

동압=전압(p_T) − 정압(p_S)이므로

$$p_T - p_S = \rho_M g H = 13.6 \times 1000 \times 9.8 \times 0.055 = 7330.4\mathrm{Pa}$$

$$V = C\sqrt{\frac{2(p_T - p_S)}{\rho}} = 1 \times \sqrt{\frac{2 \times 7330.4}{1000}} = 3.83\mathrm{m/s}$$

예제 8-7

피토관으로 풍동(지름 0.4 m)의 유속을 측정하였을 때, 풍동의 중심에서 전압과 정압이 각각 수주로 80 mm, 40 mm이었다. 풍동 내의 평균유속을 중심부 유속의 3/4이라 할 때 공기의 유량은 얼마인가? 단, 풍동 내의 공기 밀도는 1.25 kg/m3이고, 피토관계수는 C= 1.0이다.

풀이

동압=전압(p_T) − 정압(p_S)이므로

$$p_T - p_S = \rho g H = 1000 \times 9.8 \times (0.08 - 0.04) = 392\mathrm{Pa}$$

가 된다. 따라서 중심부 유속 V는 식(8-17)에서

$$V = \sqrt{2\frac{p_T - p_S}{\rho}} = \sqrt{2 \times \frac{392}{1.25}} = 25.04\mathrm{m/s}$$

이므로, 평균유속 V_m 은

$$V_m = \frac{3}{4}V = \frac{3}{4} \times 25.04 = 18.78\text{m/s}$$

공기의 유량 Q_a는 $Q_a = CQ$에서 $C = 1.0$이기 때문에

$$Q_a = A \cdot V_m = \frac{\pi \times 0.4^2}{4} \times 18.78 = 2.36\text{m}^3/\text{s}$$

8.4 위어미터(weir meter)

그림 8-10과 같은 수로의 도중에 위어판을 설치하여 이 위로 물이 흐르도록 할 때, 위어판의 끝에서 수면까지의 높이 H를 측정함으로써 수로의 유량을 구할 수 있다.

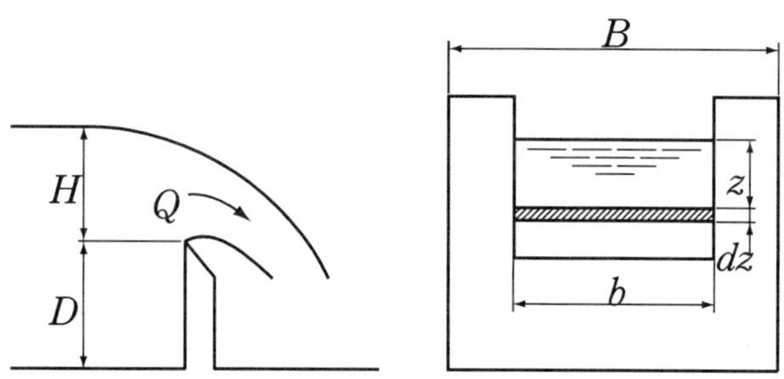

[그림 8-10] 위어

그림에서 수면으로부터 임의의 깊이 z가 되는 곳에 미소깊이 dz의 부분을 생각한다. 이 지점에서 수로의 너비를 b라 하면, 미소면적 bdz를 하나의 오리피스와 같이 생각할 수 있다. 따라서 이 부분의 유량은

$$dQ = Cb\,dz\,\sqrt{2gz} \tag{8-21}$$

로 된다. 여기서 C는 유량계수이다. 윗 식을 적분하면,

$$Q = C\sqrt{2g}\int_0^H b\sqrt{z}\,dz \tag{8-22}$$

이 되고, 위어를 넘쳐흐르는 전유량이 구해진다.

위어의 모양(b와 z의 관계)이 정해지면 윗 식이 적분되므로, H를 측정함으로써 유량 Q가 계산된다. 또 H를 측정하는 위치를 위어판에서 상류로 H의 최대값보다 3배가 되는 거리를 잡아야 한다.

(1) 전폭 위어

그림 8-10 에 있어서 너비 b가 수로의 너비 B와 같고 일정할 때 이것을 전폭 위어(suppressed weir)라 하고 대규모의 유량 측정에 사용된다.

이 때 식(8-22)는

$$Q = C\sqrt{2g}\int_0^H b\sqrt{z}\,dz = \frac{2}{3}CB\sqrt{2g}\,H^{\frac{3}{2}} \tag{8-23}$$

이 된다. 유량계수 C에 대해서는 다음의 Rehbock의 실험식이 많이 사용된다.

$$C = 0.605 + \frac{1}{1000H} + 0.08\frac{H}{D} \tag{8-24}$$

적용 범위는 $D \geqq H, D = 0.1 \sim 1.0$m, $B > 0.6$m, $H = 0.025 \sim 0.6$m이다.

(2) 4각 위어

그림 8-10 에서 $b < B$로서, $b = const.$ 일 때를 4각 위어(rectangular weir)라 하고, 중간 정도의 유량을 측정하는 데 사용된다.

유량은

$$Q = \frac{2}{3} Cb\sqrt{2g}\, H^{\frac{3}{2}} \tag{8-25}$$

이 된다.

적용범위는 $B=0.5 \sim 6.3$ m, $b=0.15 \sim 5$ m, $D=0.15 \sim 3.5$ m, $bD/B^2 \geqq 0.06$, $H = 0.03 \sim 0.45\sqrt{b}$ m이다.

(3) 3각 위어

그림 8-11과 같은 3각 위어(triangular weir)는 작은 유량을 측정하는 데 사용된다. 그림에서

$$b = 2(H-z)\tan\frac{\theta}{2} \tag{8-26}$$

이므로, 이것을 식(8-22)에 대입하여 적분하면

$$Q = 2C\sqrt{2g}\, tan\frac{\theta}{2}\int_0^H (H-z)\sqrt{z}\, dz = \frac{8}{15} C\sqrt{2g}\, tan\frac{\theta}{2} H^{5/2} \tag{8-27}$$

가 된다. 꼭지각(θ)이 90°이면, 윗 식은

$$Q = \frac{8}{15} C\sqrt{2g}\, H^{5/2} \tag{8-28}$$

이 된다. 유량계수 C에 대해서는 스트릭랜드(Strickland)에 의하여 다음의 실험식이 주어져 있다.

$$C = 0.565 + \frac{0.0087}{\sqrt{H}} \tag{8-29}$$

적용 범위는 $B > 4H + 0.3$m, $D > 3H$, $H \geqq 0.05$m, 상류 수로의 길이 〉 15 H이다.

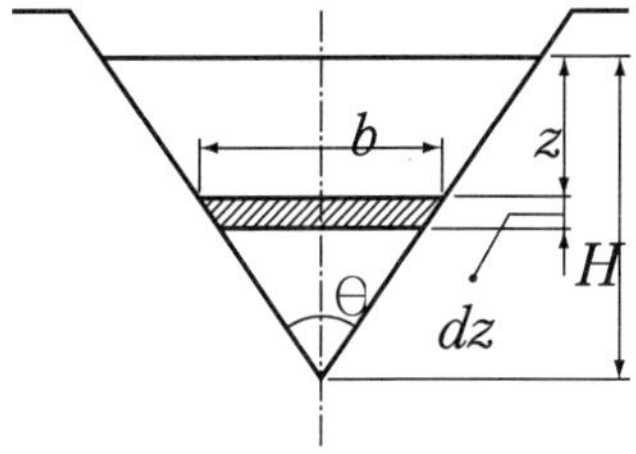

[그림 8-11] 3각 위어

예제 8-8

그림 8-10 과 같은 위어 폭이 1 m인 4 각 위어를 이용하여 유량을 측정할 때에 위어의 수두가 0.4 m이었다. 이때의 유량은 얼마일까? 단, 유량계수 $C=0.6$이다.

풀이

식(8-25)에서 $C=0.6$, $b=1\text{m}$, $H=0.4\text{m}$ 이므로

$$Q=\frac{2}{3}Cb\sqrt{2g}\,H^{3/2}=\frac{2}{3}\times 0.6\times 1\times\sqrt{2\times 9.8}\times 0.4^{3/2}=0.448\text{m}^3/\text{s}$$

예제 8-9

너비 1.2 m의 수로에 밑면에서 0.25 m인 곳을 꼭지점으로 한 직각 3 각 위어를 설치하여 유량을 측정하였다. 위어의 수두가 $H=0.3$m이라면 유량은 얼마인가?

풀이

식(8-29)에서

$$C=0.565+\frac{0.0087}{\sqrt{H}}=0.565+\frac{0.0087}{\sqrt{0.3}}=0.581$$

$$Q=\frac{8}{15}C\sqrt{2g}\,H^{5/2}=\frac{8}{15}\times 0.581\times\sqrt{2\times 9.8}\times(0.3)^{5/2}=0.0676\text{m}^3/\text{s}$$

8.5 압축성 유체의 유량 측정

앞 절에서 설명한 벤튜리계, 오리피스 등을 이용한 유량 측정법은 모두 비압축성 유체에서 $\rho = const.$ 인 경우에 대한 측정법들이었다.

압축성 유체의 유량을 관 오리피스 또는 관 노즐을 이용하여 측정하는 경우에는, 식(8-15)로 주어진 유량식에 기체의 팽창에 관한 수정계수를 고려하여 다음과 같이 계산한다.

$$Q = \alpha Y \frac{\pi}{4} d^2 \sqrt{2gH} \tag{8-30}$$

수정계수 Y는

$$Y = 1 - C \frac{P_1 - P_2}{P_1} \tag{8-31}$$

으로 구한다. 여기서 P_1, P_2는 p_1, p_2의 절대압력을 나타내며, C는 그림 8-2를 이용한다.

연습문제

1. 안지름 30 mm인 강관을 통하여 2.0 m^3의 물통을 가득 채우는데 4분의 시간이 소요되었다면 이 물의 체적유량 및 관내 평균유속은 얼마인가?

   0.0083 m^3/s, 11.79 m/s

2. 지름 1 m인 원관을 통하여 물을 평균유속 1.5 m/s로 송수할 때 체적유량과 중량유량은?

   1.178 m^3/s, 11.55 kN/s

3. 안지름 80 mm인 관으로 물을 송수하고 있다. 이 관에 목의 지름이 40 mm인 벤튜리계를 설치하고 U 자관 마노미터로 압력을 측정하였더니 수은주의 높이차가 40 cm가 되었다면 유량은 얼마인가? 단, 유량계수는 0.98이고, 수은의 비중은 13.6이다.

   0.0128 m^3/s

4. 수두차 1.5 m로 매분 0.75 m^3의 물을 유출시키는 관 오리피스의 지름은 얼마인가? 단, 유량계수는 0.65이다.

   0.0672 m

5. 그림 8-1과 같은 벤튜리계에서 $D=200$ mm, $d=25$ mm이고, 수주높이 $H=270$ mm, 유량계수 $C=0.98$ 이라면 유량은 얼마인가?

   0.03 m^3/s

6. 깊이 6.5 m인 저수지의 저면에 구멍을 뚫어 유출 유량을 0.053 m^3/s로 하기 위해서는 오리피스의 지름을 얼마로 하면 좋을까? 단, 유량계수는 0.6이다.

   0.1 m

7. 안지름 200 mm인 관을 통하여 물을 평균유속 3 m/s로 송수하고 있다. 관의 중간에 구멍의 지름이 120 mm인 관 오리피스를 장착하면 오리피스 전후의 압력차는 얼마나 될까? 단, 물의 동점성계수 $\nu = 1.0 \times 10^{-6}$ m^2/s이다.

8.52 m

8. 관 오리피스를 사용하여 유량을 측정하고자 한다. 매분 0.42 m^3의 유량으로 오리피스 전후의 수두차를 2.5 m로 유지하기 위해서는 오리피스의 지름을 얼마로 하는 것이 좋을까? 단, 오리피스의 유량계수는 $\alpha = 0.65$이다.

0.0443 m

9. 풍동의 중심에서 피토관을 이용하여 측정한 결과 전압과 정압의 차가 수주로 65 mm이었다. 이 때 풍동 중심의 풍속은 얼마인가? 단, 공기의 밀도는 1.25 kg/m3로 하고, 피토관계수는 0.98이다.

31.3 m/s

10. 위어 폭 $b = 0.8\text{m}$ 인 4각 위어를 설치하여 유량을 측정할 때, 위어의 수두가 300 mm 이었다. 이때의 유량을 구하여라. 단, 유량계수 C는 0.65이다.

0.252 m^3/s

11. 아래 그림과 같이 직각으로 구부린 유리관을 물의 흐름 방향에 대해 수직으로 세웠을 때 유리관내의 수위가 수면보다 35 mm 더 올라갔다. 이 경우 유속은 얼마인가? 단, 피토관의 속도계수를 0.99 로 한다.

0.82 m/s

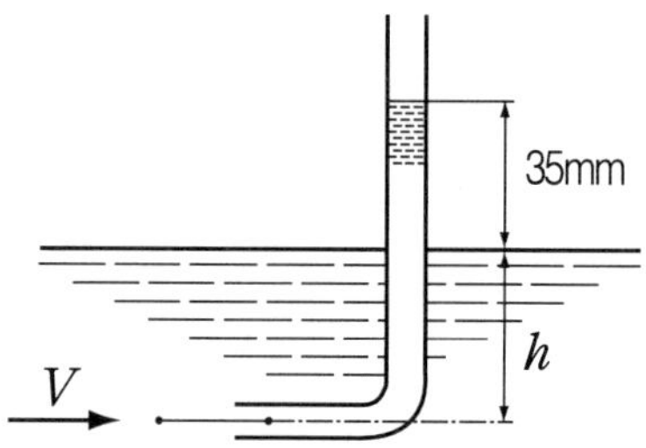

12. 폭 1.0 m인 수로에 밑면에서 0.2 m 되는 곳을 꼭지점으로 한 직각 3각 위어를 설치하여 유량을 측정하였다. 위어의 수두가 $H = 0.24\mathrm{m}$ 일 때 유량은 얼마인가?

0.039 m^3/s

Chapter 9

펌프

Chapter 9 펌프

유체기계란 유체와 기계 사이에 에너지 변환을 일으키는 기계를 말하며, 유체가 가지고 있는 에너지를 기계적 에너지로 변환하든가 또는 반대로 기계적 에너지를 유체의 에너지로 변환하는 기계를 유체기계라 총칭한다.

이러한 유체기계 중에서 우리 주변에서 가장 쉽게 접할 수 있고 많이 사용하고 있는 것이 펌프이다. 이 장에서는 원심펌프의 작동원리 및 구조를 이해하고, 앞서 다룬 유체역학 이론을 도입하여 원심펌프의 이론 양정들을 구해보기로 한다.

9.1 펌프의 개요

원동기에 의해 구동되고 연속적으로 기계적 에너지를 액체에 주는 유체기계가 펌프이다. 즉, 액체에 에너지를 주어 저압부에서 고압부로 송출하는 기계이며 일반적으로 작동원리에 따라 터보형 펌프, 체적형 펌프, 특수형 펌프로 대별된다.

(1) 터보형 펌프

터보형 펌프는 회전차를 케이싱 내에서 회전시켜 액체에 에너지를 주는 펌프이며 크게 원심펌프, 축류펌프 및 사류펌프의 3가지로 분류된다.

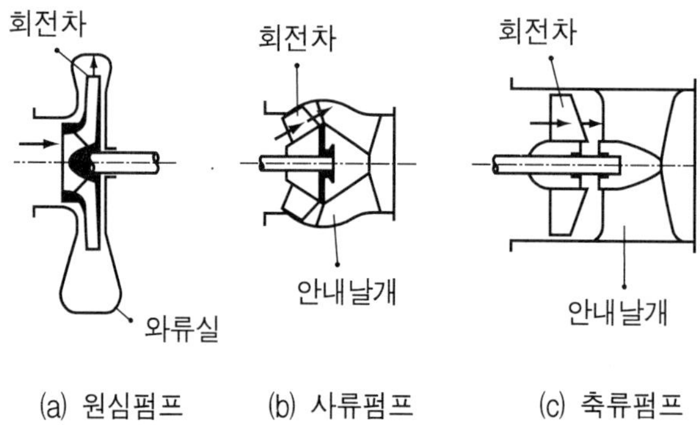

[그림 9-1] 원심펌프, 사류펌프, 축류펌프의 비교

▣ 원심펌프

원심펌프(centrifugal pump)는 1개 또는 여러 개의 회전차를 밀폐된 케이싱 내에서 회전시킴으로써 발생하는 원심력을 이용하여 액체의 펌프작용으로 수송 작용을 하거나 압력을 발생시키는 펌프를 말한다. 이 원심펌프의 특징은 고속회전이 가능하고, 소형 경량이며, 효율이 높고 맥동이 작다.

▣ 축류펌프

축류펌프(axial flow pump)는 유체가 회전차 속을 축방향으로 유입·유출하는 동안, 날개의 양력에 의하여 유체에 압력에너지 및 속도에너지를 공급하고, 회전차에서 유출한 유체의 속도에너지를 압력에너지로 변환시키기

위해서는 안내날개를 사용한다. 축류펌프의 회전차는 비속도가 큰 경우에 적합하므로 이 펌프는 대유량, 저양정(10m 이하)의 단단펌프로서 사용된다.

▣ 사류펌프

사류펌프(diagonal flow pump)는 원심펌프와 축류펌프의 중간 형상을 하고 있고, 흐름은 회전차 축에 대하여 출구 및 입구 모두에서 기울어져 있다. 회전차에서 토출되어 흐름이 와류실로 들어가는 벌류트 사류펌프와 안내날개를 축방향으로 경사지게 하여 토출관에 연결하는 사류펌프가 있고, 유체는 회전차에서 양력 및 원심력을 받음으로써 에너지를 증가시켜 펌프 작용을 한다.

(2) 체적형 펌프

체적형 펌프(positive displacement pump)는 플런저, 피스턴 또는 로터 등의 용적배제 작용에 의하여 액체를 압송하는 펌프이다. 플런저 및 피스턴의 왕복운동에 의하여 에너지를 변환하는 왕복동 펌프와 로터의 회전에 의하여 에너지를 변환시키는 기어펌프, 베인펌프 등이 이에 속한다. 용적의 배출작용에 의하여 정압으로 에너지 전달이 이루어지기 때문에 큰 전달력(압력)을 요하는 경우에는 터보형 펌프보다 적합하다.

(3) 특수형 펌프

터보형 펌프 및 체적형 펌프 이외의 것으로 유체에너지를 이용한 특수한 분사펌프, 와류펌프, 수격펌프, 유체토크 변환기 등이 이에 속한다.

이상과 같이 펌프는 그 작동원리 및 형식에 따라 여러 가지로 분류될 수 있으나, 이 장에서는 우리 주변에서 가장 많이 사용되고 있으며 비교적 잘 알려져 있는 원심펌프를 기준으로 기술한다.

9.2 원심펌프

원심펌프는 한 개 또는 여러 개의 회전차를 밀폐된 케이싱내에서 회전시킴으로서 발생하는 원심력을 이용하여 액체의 펌프작용, 즉 액체의 수송작용을 하거나 압력을 발생시키는 펌프를 말한다. 이러한 원심펌프의 특징으로는 고속회전 가능, 소형경량, 구조가 간단하고 취급이 용이하며 효율이 높고 맥동이 적다는 것을 들 수 있다.

(1) 원심펌프의 분류

펌프의 동체에 물을 채우고 회전차(impeller)를 고속 회전시키면 물은 원심력에 의해 외부로 향해 흐르고 결국에는 물이 밖으로 흘러나오게 된다. 중심부의 물이 밖으로 나오면 중심부는 압력이 저하되어 진공에 가까워지고 흡수면의 물이 대기의 압력에 의해 회전차의 중심을 향해 흐른다. 이렇게 하여 물은 연속적으로 펌프작용을 받아 흡입, 토출되는 것이다.

보통 원심펌프의 흡입구가 회전차의 중심에 있는 것은 그 때문이다.

벌류트 펌프(volute pump)와 터빈 펌프(turbine pump) 모두 원심펌프이며 현재 가장 많이 사용되고 있다. 이 두 펌프의 차이는 회전차의 바깥에 물의 안내날개가 있는 것이 터빈 펌프이고 없는 것이 벌류트 펌프이다. 안내날개는 회전차로부터 부여된 속도에너지를 능숙하게 압력에너지로 바꾸는 수단이며, 수류의 교통정리를 하는 역할을 하고 있다.

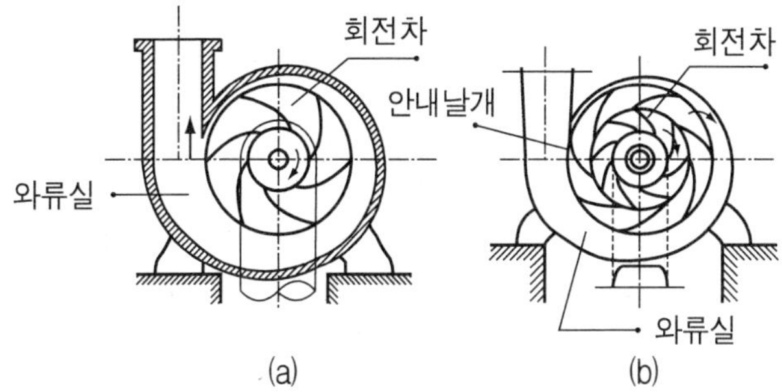

[그림 9-2] 벌류트 펌프(a)와 터빈 펌프(b)

1대의 펌프에 2개 이상의 회전차로서 물을 순차적으로 가압하여 고압력을 주도록 한 방식을 다단펌프(multi-stage pump)라 하며 3개의 것을 3단, 4개이면 4단이라 한다. 또 회전차 2개가 서로 등붙인 것 같은 형상을 하고 흡입구가 양측에 있는 것을 양흡입형(double suction type)이라 하며, 회전차 한 개로 흡입구가 한쪽에만 있을 때 편흡입형(single suction type)이라 한다. 여기서 주의할 것은 아무리 단수를 증가하여도 흡상능력은 증가되지 않는다는 것이다.

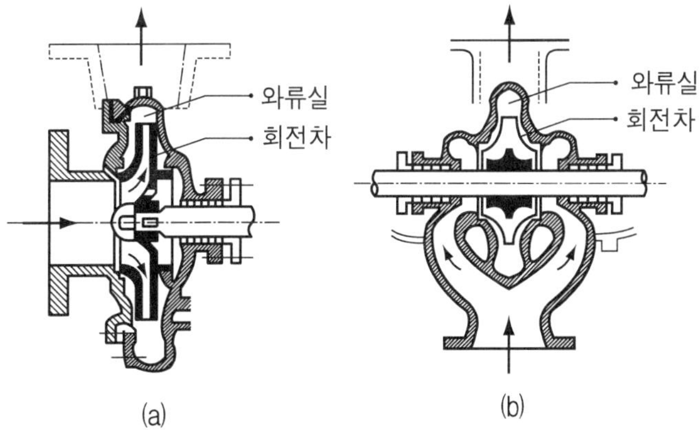

[그림 9-3] 편흡입펌프(a)와 양흡입펌프(b)

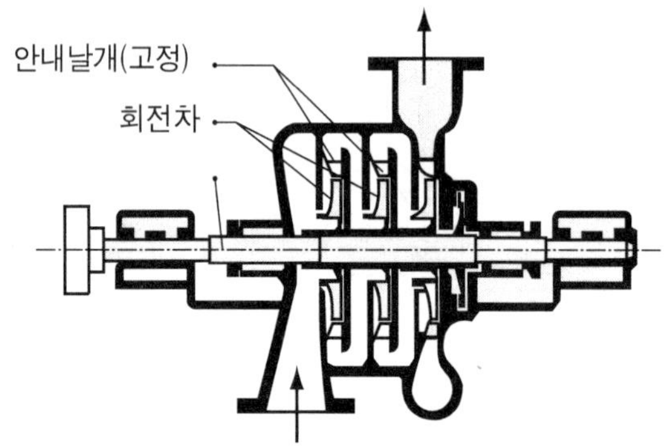

[그림 9-4] 다단펌프

(2) 원심펌프의 구조

원심펌프는 회전차를 수중에서 고속으로 회전시켜 원심력에 의해서 압력의 변화를 일으켜 물을 회전차의 중심부에서 외부로 유동시켜 물에 에너지를 주는 장치이다. 원심펌프는 펌프 본체(펌프 본체는 와실, 안내깃, 와류실로 구성), 회전차(impeller), 주축(main shaft), 축이음(shaft coupling), 베어링 본체(bearing body), 베어링(bearing) 및 패킹상자(packing box) 등 7가지 부분으로 구성되어져 있다. 그림 9-5 및 9-6에서 원심펌프의 구조와 명칭에 대한 설명은 다음과 같다.

① 회전차(impeller) : 펌프의 회전부분으로서 여러 개의 날개가 달린 바퀴이다. 날개(깃)의 수는 보통 4~8매이다.

② 주축(main shaft) : 회전차가 고정되어 있고 전동기의 회전동력을 전달한다.

③ 와류실(spiral casing) : 안내 깃에서 유출하는 물을 모아서 송출관으로 보내는 둥근형의 동체이다.

④ 흡입관(suction pipe) : 회전차의 중심부에 접속되어 흡수면에서 물을 흡입하여 상승시킨다.

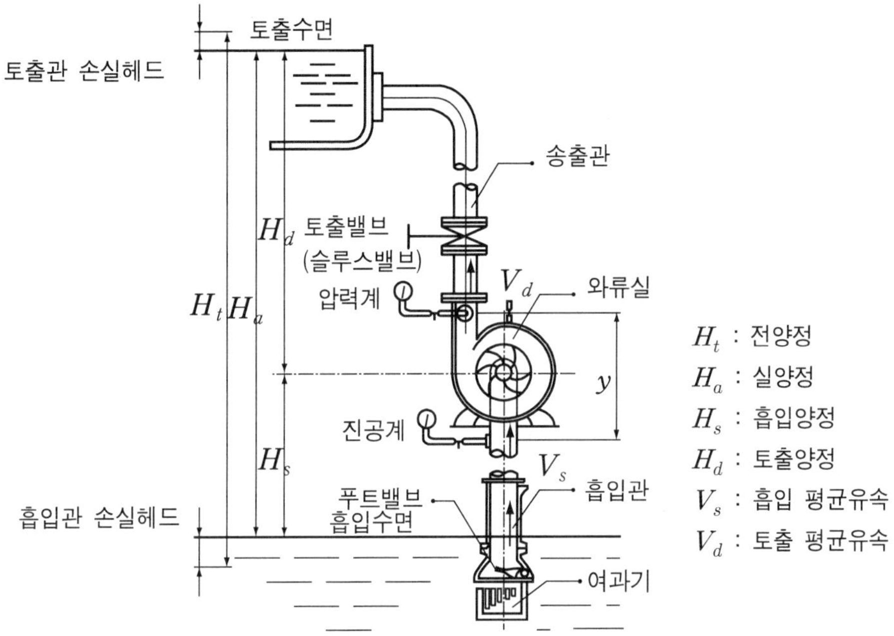

[그림 9-5] 펌프 계통도

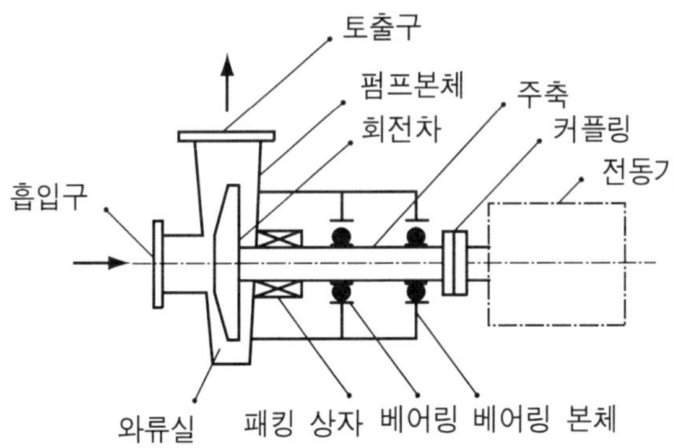

[그림 9-6] 원심펌프의 구성요소

⑤ 푸트밸브(foot valve) : 흡입관의 아랫부분에 설치되어 물 속에 담겨 있고, 이 속에 체크밸브(check valve)가 장치되어 있어서 펌프의 운

전이 정지되었을 때 흡입관내의 물의 역류를 방지하는 역할을 한다. 밸브의 아랫부분에는 여과기(strainer)를 달아 불순물이 관내에 유입되는 것을 방지한다.

⑥ 여과기(strainer) : 불순물의 관 유입을 방지한다.

⑦ 슬루스 밸브(sluice valve) : 와류실과 송출관 사이에 슬루스 밸브를 달아 펌프를 시동할 때에는 폐쇄해 두었다가 서서히 밸브를 열어서 필요한 양을 통과시킨다. 송출량의 조절도 이 밸브로 한다.

⑧ 토출관(delivery pipe) : 와류실의 출구에 접속되어 필요한 장소로 물을 수송하며, 송출관이라고도 한다.

9.3 펌프 성능

펌프가 운전되면 흡입 관로, 토출 관로, 관로 출구 등에서 여러 가지 에너지 손실 등이 발생한다. 그림 9-5는 펌프의 전양정을 나타낸다. 그림에서 흡입수면에서 펌프 기준면까지의 높이를 흡입수두 또는 흡입양정(suction head) H_s, 펌프기준면에서 토출수면까지를 토출수두 또는 토출양정(delivery head) H_d라 한다.

(1) 실양정(actual head, H_a)

흡입 액면과 토출 액면 사이의 높이($H_s + H_d$)를 실양정이라 한다.

$$H_a = H_s + H_d \tag{9-1}$$

(2) 전양정(total head, H)

실제로 펌프를 운전할 때 흡입관로, 토출관로 또는 관로의 입구 및 출구 등에 여러 가지 손실 h_l이 발생한다. 펌프의 실양정 H_a에 이러한 관로계의 손실수두를 더한 것이 펌프가 액체에 주는 전양정이 된다.

$$H = H_a + h_l = H_s + H_d + h_l \qquad (9\text{-}2)$$

(3) 액주계 양정(manometric head, H_m)

펌프 기준면으로 환산한 토출압력(discharge pressure, 압력계로 계측)과 흡입압력(suction pressure, 진공계로 계측)을 각각 $p_{d,}$ p_s로 하면, 펌프의 양정을

$$H_m = \frac{p_d - p_s}{\rho g} + \frac{V^2_{\ - \ V^2_{s2g} + yd}}{} \qquad (9\text{-}3)$$

로 표현할 수 있다. 이 양정을 펌프의 액주계 양정 H_m이라 한다. 여기서 V_d, V_s는 펌프의 토출관로와 흡입관로의 압력측정 위치에서의 평균유속이며, y는 진공계와 압력계 사이의 수직거리이다.

예제 9-1

원심펌프에서 토출측 압력계의 눈금이 1.8 kgf/cm^2, 흡입측 진공계의 눈금이 300 mmHg이었다. 이 펌프의 흡입관과 토출관의 지름이 같고 압력계와 진공계 사이의 거리가 500 mm일 때의 양정을 구하여라.

풀이

$$H_m = \frac{p_d - p_s}{\rho g} + \frac{V_d^2 - V_s^2}{2g} + y$$

$$p_d = 1.8 \times 10000 = 18000\,\mathrm{kg_f/m^2}$$

$$p_s = -300 \times \frac{1.0332 \times 10^4}{760} = -4080\,\mathrm{kg_f/m^2}$$

$V_d = V_s$, $y = 0.5\,\mathrm{m}$ 이므로

$$H_m = \frac{18000 + 4080}{1000} + 0.5 = 22.58\,\mathrm{m}$$

예제 9-2

높이 5 m에서 압력이 8 kgf/cm², 속도가 10 m/s라면, 이 물의 전수두는 얼마인가?

풀이

$$H = z + \frac{p}{\gamma} + \frac{V^2}{2g} = 5 + \frac{8 \times 10^4}{1000} + \frac{10^2}{2 \times 9.8} = 90.1\mathrm{m}$$

9.4 원심펌프의 이론양정

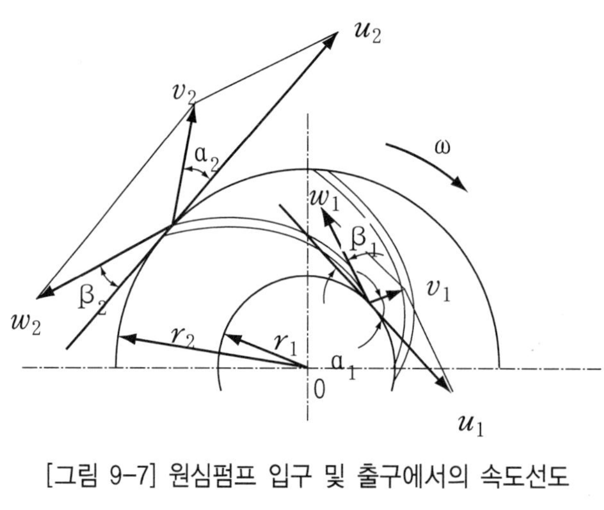

[그림 9-7] 원심펌프 입구 및 출구에서의 속도선도

원심펌프의 회전차에서 깃의 두께가 무한히 얇으며, 또한 깃의 수가 무한인 이상적인 것을 생각하고, 회전차 속의 유선의 형상이 모든 곳에서 깃에 따르고 있는 경우를 고려한다. 이와 같은 유동을 가정했을 때 회전차에 의해서 단위 무게의 액체에 주어지는 에너지, 즉 양정을 깃수 무한인 경우의 이론양정이라 하고 $H_{th\infty}$로 표시한다. 이와 같은 $H_{th\infty}$는 Euler에 의해서 처음 구해졌으며, 운동량의 법칙을 기초로 한 유체기계의 이론으로서 가장 기본적인 것이 된다.

그림 9-7은 원심펌프의 회전차를 표시한 것이다. 액체는 회전차의 중심의 가까운 곳에서 흡입되어 반지름 방향으로 바깥쪽으로 유출된다. 이 때의 입구 및 출구에 대한 액체입자의 절대속도 v[m/s], 회전차에 대한 상대속도 w[m/s], 회전차의 주속도 u[m/s]사이의 관계가 그림에 표시되어 있다. 액체는 모든 곳에서 깃에 따르므로 상대속도 w는 항상 깃의 접선방향이 된다. 각각의 속도벡터 v, w, u는 3각형을 형성하게 되고 이것을 속도 3각형(velocity triangle)이라고 한다.

원심펌프의 이론양정에 대한 식은 각운동량 또는 운동량의 모멘트의 원리를 회전차 통로를 지나는 액체의 질량에 적용함으로써 얻어진다. 이 원리에 의하면 어떤 물체의 회전축에 관한 각운동량의 시간적 변화율은 같은 축에 대해 그 물체에 작용하는 토크와 같다.

지금 회전차의 반지름을 r, 깃의 각도를β, 절대속도를 v, 주속도를 u, 상대속도를 w라 하고, v와 u사이의 각도를 α라 하자. 하첨자 1은 입구, 2는 출구를 표시한다고 하면 회전차의 입구 및 출구에 있어서의 각운동량은 액체의 비중량을γ, 유량을 Q라고 할 때

$$\frac{(\text{질량})\times(\text{반지름})\times(\text{절대속도의 원주방향속도})}{(\text{시간})} = \frac{\gamma Q}{g} rv\cos\alpha$$

이므로, 각운동량의 법칙에서 토크 T는

$$T = \frac{\gamma Q}{g}(r_2 v_2 \cos\alpha_2 - r_1 v_1 \cos\alpha_1) \tag{9-4}$$

또한, $v_1\cos\alpha_1 = v_{u1}$, $v_2\cos\alpha_2 = v_{u2}$라고 하면, 식(9-4)는

$$T = \frac{\gamma Q}{g}(r_2 v_{u2} - r_1 v_{u1}) \tag{9-5}$$

가 되고, 회전차를 구동하는 동력 L은 회전차의 각속도를 ω라 하면

$$L = T\omega = \frac{\gamma Q}{g}(r_2 v_{u2} - r_1 v_{u1})\omega = \frac{\gamma Q}{g}(u_2 v_{u2} - u_1 v_{u1}) \tag{9-6}$$

가 된다. 손실이 전혀 없는 이상적인 펌프에 있어서 외부에서 가해진 동력이 완전히 액체에 주어졌다고 하면

$$\gamma Q H_{th\infty} = \frac{\gamma Q}{g}(u_2 v_{u2} - u_1 v_{u1}) \tag{9-7}$$

또는

$$H_{th\infty} = \frac{1}{g}(u_2\, v_{u2} - u_1\, v_{u1}) \tag{9-8}$$

이다. 이 $H_{th\infty}$를 앞에서 말한 깃수 무한인 경우의 이론양정 또는 오일러의 이론양정이라 하고 식(9-8)을 오일러의 방정식이라고 한다. 만약 깃 입구에서 절대속도가 원주방향 성분을 가지지 않을 때에는 $\alpha_1 = 90°$, 즉 $v_{u1} = 0$ 이므로

$$H_{th\infty} = \frac{1}{g}\, u_2\, v_{u2} \tag{9-9}$$

로 표시한다. 그림 9-8에서 출구의 속도선도는 다음의 관계를 갖는다.

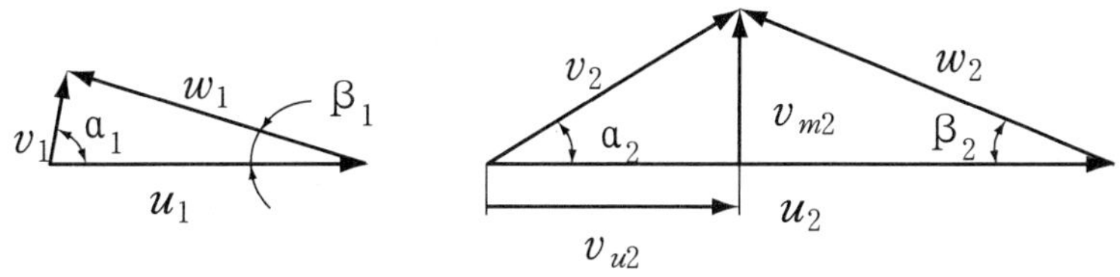

[그림 9-8] 회전차 입구 및 출구 속도선도

$$v_{u2} = u_2 - w_2 \cos\beta_2 = u_2 - \frac{v_{m2}}{\tan\beta_2} \tag{9-10}$$

여기서 v_{m2}는 v_2의 반지름 방향 성분을 표시한다. 회전차의 출구지름을 D_2, 폭을 b_2라고 하면, 연속방정식에서 $Q = (\pi D_2 b_2) v_{m2}$가 된다. 식(9-10)을 식(9-9)에 대입하면

$$H_{th\infty} = \frac{u_2^2}{g} - \frac{u_2 v_{m2}}{g\ \tan\beta_2} \tag{9-11}$$

가 된다.

예제 9-3

어떤 원심펌프의 회전차 바깥지름이 100 mm, 송출유량이 2 m³/s이며, 회전차 입구에서 절대속도와 원주속도(주속도)가 이루는 각이 90°이다. 회전차 출구에서 절대속도의 원주방향 성분이 2 m/s일 때 몇 kgf·m의 회전력이 필요한가? 단, 유체는 물이다.

풀이

$$T = \rho Q(r_2 v_{u2} - r_1 v_{u1}) = \rho Q(r_2 v_2 \cos\alpha_2 - r_1 v_1 \cos\alpha_1)$$

$$= \frac{\gamma}{g} Q(r_2 v_2 \cos\alpha_2 - r_1 v_1 \cos\alpha_1)$$

그런데 $\alpha_1 = 90°$ 이므로 $\cos\alpha_1 = 0$

$$T = \frac{1000}{9.8} \times 2 \times 0.05 \times 2 = 20.4\,\text{kg}_\text{f} \cdot \text{m}$$

예제 9-4

원심펌프의 회전차 출구 지름을 500 mm, 회전수 1200 rpm, $\alpha_1 = 90°$, $\beta_2 = 20°$, $w_2 = 10\mathrm{m/s}$ 일 때, 펌프의 이론양정을 구하여라.

풀이

Euler의 이론양정 $H_{th\infty} = \frac{1}{g}(u_2 v_2 \cos\alpha_2 - u_1 v_1 \cos\alpha_1)$에서 입구측의 방향각 $\alpha_1 = 90°$이므로

$$H_{th\infty} = \frac{1}{g} u_2 v_2 \cos\alpha_2$$

$$u_2 = \frac{2\pi r_2 n}{60} = \frac{\pi D_2 n}{60} = \frac{3.14 \times 0.5 \times 1200}{60} \fallingdotseq 31.4\mathrm{m/s}$$

$$v_2 \cos\alpha_2 = v_{u2} = u_2 - w_2 \cos\beta_2 = 31.4 - 10 \times 0.940 = 22\,\mathrm{m/s}$$

그러므로

$$H_{th\infty} = \left(\frac{1}{g}\right) u_2 v_2 \cos\alpha_2$$

$$= \frac{1}{g} u_2 (u_2 - w_2 \cos\beta_2)$$

$$= \frac{1}{9.8} \times 31.4 \times 22 \fallingdotseq 70.5\,\mathrm{m}$$

▣ 양정($H_{th\infty}$)과 유량(Q)의 관계

식(9-11)은 양정 축과 u_2^2/g 에서 만나고, v_{m2}축과 $u_2 \tan\beta_2$에서 만나는 선형방정식을 나타낸다. 이 직선의 경사는 그림 9-11에서 볼 수 있듯이 깃 출구각 β_2에 좌우된다. 또 그림에서 Q는 v_{m2}와 v_{m2}에 직각인 면적의 곱과 같으므로 v_{m2}는 유량에 비례함을 나타낸다.

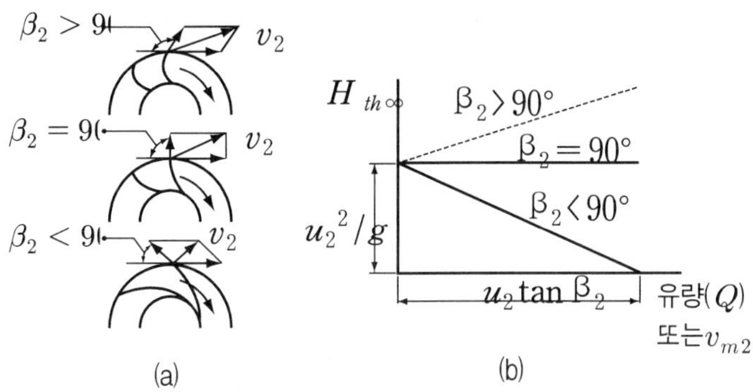

[그림 9-9] 이론양정과 유량과의 관계

① $\beta_2 = 90°$: 양정-유량 선은 유량의 축에 평행하고, $H_{th\infty} = u^2_{/g2} = const$ 임.

② $\beta_2 < 90°$: 양정은 유량이 증가함에 따라서 감소

③ $\beta_2 > 90°$: 양정은 유량에 따라서 증가

▣ 양정($H_{th\infty}$)과 깃 출구각(β_2)의 관계

입구와 출구에 있어서의 속도 3각형에 여현의 제 2법칙을 적용하면

$$w_1^2 = v_1^2 + u_1^2 - 2v_1u_1\cos\alpha_1$$

$$w_2^2 = v_2^2 + u_2^2 - 2v_2u_2\cos\alpha_2$$

이다. 이 식들을 식(9-8)에 대입하면

$$H_{th\infty} = \frac{u_2^2 - u_1^2}{2g} + \frac{w_1^2 - w_2^2}{2g} + \frac{v_2^2 - v_1^2}{2g} \qquad (9\text{-}12)$$

이 된다. 여기서,

$$H_{th\infty p} = \frac{u_2^2 - u_1^2}{2g} + \frac{w_1^2 - w_2^2}{2g} \qquad (9\text{-}13a)$$

$$H_{th\infty v} = \frac{v_2^2 - v_1^2}{2g} \tag{9-13b}$$

$$H_{th\infty} = H_{th\infty p} + H_{th\infty v} \tag{9-13c}$$

$$\varphi = \frac{H_{th\infty p}}{H_{th\infty}} \tag{9-13d}$$

라고 정의하자. $H_{th\ \infty p}$는 액체에 주는 압력수두이고 제 1항은 원심력에 의한 압력증가, 제 2항은 회전차 속의 통로의 단면변화에 의한 압력증가를 표시한다. $H_{th\ \infty v}$는 출구의 입구에 대한 속도수두의 증가를 나타낸다. 일반적으로 $H_{th\ \infty v}$는 안내깃, 유출노즐 등에서 압력에너지로 변화시켜야 하나, 이 때는 유동이 감속상태이므로 손실을 일으키기가 쉽다. 따라서 $H_{th\infty}$가 크다고 할지라도 $H_{th\ \infty p}$의 $H_{th\infty}$에 대한 비(φ ; 반동도)가 펌프효율에 크게 영향을 미친다. 그러므로 $H_{th\infty}$의 크기와 φ의 두 가지 값에서 적당한 β_2가 결정된다. 실제로 β_2는 35°와 15°의 범위이고, 특히 $20° < \beta_2 < 25°$ 가 가장 적당하다.

▣ 깃수 유한인 경우의 이론양정

앞에서 논의한 깃수 무한인 경우의 회전차 내의 유동은 실제의 경우가 아닌 이상적인 유동을 가정한 결과이므로 회전차의 회전에도 불구하고 유동의 모양이 깃의 곡선을 따라 가게끔 가정한 것이다. 그러나 실제로는 깃의 두께와 깃수는 유한하고 유체도 이상유체가 아니므로 유동은 깃을 완전히 따라 가지 않고 상대적 순환(relative circulation)을 일으키게 되며, 이 상대적 순환의 크기는 유동 통로의 형상에 따라서 다르다. 따라서 상대적 순환의 영향을 받는 깃수가 유한한 경우에 대해 회전차로부터 유체에 부여되는 이론 전양정을 H_{th}라 하면, 이는 $H_{th\infty}$보다 작고

$$\mu = \frac{H_{th}}{H_{th\infty}} \tag{9-14}$$

로 나타낼 수 있다. 여기서 μ를 미끄럼계수(slip coefficient)라고 하고, 이 미끄럼계수를 구하기 위하여 많은 이론적 연구 및 실험적 연구가 행하여지고 있다.

9.5 펌프의 동력, 제효율 및 손실

펌프를 구동하는 원동력이 되는 출력은 주어진 펌프 규격에서 정해지는 수동력과 펌프나 동력전달장치의 효율에 따라 결정된다.

(1) 수동력(water power, L_w)

펌프내의 회전차의 회전에 의하여 펌프를 통과하는 액체에 주어지는 동력을 수동력이라 하고 다음과 같이 표시된다.

$$L_w = \frac{\gamma QH}{75}[\mathrm{PS}] = \frac{\gamma QH}{102}[\mathrm{kW}] \tag{9-15}$$

여기서 Q는 펌프의 송출유량 [m^3/s], H는 전양정 [m]이고 γ는 유체의 비중량[$\mathrm{kgf/m}^3$]이다.

(2) 축동력(shaft power, L_s)

펌프의 외부에 있는 동력 공급원(원동기 혹은 전동기 등)으로부터 펌프의 회전차를 구동하는데 필요한 동력을 축동력 또는 제동동력이라고 한다. 축동력은 수동력보다 펌프에 있어서의 손실 동력량 만큼 크다.

(3) 펌프효율(pump efficiency, η)

펌프효율은 수동력 L_w와 축동력 L_s의 비로 아래와 같이 표시된다.

$$\eta = \frac{L_w}{L_s} \tag{9-16}$$

한편, 원심펌프에서 발생하는 피할 수 없는 손실들 즉, 수력손실, 기계손실 및 누설손실 등에 관련된 다음의 효율들이 있다.

▣ 수력효율(hydraulic efficiency, η_h)

펌프가 실제로 내는 양정 H와 깃수 유한인 경우의 이론양정 H_{th}에 대한 비로 표시한다.

$$\eta_h = \frac{H}{H_{th}} = \frac{H_{th} - h_l}{H_{th}} \tag{9-17}$$

여기서 h_l은 수력손실수두를 의미한다.

수력효율 η_h는 펌프의 전효율 η에 영향을 주는 조건 중에서 가장 중요한 효율이다. 따라서 수력효율의 실질적인 내용이 되는 수력손실을 규명해 보는 것이 필요하다. 수력손실의 주 내용으로는

① 펌프의 흡입구에서 송출구까지 유로 전체에 따른 마찰로 인한 손실
② 회전차, 안내깃, 와류실, 송출관 등에서 유체의 부차적 손실인 와류로 인한 손실
③ 회전차의 깃 입구와 출구에서의 유체입자들의 충돌에 의한 손실

등을 생각할 수 있다.

▣ 체적효율(volumetric efficiency, η_v)

펌프 출구에서 유효한 유량은 회전차를 통과한 유량보다 유량손실 만큼 적다. 이러한 유량의 2가지 측면에서의 비를 체적효율이라고 한다.

$$\eta_v = \frac{Q}{Q+q} \tag{9-18}$$

여기서 Q : 펌프가 실제로 송출관 쪽으로 압송하는 유량

q : 펌프내의 누설된 유량

유량손실은 펌프내의 회전부분과 고정부분 사이의 경계 틈을 통한 누설유량과 펌프내부에서 순환하는 잔류유량으로 인한 손실유량으로 구분된다. 누설 및 순환 잔류유량이 생기는 부위는 다음과 같다.

① 회전차 입구에서의 웨어링 링(wearing ring)
② 축 추력 방지를 위한 밸런스 홀(balance hole)
③ 다단펌프에서 각 단 사이의 간극
④ 패킹박스(packing box)

▣ 기계효율(mechanical efficiency, η_m)

회전차에 의해 실제로 흡수되어 수두로 변환된 동력과 펌프 축에 공급된 동력에 대한 비이다.

$$\eta_m = \frac{\text{축동력} - \text{기계손실}}{\text{축동력}} = \frac{L_s - L_m}{L_s} \tag{9-19}$$

여기서 L_m은 기계손실동력이다.

기계손실은 회전차의 원활한 회전을 위한 축수장치(bearing)와 누설방지를 목적으로 한 축봉장치와의 관계로부터 야기되는 마찰에 의한 동력손실

과 회전차가 유체를 헤치고 회전해야 하는데 관련된 마찰동력손실을 합한 것을 말한다. 여기서 전자를 외부 기계적손실 후자를 내부 기계적손실이라고도 한다.

한편,

$$L_s - L_m = \frac{\gamma H_{th}(Q+q)}{75}$$

에서

$$\eta_m = \frac{\gamma H_{th}(Q+q)}{75\,L_s}$$

이므로

$$\eta = \frac{L_w}{L_s} = \frac{\gamma HQ}{75\,L_s} = \frac{\gamma H_{th}(Q+q)}{75\,L_s} \cdot \frac{H}{H_{th}} \cdot \frac{Q}{Q+q} \quad (9\text{-}20)$$

$$= \eta_m \cdot \eta_h \cdot \eta_v$$

이다. 즉, 펌프의 전효율은 기계효율, 수력효율과 체적효율의 곱으로 표시된다.

예제 9-5

양정 20 m, 토출유량 0.8 m3/min, 펌프효율 70%인 벌류트펌프의 축동력은 얼마인가? 단, 물의 밀도는 1000 kg/m3이고 관로의 손실은 무시한다.

풀이

수동력 : $L_w = \frac{\rho g QH}{102} = \frac{1000 \times 9.8 \times (0.8/60) \times 20}{102} = 2.56\text{kW}$

축동력 : $L_p = \frac{L_w}{\eta} = \frac{2.56}{0.7} = 3.66\text{kW}$

예제 9-6

전양정 H=30 m, 유량 Q=1.2 m^3/min의 펌프를 설계할 때, 펌프 효율을 $\eta = 0.75$로 하면 펌프의 축동력은 몇 마력인가? 단, 유체는 물이다.

풀이

펌프의 전효율

$$\eta = \frac{\text{수동력}}{\text{축동력}} = \frac{L_w}{L} = \frac{\gamma QH}{75L} \text{에서}$$

$$L = \frac{\gamma QH}{75\eta} = \frac{1000 \times 1.2 \times 30}{75 \times 0.75 \times 60} = 10.7\,\text{PS}$$

예제 9-7

펌프 양수량이 0.6 m^3/min, 관로의 전손실 수두가 5 m인 펌프가 펌프 중심으로부터 1 m 아래에 있는 물을 높이 20 m의 송출 액면에 양수하고자 할 때 펌프의 축동력은 얼마인가? 단, 펌프의 효율은 $\eta = 0.6$이다.

풀이

전양정 = (실양정)+(관로 내의 전 손실 수두) = (20+1) + 5 = 26m

$$\text{수동력 } L_w = \frac{\gamma QH}{102} = \frac{1000 \times (0.6/60) \times 26}{102} = 2.549\text{kW}$$

$$\text{축동력 } L = \frac{L_w}{\eta} = \frac{2.549}{0.6} = 4.25\,\text{kW}$$

9.6 펌프의 특성곡선과 비속도

(1) 특성곡선(characteristics curve)

펌프의 특성곡선은 토출유량을 횡축에, 양정곡선, 축동력곡선 및 효율곡선을 종축에 나타낸 것이며, 일반적으로 특정 회전수에 있어서의 성능을 나타낸다. 여기에서는 그림 9-10에 도시한 원심펌프의 특성곡선을 예로 들어 설명하고자 한다.

양정곡선은 펌프의 토출유량이 변화하면 전양정도 변화하는 것을 보여준다. 특히, 토출유량이 0일 때를 체절양정이라고 한다. 일반적으로 토출유량의 증가에 따라 전양정은 낮아지는 하강 특성을 나타내며, 토출유량이 증가함에 따라 체절양정 부근에서 우상승 특성을 나타내는 산형특성의 펌프도 있다.

축동력 곡선은 토출유량이 0일 때에 축동력이 최소이고 토출유량의 증가와 함께 축동력도 증가하는 현상을 보여준다. 그러나 축동력은 토출유량이 증가에 따라 무한히 증가하는 것은 아니므로, 어떠한 토출유량의 운전에 있어서 모터의 과부하가 걸리지 않도록 하중의 극한값을 사전에 설정하여야 한다.

효율곡선은 펌프의 효율을 각 토출유량에 대해 %로 도시한 것이다.

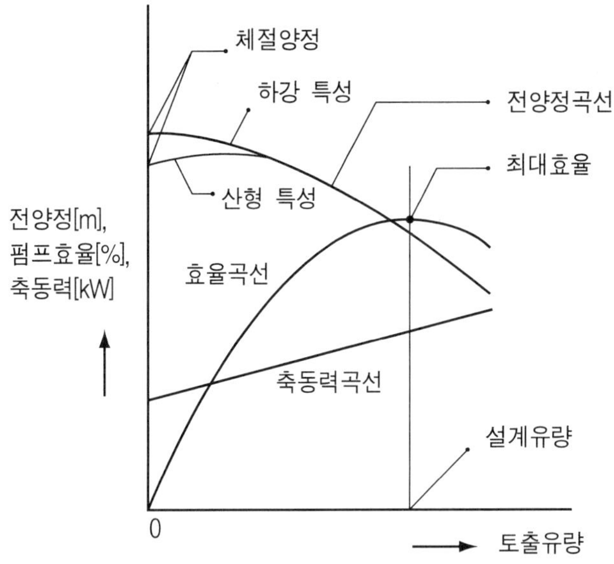

[그림 9-10] 원심펌프의 특성곡선

(2) 펌프의 운전점

펌프를 운전하는 경우 펌프는 실양정 외에 관로에서의 유체마찰과 밸브 및 엘보 등에 의한 부차적 손실을 능가할 수 있을 정도의 양정을 가져야 한다. 이 손실수두는 식(6-3)에 의해

$$h = \frac{p_1 - p_2}{\rho g} = \lambda \frac{l}{d} \frac{V^2}{2g} \tag{9-21}$$

이고, $V = Q/A = Q/(\pi d^2/4)$이므로

$$h = \lambda \frac{l}{d} \frac{16Q^2}{\pi^2 d^4} \frac{1}{2g} = K \frac{Q^2}{d^5} \tag{9-22}$$

이 된다. 여기서 $K = 8\lambda l / g\pi^2$ 이다. 따라서 관의 직경을 줄이면 그림 9-11에서 볼 수 있는 바와 같이 관로의 저항곡선은 R_1에서 R_2로 된다. 만약 펌

프의 설계된 토출유량 Q_{th}을 얻기 위해서는 전체 관로에 대한 손실수두를 고려한 ①점이 ②점으로 되고 설계 양정이 H_1에서 H_2로 바뀌게 된다.

따라서 관로의 저항곡선은 유량과 이것을 송출하는데 필요한 펌프의 양정과의 관계를 나타낸 것이며, 이 저항곡선과 양정곡선과의 교점이 펌프의 운전점이 된다.

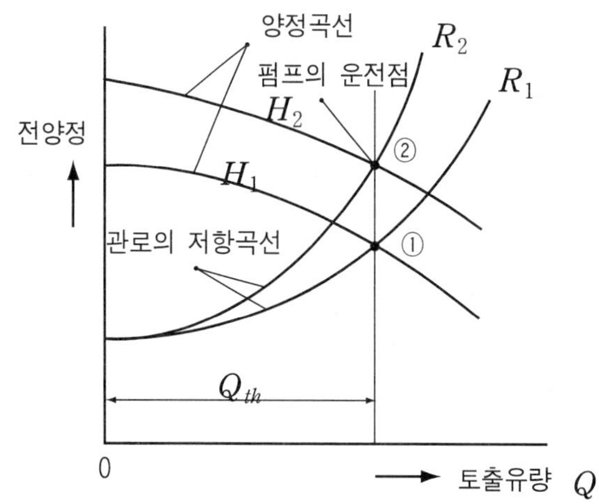

[그림 9-11] 펌프의 운전점

(3) 원심펌프의 상사

원심펌프의 회전차의 상사 법칙은 형상이 기하학적으로 상사되어야 함과 동시에, 운동학적 및 역학적 상사가 성립되어야 한다. 특히, 유체기계의 상사법칙은 유체기계 속의 흐름의 속도삼각형이 상사되는 것을 전제로 하면서, 한 기계의 어떤 회전수에 있어서의 성능에 대하여 다른 기계의 상이한 회전수 및 회전차 바깥지름 변화에 있어서의 성능을 추정하는 데 이용된다.

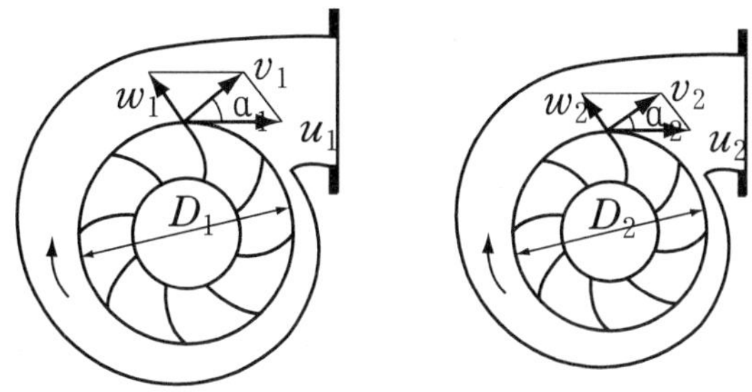

그림 9-12 원심펌프의 상사

▣ 회전수가 변하는 경우

같은 펌프에 대해서 가변속 모터를 이용해 펌프의 회전속도를 변화시키거나, 토출밸브의 개도를 변화시켜 토출유량을 증감시키는 경우가 흔히 있다. 최초에 주어진 사양 조건이 회전수 n_1[rpm], 유량 Q_1[m^3/min], 전양정 H_1[m], 축동력 L_1[kW]인 펌프가, 회전수가 n_2 로 변한 경우의 토출유량 Q_2, 전양정H_2, 축동력L_2는 다음과 같이 나타낼 수 있다.

- 유량에 관한 상사율

$$Q_2 = Q_1\left(\frac{n_2}{n_1}\right) \tag{9-23a}$$

- 전양정에 관한 상사율

$$H_2 = H_1\left(\frac{n_2}{n_1}\right)^2 \tag{9-23b}$$

- 축동력에 관한 상사율

$$L_2 = L_1\left(\frac{n_2}{n_1}\right)^3 \tag{9-23c}$$

▣ 회전차 바깥지름이 변하는 경우

펌프의 바깥지름이 변하는 경우, 토출유량, 전양정 및 축동력이 당연히 변화한다. 먼저 주어진 펌프의 사양 조건이 회전차 바깥지름 D_1[m], 유량 Q_1[m^3/min], 전양정 H_1[m], 축동력 L_1[kW]인 경우에, 바깥지름이 D_2 인 다른 펌프의 토출유량 Q_2, 전양정 H_2, 축동력 L_2는 다음과 같이 나타낼 수 있다.

- 유량에 관한 상사율

$$Q_2 = Q_1\left(\frac{D_2}{D_1}\right)^3 \cdot \left(\frac{n_2}{n_1}\right) \tag{9-24a}$$

- 전양정에 관한 상사율

$$H_2 = H_1\left(\frac{D_2}{D_1}\right)^2 \cdot \left(\frac{n_2}{n_1}\right)^2 \tag{9-24b}$$

- 축동력에 관한 상사율

$$L_2 = L_1\left(\frac{D_2}{D_1}\right)^5 \cdot \left(\frac{n_2}{n_1}\right)^3 \tag{9-24c}$$

따라서 식(9−24)에서 $D_1 = D_2$이면 즉, 같은 바깥지름을 갖는 동일한 펌프로 생각하면 식(9−23)과 같아진다.

예제 9-8

어떤 펌프가 매분 960회전할 때, 전양정이 9.5 m이고 수량 0.35 m^3/min을 송출한다. 펌프의 회전이 매분 1500회전으로 바뀌는 경우 송출 수량은 얼마나 될까?

풀이

식(9-23a)에서

$$Q_2 = Q_1\left(\frac{n_2}{n_1}\right) = 0.35\times\frac{1500}{960} = 0.547\mathrm{m^3/min}$$

(4) 비속도(specipic speed)

펌프를 설계하는 경우에는 우선 펌프의 전양정, 토출유량, 회전속도 및 소요동력을 결정하고, 이들에 대하여 효율이 가장 높아지도록 회전차의 치수나 형상 등을 결정할 필요가 있다. 이를 위해서는 모든 가능한 펌프에 대해 공통적으로 표현할 수 있는 새로운 무차원수가 필요하며, 이를 위해 도입한 무차원수를 비속도(specific speed)라 한다. 즉, 실물의 펌프와 기하학적으로 상사가 되도록 만들어진 펌프가 양정 1m에서 유량 1 $\mathrm{m^3/s}$를 양수할 때에 필요한 매분당의 회전속도를 실물펌프의 비속도라고 정의하고 다음과 같이 표현한다.

$$n_s = n\frac{\sqrt{Q}}{H^{3/4}} \tag{9-25}$$

여기서, n_s : 비속도 [rpm, $\mathrm{m^3}$/min, m]

n : 회전속도 [rpm]

Q : 토출유량 [$\mathrm{m^3}$/min]

H : 전양정 [m]

이다. 식(9-25)의 비속도에 관한 표현은 한 개의 회전차에 대하여 고려하는 것이므로 다단(i단)인 경우에는 H/i를, 양흡입 펌프인 경우에는 $Q/2$를 대입해야 한다. 회전차 설계에 사용되는 n_s의 범위는 대략 100~2500정도이고, 펌프의 비속도는 회전차의 성능을 예측하거나, 양정과 토출유량이 주어졌을 때 회전차를 선정하는 경우에 주로 사용된다.

예제 9-9

양정이 220 m, 회전수가 2900 rpm이며, 비속도가 176 [rpm, m^3/min, m]인 4단 원심펌프의 유량은 얼마인가?

풀이

$n_s = n\dfrac{\sqrt{Q}}{(H/i)^{3/4}}$ 에서

$n_s = 176$, $n = 2900\text{rpm}$, $H = 220\text{m}$, $i = 4$이므로,

$Q = 1.5\text{m}^3/\text{min}$

9.7 펌프의 흡입성능

(1) 공동현상

양수액이 물인 경우 100℃가 되면 끓지만 이것은 1기압에서의 현상이며, 압력이 저하하면 비등점은 100℃이하로 되고 압력이 더욱 저하되면 나중에는 상온에서도 끓는 현상이 일어나게 된다. 이것은 주어진 액체온도에 대응하는 포화증기압 이하로 내려가면 액체의 내부에서 부분적으로 증발하여 기포가 생기는 것이다.

펌프 내부에서도 흡상 양정이 높거나, 유속의 급변 또는 와류의 발생, 유로에서의 장해 등에 의해 압력이 국부적으로 포화증기압 이하로 내려가 기포가 생성되는 현상이 일어날 수 있는데, 이 현상을 공동현상(空洞現像; cavitation) 또는 캐비테이션이라 한다.

펌프에서는 회전차 입구부분에서 발생하는 경향이 크고, 생성된 기포가 액체의 흐름에 따라 이동하여 고압부에 이르러 급격히 붕괴하는 현상이 되풀이됨에 따라 펌프의 성능은 저하되고, 진동 및 소음을 수반하는 불안정한 상태를 나타내며 나중에는 양수 감소 또는 양수 불능이 된다.

또한 공동현상이 오랜 시간동안 계속되면 기포가 터질 때 생기는 충격이 되풀이됨에 따라 재료의 손상이 발생된다. 이와 같이 공동현상의 발생은 펌프의 성능저하, 재료의 손상 등 해로운 영향이 있기 때문에 공동현상 발생이 방지되도록 흡입조건의 결정에 각별한 주의가 필요하다.

이와 같은 회전차 내에서 발생하는 공동현상은 다음과 같은 결과를 초래한다.

① 소음과 진동 : 기포의 생성과 파괴가 순식간에 반복되므로 그것에 의한 충격파에 의하여 소음과 진동이 수반되고 때로는 운전불능으로 되는 수도 있다.

② 성능의 저하 : 공동현상은 펌프의 회전차 깃 뒷면에서 발생하게 되므로 회전차 내의 유동이 흐트러지고 양정, 효율, 축동력이 함께 급격히 저하한다. 이러한 경향은 깃의 통로가 넓고 또 짧은 비속도가 큰 펌프일수록 영향을 많이 받는다.

③ 깃의 손상 : 깃의 침식은 성능을 저하시킬 뿐만 아니라 특히 깃의 벽면부분의 결손은 중대한 사고발생으로 이어질 염려가 있기 때문에 공동현상이 발생된 그대로 장시간 운전하는 것은 극히 위험을 초래하게 된다.

(2) 흡입수두(NPSH)

공동현상은 액체의 압력이 포화증기압이하로 되면 생기는 것이므로 공동현상의 발생을 막기 위해서는 펌프 내에서 포화증기압 이하의 부분이 생기지 않도록 하면 된다. 이를 위해서는 펌프의 흡입조건에 따라 정해지는 정미흡입수두(Net Positive Suction Head ; NPSH) 및 흡입능력을 알아야 한다. NPSH에는 유효NPSH(available NPSH ; H_{AV})와 요구NPSH(required NPSH ; H_{RE})가 있다.

펌프의 흡입구 중심까지 유입되어 들어오는 액체에 대해 외부로부터 주어지는 압력을 절대압력으로 나타낸 값에서 그 온도에서의 액체의 포화증기압을 뺀 것을 H_{AV}라 한다. 이 H_{AV}는 펌프가 설치되어 사용될 때 펌프 그 자체와는 무관하게 흡입 측의 배관 또는 시스템에 따라서 정하여지는 값, 즉 펌프의 설치조건으로부터 정해진다. H_{RE}는 펌프가 필요로 하는 NPSH로서 펌프가 공동현상을 일으키지 않기 위하여 필요로 하는 압력이며 펌프 고유의 값이 된다.

펌프가 공동현상에 의해 성능저하를 일으키지 않고 운전할 수 있는 조건은, 흡입액면에 대기압이 작용하는 것으로 가정하여 다음 식으로 구한다.

$$H_{AV} > H_{RE} + \frac{D}{2} + \alpha \quad (9\text{-}26)$$

여기서

$$H_{AV} = h_o - h_v \pm H_{as} - h_s \quad (9\text{-}27)$$

이며, 식(9-26) 및 (9-27)에서

D : 펌프의 흡입구경 [m]

α : 흡입수두의 여유 값 (통상 0.5m)

h_o : 수주에 의한 대기압 [mAq, mH_2O]

h_v : 양수시 그 해당온도에 대한 포화증기압 [mAq, mH_2O]

H_{as} : 흡입실양정(흡입액면에서 회전차 기준면까지의 높이) [m]

펌프의 기준면이 흡입 액면보다 위에 있는 경우는 부(-) 아래에 있는 경우에는 정(+)이 된다.

h_{ls} : 흡입관내 손실수두 [m]

이다. H_{RE}는 보통 다음의 2가지 식이 자주 이용 된다.

▣ Thoma의 캐비테이션계수

Thoma는 실험적으로 전양정과 요구 NPSH와의 관계를

$$\sigma = \frac{H_{RE}}{H} \tag{9-28}$$

으로 제안하였는데, 여기서

σ : Thoma의 캐비테이션계수

H : 회전차 1단 마다의 최고 효율점에 대한 전양정 [m]이다.

일반적으로 σ 는 그림 9-13과 같은 관계를 갖는다. 이 그림을 이용하여 비속도 n_s로부터 캐비테이션계수 σ를 구하여 식(9-26)에서 H_{RE}를 구한다. 보통 σ는 n_s의 3/4승에 비례하며, 미국의 Hydraulic Institute는 다음의 값들을 추천하고 있다.

- 단흡입인 경우

$$\sigma = 78.8 \times 10^{-6} n_s^{4/3} \tag{9-29a}$$

- 양흡입인 경우

$$\sigma = 50.0 \times 10^{-6} n_s^{4/3} \tag{9-29b}$$

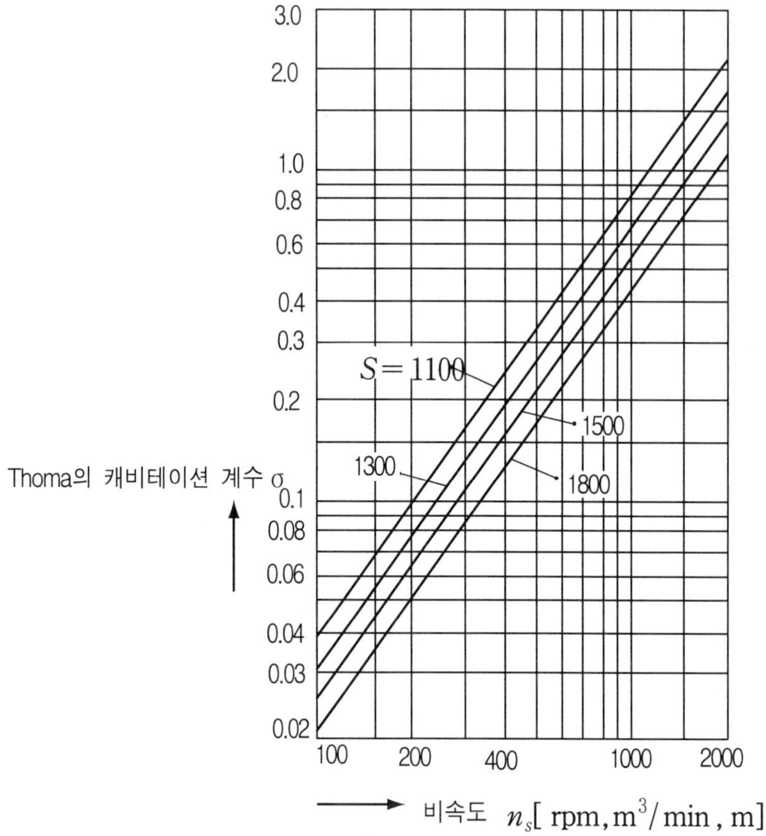

[그림 9-13] 비속도와 Thoma의 캐비테이션 계수 관계

▣ 흡입비속도

흡입비속도(suction specific speed)는 회전차 부근의 형상이 상사일 때 물의 유입상태도 상사라고 한다면, 회전차의 외경이나 양정이 변하더라도 공동현상의 발생점은 같다고 하는 관점으로부터 구해지며,

$$S = n\frac{\sqrt{Q}}{H_{RE}^{3/4}} \tag{9-30}$$

으로 표현된다.

여기서, S : 펌프의 흡입비속도 [rpm, m^3/min, m]

n : 회전속도 [rpm]

Q : 토출유량 [m^3/min]

이며, 비속도 n_s에 대한 정의 식(9-25)와 Thoma의 캐비테이션계수 관계 식(9-28)을 사용하면

$$S = \frac{n\sqrt{Q}}{H^{3/4}H_{RE}^{4/3}} \cdot \left(\frac{H}{H_{RE}}\right)^{3/4} = n_s\left(\frac{1}{\sigma}\right)^{3/4}$$

이므로 흡입비속도 S는 Thoma의 캐비테이션 계수 σ와 다음의 관계를 갖는다.

$$\sigma = \left(\frac{n_s}{S}\right)^{4/3} \tag{9-31}$$

따라서 이 식에 식(9-29)의 관계를 사용하면, 일반적으로

단흡입인 경우 : $S \fallingdotseq 1200$

양흡입인 경우 : $S \fallingdotseq 1700$

정도의 값을 얻는다. 식(9-30)에서 H_{RE} 값을 구하면

$$H_{RE} = \left(\frac{1}{S}\right)^{4/3} n^{4/3} Q^{2/3} \tag{9-32}$$

이 되고, 이 식에 앞서 구한 비속도 S값들을 대입하면

- 단흡입인 경우 : $H_{RE} = 7.88 \times 10^{-5} n^{4/3} Q^{2/3}$
- 양흡입인 경우 : $H_{RE} = 5.00 \times 10^{-5} n^{4/3} Q^{2/3}$

이 얻어진다. 여기서 n은 [rpm], Q은 [m^3/min]의 단위를 갖는다.

펌프의 최고 효율점의 유량에서 공동현상을 발생시키지 않는 한계 S값은 일반적으로 펌프의 형상에 따르지 않고, 그림 9-13에서 볼 수 있는 바와 같이 거의 일정한 값을 유지한다.

펌프는 일반적으로 최초 계획된 점에서만 운전되는 경우는 거의 없으며,

어느 정도 범위의 토출유량 및 전양정의 폭을 갖고 운전된다. 따라서 같은 흡입높이에서 운전되고 있는 펌프에서도 만약 운전되는 수량이 변하면 공동현상을 발생시킬 수도 있으며, 그림 9-14는 이를 보여준다.

그림 9-14에서 H_{AV}보다 H_{RE}가 커지면, 회전차 내의 압력이 포화증기압 이하로 되어 공동현상이 발생한다.

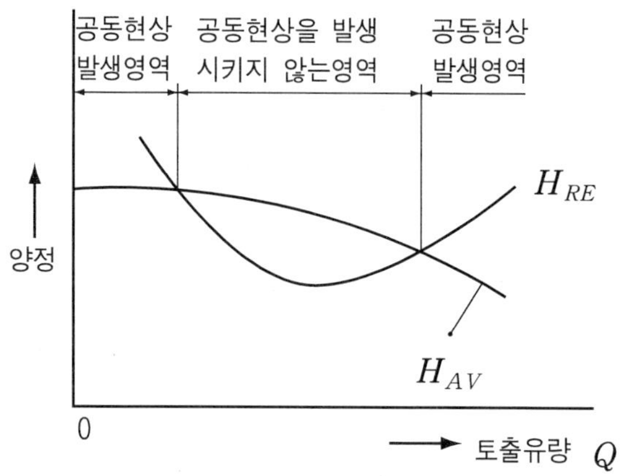

[그림 9-14] 공동현상 발생영역

윗 그림에서 공동현상 발생 한계조건은 $H_{AV} = H_{RE}$이다. 만약 $H_{AV} > H_{RE}$인 경우에는 공동현상이 발생하지 않으며, $H_{RE} > H_{AV}$이면 공동현상이 발생하는 것을 알 수 있다. 일반적으로 공동현상이 발생하지 않는 조건은 $H_{AV} \geq 1.3H_{RE}$ 정도이다.

예제 9-10

그림과 같이 설치된 펌프가 있다. 이 펌프에 대한 요구 NPSH를 구하여라. 단, 수온은 20℃(포화증기압 0.2383 mH_2O)이며, 흡입관내 전 손실수두는 1.0 m이다.

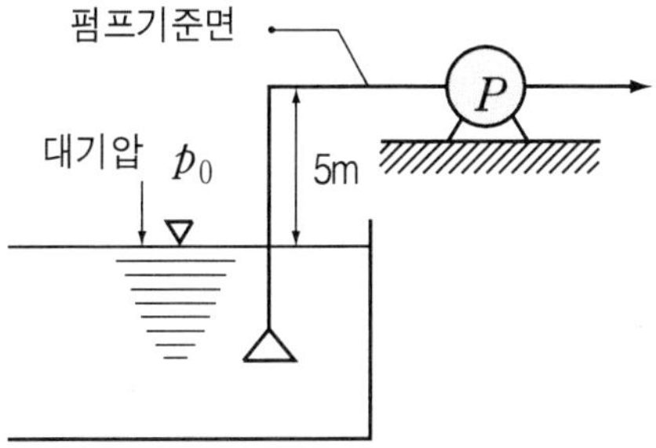

[그림 9-15] NPSH 계산을 위한 펌프계통도

풀이

흡입실양정 $H_{as} = 5\text{m}$

대기압 $h_o = 10.332\text{mH}_2\text{O}$

20°C 물의 포화증기압 $h_v = 0.2383\text{mH}_2\text{O}$

흡입관내 손실수두 $h_{ls} = 1.0\text{m}$

식(9-27)에서 (펌프의 기준면이 흡입 액면보다 위에 있는 경우이므로 H_{as}에 대해 부(-) 값 사용)

$H_{AV} = h_o - h_v - H_{as} - h_s = 10.332 - 0.2383 - 5 - 1.0 = 4.094\text{m}$

예제 9-11

펌프구경 1.5 m, 전양정 5 m, 유량 350 m^3/min, 회전수 180 rpm을 설계조건으로 하는 단흡입펌프가 있다. 취급하는 액체가 60℃의 맑은 물(포화증기압 2.0313 mH_2O)이고, 흡입실양정(흡상)이 3.5m이라면 공동현상의 발생여부에 대하여 검토하라. 단, 흡입관 내에서의 유동에 의한 손실수두는 0.2 m이다.

풀이

대기압 h_o = 10.332 mH_2O

60°C 물의 포화증기압 h_v = 2.0313 mH_2O

흡입관내 손실수두 h_{ls} = 1.2 m

$H_{AV} = h_o - h_v - H_{as} - h_{ls} = 10.332 - 2.0313 - 3.5 - 0.2 = 4.6\text{m}$

단흡입펌프의 경우 일반적으로 $S \fallingdotseq 1200$이므로

$H_{RE} = 7.88 \times 10^{-5} n^{4/3} Q^{2/3} = 7.88 \times 10^{-5} \times 180^{4/3} \times 350^{2/3} = 3.98\text{m}$

$H_{RE} + \dfrac{D}{2} + \alpha = 3.98 + 0.75 + 0.5 = 5.22\text{m}$

따라서 $H_{AV} < H_{RE} + \dfrac{D}{2} + \alpha$이므로 공동현상 발생

(3) 공동현상을 방지하기 위한 대책

펌프의 설비계획 및 사용시 공동현상을 방지하기 위해서는 다음과 같은 내용들을 고려할 필요가 있다.

① 펌프의 설치위치를 가능한 한 낮게 하고, 흡입손실수두를 최소로 하기 위하여 흡입관은 짧게, 또한 관내 유속을 작게 하여 가능한 한 H_{AV}를 충분히 크게 한다.

② 일반적으로 $H_{AV} \geq 1.3 H_{RE}$가 되도록 한다.

③ 횡축 또는 사축인 펌프에서 회전차입구의 직경이 큰 경우에는 공동현상의 발생위치와 NPSH계산상의 기준면과의 차이를 보정하여야 하므로 H_{AV}에서 (근사적으로)흡입배관 직경의 1/2을 공제한 값으로 계산한다.

④ 흡입수조의 형상과 치수는 흐름에 과도한 편류 또는 와류가 생기지 않도록 계획하여야 한다.

⑤ 편흡입 펌프로 H_{RE}가 만족되지 않는 경우에는 양흡입 펌프로 하는 경우도 있다.

⑥ 대용량펌프 또는 흡상이 불가능한 펌프는 흡수면보다 펌프를 낮게 설치하거나, 입축펌프로 선택하여 회전차의 위치를 낮게 하고, 부스터(booster)펌프를 이용하여 흡입조건을 개선한다.

⑦ 펌프의 흡입축 밸브에서는 절대로 유량조절을 하지 않는다.

⑧ 펌프의 전양정에 과대한 여유를 주면 사용 상태에서는 실양정보다 낮은 토출량의 범위에서 운전하게 되어 공동현상이 발생할 수 있으므로 전양정의 결정에 있어서는 실제운전에 적합하도록 계획한다.

⑨ 계획 토출량보다 현저하게 벗어나는 운전은 피해야 한다. 양정변화가 큰 경우에는 저양정 영역에서의 H_{RE}가 크게 되므로 공동현상에 주의하여야 한다.

⑩ 외적 조건으로 보아 도저히 공동현상을 피할 수 없을 때에는 회전차의 재질을 공동현상 침식에 대하여 강한 재질을 택한다.

⑪ 이미 공동현상이 생긴 펌프에 대해서는 소량의 공기를 흡입측에 넣어서 소음과 진동을 적게 할 수도 있다.

9.8 펌프에 있어서의 제현상

펌프 속에서 발생하는 제현상에는 이미 언급한 공동현상(cavitation) 외에도 수격작용(water hammering) 및 서징(surging)이 있다. 어느 것이나 소음과 진동을 동반하는 것이지만, 이들은 각각 전혀 다른 원인에 의하여 생기는 것이다.

(1) 서징(surging)

서징이라 함은 펌프나 그 밖의 유체기계를 운전하고 있을 때 한숨을 쉬는 것과 같은 상태가 되어 펌프인 경우 출구의 진공계 및 압력계의 지침이 흔들리고, 동시에 송출 유량이 변화하는 현상이다. 즉, 송출압력과 송출유량 사이에 주기적인 변동이 일어나는 현상이다.

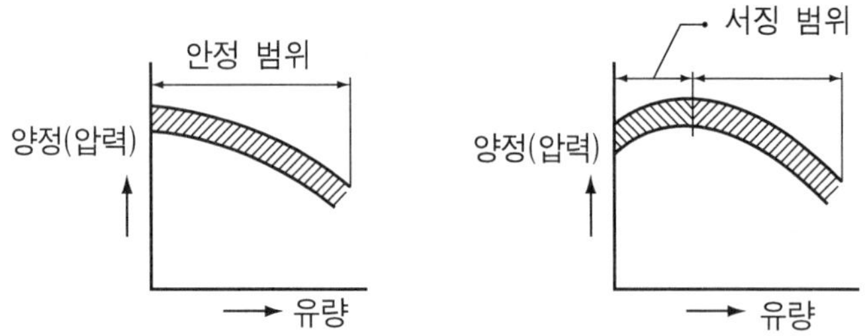

(a) 우하(右下)의 특성 (b) 우상(右上)의 특성

[그림 9-16] 서징의 발생

서징은 다음의 조건이 동시에 갖추어졌을 때 발생한다.

① 펌프의 유량-양정곡선이 오른쪽 위로 향하는 산형 구배특성을 가지고 있다.

② 펌프의 토출관로가 길고, 배관 중간에 수조 또는 기체 상태의 부분(공기가 괴어 있는 부분)이 존재한다.

③ 기체상태가 있는 부분의 하류측 밸브에서 토출량을 조절한다.

즉, 펌프가 산형 구배특성을 가지고 있어도 상기의 조건에서 어느 하나의 조건이 만족되지 않으면 서징은 발생하지 않는다. 예를 들면 펌프의 직후 밸브만으로 유량을 조절하는 경우에는 서징이 발생하지 않는다. 이러한 서징의 발생을 방지할 수 있는 방법으로는

① 회전차나 안내날개의 형상치수를 바꾸어 그 특성을 변화시킨다. 특히 날개의 출구각도를 작게 하든지 안내날개의 각도를 조절할 수 있도록 배려한다.

② 토출밸브 등을 써서 펌프 속의 양수량을 서징할 때의 양수량 이상으로 증가시키든지, 무단변속기 등을 써서 회전차의 회전수를 변화시킨다.

③ 관로에 있어서 불필요한 공기탱크 및 잔류 공기를 제거하고, 관로의 단면적, 양액의 유속, 저항 등을 변경시킨다.

등을 들 수 있다.

(2) 수격작용(water hammering)

펌프와 연결된 모터가 정전으로 인하여 급정지한 경우 혹은 관 끝의 밸브가 급격히 닫히는 경우에 송수관 내의 수류가 급변하여 발생된 압력 변동 현상을 수격작용이라 한다. 이 현상은 관로내의 유속이 빠를수록, 밸브를 닫는 시간이 짧을수록 심하고 때로는 관로계와 밸브를 파괴시키는 경우도 있다.

펌프장치에 있어서 수격작용에 의한 피해는 제 1기간(펌프특성 범위)에서 일어나는 압력강하와 제 2기간(제동특성 범위) 이후에 일어나는 압력상승이 주 원인이고, 이들을 될 수 있는 대로 억제하는 것이 필요하다. 이를 위해서는

① 관의 지름을 가능한 크게 하여 관내의 유속을 느리게 한다.

② 밸브의 조작을 서서히 한다.

③ 펌프구동축에 플라이휠(fly wheel)을 설치하여 회전관성을 크게 하여 동력 소실시 급격한 회전속도의 저하를 방지한다.

④ 관로에 서지탱크 또는 공기실을 붙여 그 용량효과에 의해 과도적인 압력변화를 완화한다.

⑤ 관로의 허용압력 범위에서 흐름이 가능한 한 빨리 정지하도록 토출밸브의 폐쇄방법을 최적화 한다.

등과 같은 조치를 취한다.

연습문제

1. 양정 25 m, 유량 0.72 m^3/min, 펌프효율 65%를 갖는 벌류트펌프의 설계에서 필요한 축동력은 얼마인가? 단, 물의 밀도는 1000 kg/m^3이고, 관로의 손실은 무시한다.

4.51 kW

2. 전양정 10 m, 토출유량은 2.0 m^3/min일 때에 축동력 6 kW를 소요하는 펌프가 있다. 이 펌프의 효율은 얼마인가? 단, 유체는 물(ρ =1000 kg/m^3)이다.

54.3%

3 내경 380 mm, 길이 0.72 m인 관로에 의하여 매분 16.5 m^3/min의 물을 50 m의 높이에 양수하는 펌프가 있다. 이 펌프의 축동력을 구하라. 단, 펌프효율은 70%, 관마찰계수는 0.028이고, 관로의 토출유속에 의한 손실은 무시한다.

253.6 kW

4. 양정 100 m, 토출유량 10 m^3/min, 회전수 1800 rpm을 갖는 편흡입 단단펌프와 편흡입 2단펌프를 각각 설계하고자 한다. 각 펌프에 있어서의 비속도를 구하여라.

180, 302.7 [rpm, m^3/min, m]

5. 어떤 펌프가 매분 2000회전으로 전양정 100 m에 대하여 0.17 m^3/s의 물을 송출한다. 이것과 상사하고 외경 치수가 2.5배인 펌프가 매분 1700회전으로 운전하는 경우 물의 송출량은 얼마인가?

1.0625 m^3/s

6. 어떤 펌프가 매분 1420회전으로 전양정 15.7 m에 대하여 $7.5 \times 10^{-3} m^3/s$의 물을 송출한다. 이 펌프가 매분 2500회전으로 운전하면 전양정은 몇 m가 되겠는가?

48.66 m

7. 어떤 펌프가 매분 2000회전으로 전양정 100 m에 대하여 0.18 m^3/s의 물을 송출한다. 축동력은 280 PS이다. 이것과 상사하고 치수가 2배인 펌프가 매분 1800회전하고 다른 것은 동일한 상태로 운전하는 경우의 축동력은 얼마인가?

4480 PS

8. 어떤 펌프가 흡입수면보다 2.5 m 아래에 설치되어 있다. 수온이 20℃이고, 흡수면의 기압은 10.332 mAq일 때, 유효흡입수두(NPSH)는 얼마인가? 단 흡입관내의 손실수두는 무시한다.

12.6 m

9. 펌프에서 물을 흡상하는 경우 흡입실양정(펌프와 흡수면과의 수직거리)이 5 m이고 흡입관내의 손실수두는 0.5 m이다. 유효흡입수두(NPSH)를 구하여라. 단, 수온은 20℃이고, 흡수면의 기압은 10.332 mAq이다.

4.59 m

10. 매분 2950회전의 경우, 전양정 65 m, 유량 1.5 m^3/min를 만족시키는 단흡입 벌류트 펌프가 있다. 이 펌프로 물을 흡입하는 경우 흡입실양정이 몇 m가 되면 캐비테이션을 일으키는가? 단, 수면의 기압은 10.332 mAq, 수온은 60℃, 흡입관내의 손실수두는 0.2 m이다.

4.73 m

부록

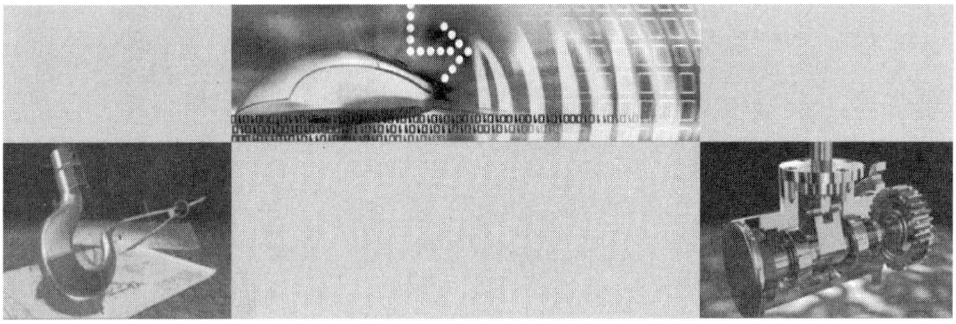

1. 유체의 물리적 성질
2. 유용한 단위 환산 관계
3. 각종 도형에 대한 도심 및 관성모멘트

1. 유체의 물리적 성질

[표 1] 물의 물리적 성질(SI 단위)

온도 °C	비중량 γ N/m³	밀도 ρ kg/m³	점성계수 $\mu\times10^3$ kg/m·s	동점성계수 $\nu\times10^6$ m²/s	표면장력 $\sigma\times100$ N/m	증기압 p_v/γ m	체적탄성계수 $K\times10^7$ N/m²
0	9805	999.9	1.792	1.792	7.62	0.06	204
5	9806	1000.0	1.519	1.519	7.54	0.09	206
10	9803	999.7	1.308	1.308	7.48	0.12	211
15	9798	999.1	1.140	1.141	7.41	0.17	214
20	9789	998.2	1.005	1.007	7.36	0.25	220
25	9779	997.1	0.894	0.897	7.26	0.33	222
30	9767	995.7	0.801	0.804	7.18	0.44	223
35	9752	994.1	0.723	0.727	7.10	0.58	224
40	9737	992.2	0.656	0.661	7.01	0.76	227
45	9720	990.2	0.599	0.605	6.92	0.98	229
50	9697	988.1	0.549	0.556	6.82	1.26	230
55	9679	985.7	0.506	0.513	6.74	1.61	231
60	9658	983.2	0.469	0.477	6.68	2.03	228
65	9635	980.6	0.436	0.444	6.58	2.56	226
70	9600	977.8	0.406	0.415	6.50	3.20	225
75	9589	974.9	0.380	0.390	6.40	3.96	223
80	9557	971.8	0.357	0.367	6.30	4.86	221
85	9529	968.6	0.336	0.347	6.20	5.93	217
90	9499	965.3	0.317	0.328	6.12	7.18	216
95	9469	961.9	0.299	0.311	6.02	8.62	211
100	9438	958.4	0.284	0.296	5.94	10.33	207

[표 2] 표준대기압하에서의 몇 가지 액체의 물리적 성질[SI 단위]

액 체	온도 T °C	밀도 ρ kg/m³	비중 s -	체적탄성 계수 K kN/m²	점성계수 $\mu\times10^4$ N·s/m²	표면장력 σ N/m	증기압 p_v kN/m²abs
벤 젠	20	876.2	0.88	1,034,250	6.56	0.029	10.0
사염화탄소	20	1587.4	1.59	1,103,200	9.74	0.026	13.1
원 유	20	855.6	0.86	-	71.8	0.03	-
에틸알코올	20	788.6	0.79	1,206,625	12.0	0.022	5.86
프 레 온-12	15.6	1345.2	1.35	-	14.8	-	-
	-34.4	1499.8	-	-	18.3	-	-
가 솔 린	20	680.3	0.68	-	2.9	-	55.2
글 리 세 린	20	1257.6	1.26	4,343,850	14939	0.063	0.000014
수 소	-257.2	73.7	-	-	0.21	0.0029	21.4
제 트 연 료 (JP-4)	15.6	773.1	0.77	-	8.7	0.029	8.96
수 은	15.6	13555	13.57	26,201,000	15.6	0.51	0.00017
	315.6	12833	12.8	-	9.0	-	47.2
탄 소	-195.6	1206.0	-	-	2.78	0.015	21.4
소 듐	315.6	876.2	-	-	3.30	-	-
	537.8	824.62	-	-	2.26	-	-
물	20	998.2	1.00	2,068,500	10.1	0.073	2.34

[표 3] 대기압하에서 공기의 물리적 성질[SI 단위]

온도		밀도	점성계수	동점성계수
T(°C)	$T(K)$	ρ(kg/m³)	μ(Pa·s)	ν(m²/s)
−50	223	1.582	1.46×10^{-5}	0.921×10^{-5}
−40	233	1.514	1.51×10^{-5}	0.998×10^{-5}
−30	243	1.452	1.56×10^{-5}	1.08×10^{-5}
−20	253	1.394	1.61×10^{-5}	1.16×10^{-5}
−10	263	1.342	1.67×10^{-5}	1.24×10^{-5}
0	273	1.292	1.72×10^{-5}	1.33×10^{-5}
10	283	1.247	1.76×10^{-5}	1.42×10^{-5}
20	293	1.204	1.81×10^{-5}	1.51×10^{-5}
30	303	1.164	1.86×10^{-5}	1.60×10^{-5}
40	313	1.127	1.91×10^{-5}	1.69×10^{-5}
50	323	1.092	1.95×10^{-5}	1.79×10^{-5}
60	333	1.060	2.00×10^{-5}	1.89×10^{-5}
70	343	1.030	2.05×10^{-5}	1.99×10^{-5}
80	353	1.000	2.09×10^{-5}	2.09×10^{-5}
90	363	0.973	2.13×10^{-5}	2.19×10^{-5}
100	373	0.946	2.17×10^{-5}	2.30×10^{-5}
150	423	0.834	2.38×10^{-5}	2.85×10^{-5}
200	473	0.746	2.57×10^{-5}	3.45×10^{-5}
250	523	0.675	2.75×10^{-5}	4.08×10^{-5}
300	573	0.616	2.93×10^{-5}	4.75×10^{-5}

[표 4] US 표준대기의 성질

고 도 (m)	온 도 (K)	p/p_0 (–)	ρ/p_0 (–)
−55	291.4	1.061	1.049
0	282.2	1.000*	1.000
500	284.9	0.9421	0.9529
1000	281.7	0.8870	0.9075
1500	278.4	0.8345	0.8638
2000	275.2	0.7846	0.8217
2500	271.9	0.7372	0.7812
3000	268.7	0.6920	0.7423
3500	265.4	0.6492	0.7048
4000	262.2	0.6085	0.6689
4500	258.9	0.5700	0.6343
5000	255.7	0.5334	0.6012
6000	249.2	0.4660	0.5389
7000	242.7	0.4057	0.4817
8000	236.2	0.3519	0.4292
9000	229.7	0.3040	0.3813
10,000	223.3	0.2615	0.3376
11,000	216.8	0.2240	0.2978
12,000	216.7	0.1915	0.2546
13,000	216.7	0.1636	0.2176
14,000	216.7	0.1399	0.1860
15,000	216.7	0.1195	0.1590
16,000	216.7	0.1022	0.1359
17,000	216.7	0.08734	0.1162
18,000	216.7	0.07466	0.09930
19,000	216.7	0.06388	0.08489
20,000	216.7	0.05457	0.07258
22,000	218.6	0.03995	0.05266
24,000	220.6	0.02933	0.03832
26,000	222.5	0.02160	0.02797
28,000	224.5	0.01595	0.02047
30,000	226.5	0.01181	0.01503
40,000	250.4	0.002834	0.003262
50,000	270.7	0.0007874	0.0008383
60,000	255.8	0.0002217	0.0002497
70,000	219.7	0.00005448	0.00007146
80,000	180.7	0.00001023	0.00001632
90,000	180.7	0.000001622	0.000002588

*p_0 = 1.01325×105N/m^2 absolute(=14.696psia)

ρ_0 = 1.2250kg/m^3(=0.002377 slug/ft^3)

[표 Ⅰ·5] STP 상태에서 일반기체의 성질

기체	분자식	분자량 M_m	R^+ $\left(\frac{J}{kg \cdot K}\right)$	C_p $\left(\frac{J}{kg \cdot K}\right)$	C_v $\left(\frac{J}{kg \cdot K}\right)$	$k=\frac{C_p}{C_v}$ (-)	R^+ $\left(\frac{ft \cdot lbf}{lbm \cdot R}\right)$	C_p $\left(\frac{Btu}{lbm \cdot R}\right)$	C_v $\left(\frac{Btu}{lbm \cdot R}\right)$
공기	-	28.98	286.9	1004	717.4	1.40	53.33	0.2399	0.1713
이산화탄소	CO_2	44.01	188.9	840.4	651.4	1.29	35.11	0.2007	0.1556
일산화탄소	CO	28.01	296.8	1039	742.1	1.40	55.17	0.2481	0.1772
헬륨	He	4.003	2077	5225	3147	1.66	386.1	1.248	0.7517
수소	H_2	2.016	4124	14,180	10,060	1.41	766.5	3.388	2.402
메탄	CH_4	16.04	518.3	2190	1672	1.31	96.32	0.5231	0.3993
질소	N_2	28.01	296.8	1039	742.0	1.40	55.16	0.2481	0.1772
산소	O_2	32.00	259.8	909.4	649.6	1.40	48.29	0.2172	0.1551
증기	H_2O	18.02	461.4	~2000	~1540	~1.30	85.78	~0.478	~0.368

*STP = standard temperature and pressure, T = 15°C(59°F) and ρ = 101.325kPa absolute(14.696psia)

$R = R_u/M_m$; $R_u = 8314.3$ J/kg mol · K(1545.3 ft · lbf/lb mol · R) ; 1Btu = 778.2 ft · lbf

2. 유용한 단위 환산 관계

길 이 : 1m = 3.281 ft, 1cm = 0.3937 in, 1 ft = 0.3048m

면 적 : $1m^2$ = 10.764 ft^2 = 1550 $\in^2$, 1 ft^2 = $0.0929m^2$

체 적 : $1m^3$ = 1000 liters = 35.315 ft^3, 1 liter = 1.057 quarts, 1 ft^3 = 0.02832 m^3

각 도 : 1degree = 0.01745 rad, 1 rad = 57.30 degrees

질 량 : 1kg = 2.2046 lbm, 1 lbm = 453.59g = 0.45359 kg

밀 도 : $1kg/m^3$ = 0.06243 lbm/ft^3, 1 lbm/ft^3 = $16.02kg/m^3$

힘 : 1N = 0.2248 lbf = 105 dynes, 1 lbf = 4.448N

압 력 : 1Pa = $1N/m^2$ = 0.02089 lbf/ft^2, 1 kPa =0.14504 lbf/in^2

$1bf/in^2$(psi) = 6.8948 kPa, 1 blf/ft^2(psf) = 47.88 Pa,

1atm = 101.3 kPa = 14.696 psi = 760 mmHg(0°C에서)

온 도 : K = °C + 273.15 = °R/1.8, °R = 1.8K

속 도 : 1m/s = 3.281 fps = 3.6 km/hr, 1 ft/s = 0.3048m/s,

1mile/hr = 0.4470 m/s = 1.609km/hr

1rpm = 0.1047rad/s, 1rad/s = 9.549 rpm

에너지 : 1J = 1N·m = 0.7376 ft−lbf = 0.9478×10^{-3}Btu

1Btu = 778.17 ft−lbf = 1055 J, 1 ft−lbf = 1.3558 J

동 력 : 1W = 1J/s = 0.7376 ft−lbf/s = 1.341×10^{-3}HP

1HP = 550 ft−lbf/s = 0.7475kW

점 도 : 1Pa·s = 0.02089 lbf−s/ft^2, $1m^2/s$ = $10.764ft^2/s$

1 lbf−s/ft^2 = 47.88 Pa·s, 1 ft^2/s = $0.09290m^2/s$

3. 각종 도형에 대한 도심 및 관성모멘트

도형명	도형	면적 또는 체적	도심위치	I 또는 I_c
직4각형	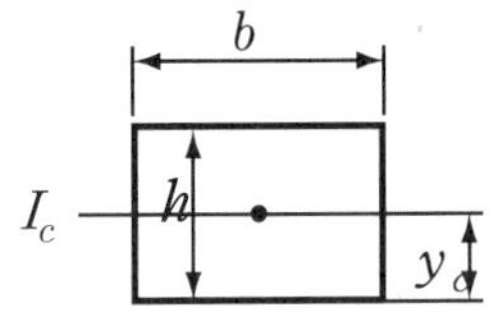	bh	$y_c = \frac{h}{2}$	$I_c = \frac{bh^2}{12}$
3각형	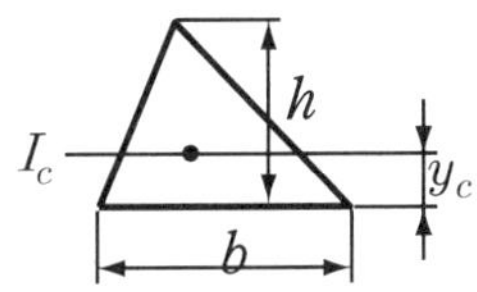	$\frac{bh}{2}$	$y_c = \frac{h}{3}$	$I_c = \frac{bh^3}{36}$
원	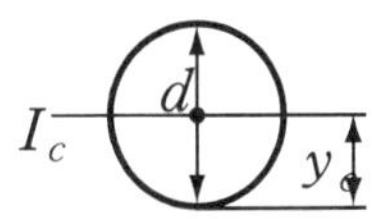	$\frac{\pi d^2}{4}$	$y_c = \frac{d}{2}$	$I_c = \frac{\pi d^4}{64}$
반원	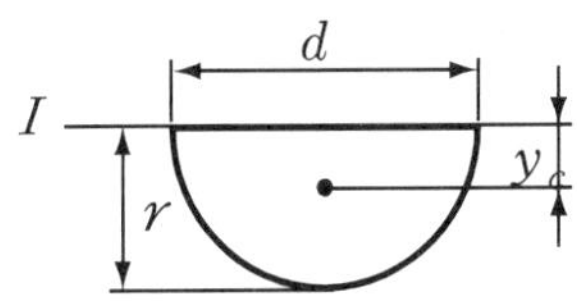	$\frac{\pi d^2}{8}$	$y_c = \frac{4r}{3\pi}$	$I_c = \frac{\pi d^4}{128}$
타원	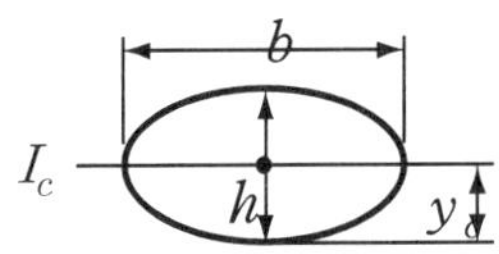	$\frac{\pi bh}{4}$	$y_c = \frac{h}{2}$	$I_c = \frac{\pi bh^3}{64}$
반타원	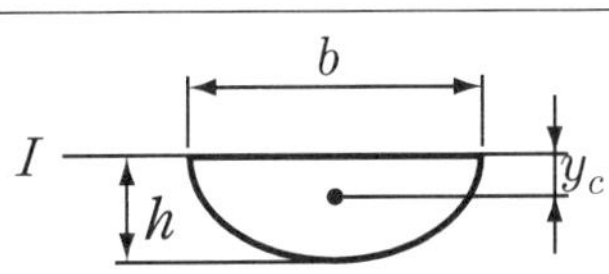	$\frac{\pi bh}{4}$	$y_c = \frac{4h}{3\pi}$	$I = \frac{\pi bh^3}{16}$
포물선	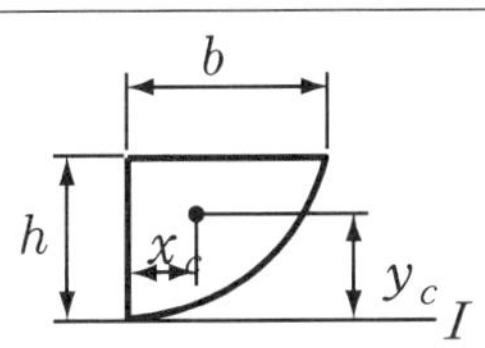	$\frac{2}{3}bh$	$y_c = \frac{3h}{5}$ $x_c = \frac{3b}{8}$	$I = \frac{2bh^3}{7}$

원통	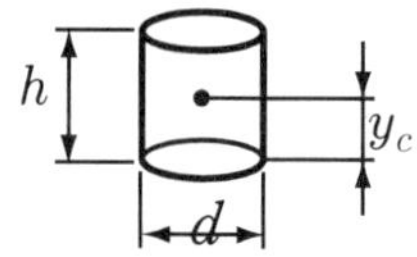	$\dfrac{\pi d^2 h}{4}$	$y_c = \dfrac{h}{2}$	
원추	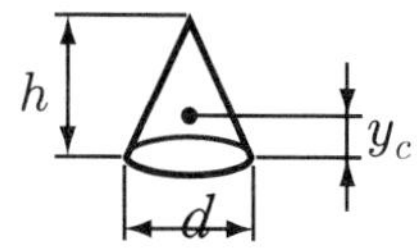	$\dfrac{1}{3}\left(\dfrac{\pi d^2 h}{4}\right)$	$y_c = \dfrac{h}{4}$	
포물선 회전체	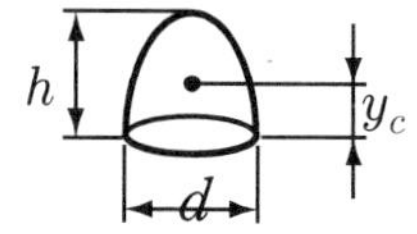	$\dfrac{1}{2}\left(\dfrac{\pi d^2 h}{4}\right)$	$y_c = \dfrac{h}{3}$	
구	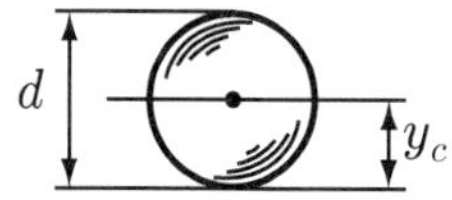	$\dfrac{\pi d^3}{6}$	$y_c = \dfrac{d}{2}$	
반구	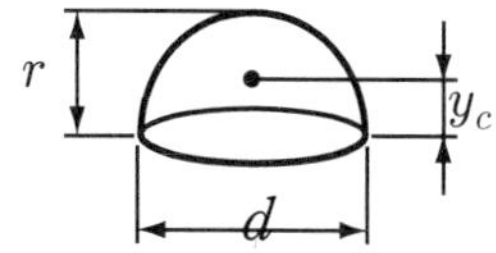	$\dfrac{\pi d^3}{12}$	$y_c = \dfrac{3r}{8}$	

찾아보기

오 토
테 크

유체 역학

1판 1쇄 발행 2011년 8월 29일 1판 1쇄 인쇄 2011년 8월 20일	저 자 / 김동춘 발행자 /김 순 선 발행처 /오토테크 주 소 /서울특별시 관악구 신림본동 10-23 등 록 / 제 10-1983 전 화 / 02-877-0809 F A X / 02-877-0730 E-mail / atbook @ komet. net 정가 15,000원

* 낙장 및 파본은 교환해 드립니다.